工程制图基础

杜昊　主编

张琳娜　陈晓玲　阳明庆　李家春　副主编

中国建筑工业出版社

图书在版编目（CIP）数据

工程制图基础 / 杜昊主编；张琳娜等副主编.
北京：中国建筑工业出版社，2025.7. -- ISBN 978-7
-112-31169-9
Ⅰ. TB23
中国国家版本馆 CIP 数据核字第 20253LR030 号

责任编辑：徐仲莉
责任校对：李美娜

工 程 制 图 基 础

杜 昊 主 编

张琳娜 陈晓玲 阳明庆 李家春 副主编

*

中国建筑工业出版社出版、发行（北京海淀三里河路 9 号）

各地新华书店、建筑书店经销

霸州市顺浩图文科技发展有限公司制版

建工社（河北）印刷有限公司印刷

*

开本：787 毫米×1092 毫米　1/16　印张：17¼　字数：426 千字
2025 年 6 月第一版　　2025 年 6 月第一次印刷
定价：**68.00** 元
ISBN 978-7-112-31169-9
（44869）

前　言

在工程技术的广阔天地中，工程制图是一门不可或缺的基础学科，扮演着极为关键的角色。它作为一种特殊且全球通用的工程语言，以图形为载体，精准、直观地表达出工程设计的构思、物体的结构形状以及尺寸大小等关键信息，在整个工程活动中发挥着桥梁与纽带的作用。无论是机械制造、土木工程，还是航空航天、电子电气等领域，从项目的规划设计，到产品的生产制造，再到设备的安装调试与维护修理，工程制图都贯穿始终，是保障工程顺利推进的核心要素之一。

本教材适用于高校本科机械类、近机械类及相关工程技术类专业，可作为普通高等学校本科机械类和化工、电工、冶金、矿业、制药、资源与环境工程等专业的工程制图教材，也可作为相关工程技术人员的参考书。

本教材全部采用最新出版的《技术制图》与《机械制图》国家标准，注重培养学生的空间想象能力、看图画图的能力，内容由浅入深，图文并茂。

本教材由杜昊主编，张琳娜、陈晓玲、阳明庆担任副主编。

本教材编写过程中，参阅了大量的文献专著，在此向这些编著者表示感谢！由于编者水平有限，书中难免存在不足之处，恳请广大读者批评指正。希望本书能助力读者开启工程制图的大门，在工程技术领域取得优异成绩。

目　　录

绪论 ……………………………………………………………………………………… 1

第1章　制图的基本知识与技能 ……………………………………………………… 3

1.1　国家标准《技术制图》和《机械制图》的一般规定 …………………………… 3
　　1.1.1　工程制图国家标准简介 …………………………………………………… 3
　　1.1.2　图纸幅面及图框格式 ……………………………………………………… 3
　　1.1.3　标题栏及明细表 …………………………………………………………… 5
　　1.1.4　比例 ………………………………………………………………………… 5
　　1.1.5　字体 ………………………………………………………………………… 7
　　1.1.6　图线 ………………………………………………………………………… 8
　　1.1.7　尺寸标注法 ………………………………………………………………… 10
1.2　制图工具及其使用方法 …………………………………………………………… 15
　　1.2.1　铅笔和笔芯 ………………………………………………………………… 15
　　1.2.2　图板、丁字尺和三角板 …………………………………………………… 15
　　1.2.3　比例尺 ……………………………………………………………………… 16
　　1.2.4　圆规及分规 ………………………………………………………………… 16
　　1.2.5　曲线板 ……………………………………………………………………… 18
　　1.2.6　其他绘图用品 ……………………………………………………………… 18
1.3　基本几何作图 ……………………………………………………………………… 19
　　1.3.1　线段等分 …………………………………………………………………… 19
　　1.3.2　圆的内接正多边形 ………………………………………………………… 19
　　1.3.3　斜度与锥度 ………………………………………………………………… 20
　　1.3.4　椭圆画法 …………………………………………………………………… 21
　　1.3.5　圆弧连接 …………………………………………………………………… 22
1.4　平面图形的画法和尺寸标注 ……………………………………………………… 23
　　1.4.1　平面图形的尺寸分析 ……………………………………………………… 23
　　1.4.2　平面图形的线段分析 ……………………………………………………… 24
　　1.4.3　平面图形的作图步骤 ……………………………………………………… 24

第2章　点、线、面 ……………………………………………………………………… 26

2.1　投影法的基本知识 ………………………………………………………………… 26
　　2.1.1　投影法的概念 ……………………………………………………………… 26

2.1.2 投影法的分类 ……………………………………………………………… 26

2.1.3 直角坐标系的建立 …………………………………………………………… 27

2.2 点的投影 ……………………………………………………………………………… 30

2.2.1 点在三面直角投影体系中的投影 …………………………………………… 30

2.2.2 两点的相对位置关系 ………………………………………………………… 30

2.3 直线的投影 …………………………………………………………………………… 32

2.3.1 直线的表示 …………………………………………………………………… 32

2.3.2 直线对投影面的各种相对位置 ……………………………………………… 33

2.3.3 直线上的点 …………………………………………………………………… 35

2.3.4 两直线的相对位置 …………………………………………………………… 35

2.4 平面的投影 …………………………………………………………………………… 37

2.4.1 平面的表示方法 ……………………………………………………………… 37

2.4.2 平面对投影面的相对位置 …………………………………………………… 38

2.4.3 平面上的点和线 ……………………………………………………………… 40

2.5 直线与平面及两平面间的相对位置 ………………………………………………… 43

2.5.1 平行问题 ……………………………………………………………………… 43

2.5.2 相交问题 ……………………………………………………………………… 44

2.5.3 垂直问题 ……………………………………………………………………… 46

第 3 章 立体的投影 …………………………………………………………………… 49

3.1 平面立体的投影及表面取点 ………………………………………………………… 49

3.1.1 棱柱 …………………………………………………………………………… 49

3.1.2 棱锥 …………………………………………………………………………… 50

3.2 曲面立体的投影及表面取点 ………………………………………………………… 51

3.2.1 圆柱 …………………………………………………………………………… 51

3.2.2 圆锥 …………………………………………………………………………… 52

3.2.3 球 ……………………………………………………………………………… 53

3.3 平面与立体相交 ……………………………………………………………………… 54

3.3.1 平面与平面立体相交 ………………………………………………………… 54

3.3.2 平面与回转体相交 …………………………………………………………… 55

3.4 两立体表面相交 ……………………………………………………………………… 65

3.4.1 平面立体与回转体相交 ……………………………………………………… 66

3.4.2 两回转体相交 ………………………………………………………………… 66

第 4 章 组合体的视图及尺寸标注 ………………………………………………… 77

4.1 组合体的形体结构分析 ……………………………………………………………… 77

4.1.1 组合体的组合形式 …………………………………………………………… 79

4.1.2 形体分析法与线面分析法的基本概念 ……………………………………… 80

4.2 画组合体视图 ………………………………………………………………………… 82

　　4.2.1　形体分析法 ·· 82

　　4.2.2　线面分析法 ·· 84

　　4.2.3　形体分析法与线面分析法综合应用举例 ············· 85

　4.3　读组合体视图 ·· 87

　　4.3.1　读图的技巧 ·· 87

　　4.3.2　读图技巧的综合应用 ··· 91

　4.4　组合体视图绘制 ·· 93

　　4.4.1　组合体视图选择分析 ··· 93

　　4.4.2　画图步骤 ··· 95

　4.5　组合体尺寸标注 ·· 97

　　4.5.1　基本体尺寸标注 ·· 97

　　4.5.2　组合体尺寸分析 ·· 98

　　4.5.3　组合体尺寸标注的步骤和方法 ······························ 101

第 5 章　机件的常用表达方法 ································ 104

　5.1　视图 ·· 104

　　5.1.1　基本视图 ·· 104

　　5.1.2　向视图 ·· 104

　　5.1.3　局部视图 ·· 106

　　5.1.4　斜视图 ·· 107

　5.2　剖视图 ·· 109

　　5.2.1　剖视图的概念及画法 ··· 109

　　5.2.2　剖视图分类 ·· 114

　　5.2.3　剖切方法 ·· 119

　5.3　断面图 ·· 123

　　5.3.1　断面图的概念 ·· 123

　　5.3.2　断面图的种类、画法及标注 ··································· 124

　5.4　局部放大图和简化画法 ··· 126

　　5.4.1　局部放大图画法 ··· 126

　　5.4.2　简化画法 ·· 127

　5.5　机件的表达 ··· 130

第 6 章　标准件及常用件 ·································· 132

　6.1　螺纹 ·· 132

　　6.1.1　螺纹的形式和要素 ·· 132

　　6.1.2　螺纹的种类 ·· 135

　　6.1.3　螺纹的规定画法 ··· 136

　　6.1.4　螺纹代号及标注 ··· 139

　6.2　螺纹紧固件 ··· 141

  6.2.1 螺纹紧固件的种类及规定标记 ･･････････････････ 141

  6.2.2 螺纹紧固件的比例画法 ･･････････････････････ 143

 6.3 键和花键 ･････････････････････････････････････ 148

  6.3.1 键 ･･･ 148

  6.3.2 花键 ･･･････････････････････････････････････ 152

 6.4 销 ･･･ 153

  6.4.1 销的种类及代号 ･･････････････････････････････ 153

  6.4.2 销连接画法 ･･････････････････････････････････ 154

 6.5 滚动轴承 ･････････････････････････････････････ 155

  6.5.1 滚动轴承的种类 ･････････････････････････････ 155

  6.5.2 滚动轴承的规定画法 ･･････････････････････････ 155

  6.5.3 滚动轴承的代号 ･････････････････････････････ 156

 6.6 弹簧 ･･･ 157

  6.6.1 弹簧的种类 ･･････････････････････････････････ 157

  6.6.2 圆柱螺旋压缩弹簧的参数及尺寸计算 ･･････････ 157

  6.6.3 圆柱螺旋压缩弹簧的规定画法 ･･････････････････ 158

  6.6.4 圆柱螺旋压缩弹簧的标记 ･･････････････････････ 158

 6.7 齿轮 ･･･ 159

  6.7.1 圆柱齿轮 ････････････････････････････････････ 160

  6.7.2 圆锥齿轮 ････････････････････････････････････ 164

  6.7.3 蜗轮与蜗杆 ･･････････････････････････････････ 166

第7章 零件图 ････････････････････････････････････ 169

 7.1 零件图的内容 ･････････････････････････････････ 169

 7.2 零件上常见的工艺结构 ･････････････････････････ 170

  7.2.1 铸件的工艺结构 ･････････････････････････････ 170

  7.2.2 零件机加工工艺结构 ･･････････････････････････ 172

 7.3 零件的视图选择 ･･･････････････････････････････ 174

 7.4 零件的尺寸标注 ･･･････････････････････････････ 176

  7.4.1 零件的尺寸分析 ･････････････････････････････ 176

  7.4.2 零件的尺寸标注 ･････････････････････････････ 178

  7.4.3 零件上常见结构要素的尺寸标注 ･･････････････ 179

 7.5 零件的技术要求及标注 ･････････････････････････ 181

  7.5.1 表面结构 ････････････････････････････････････ 181

  7.5.2 公差与配合 ･･････････････････････････････････ 187

  7.5.3 几何公差 ････････････････････････････････････ 194

  7.5.4 其他技术要求 ････････････････････････････････ 197

 7.6 读零件图 ･････････････････････････････････････ 199

  7.6.1 读零件图的方法和步骤 ･･･････････････････････ 199

　　　7.6.2　典型零件读图举例 ································· 200

第8章　装配图 ······································· 207

8.1　装配图的内容 ···································· 207

8.2　机器（或部件）的表达方法 ······················ 209

　　8.2.1　规定画法 ································· 209

　　8.2.2　常见装配结构 ····························· 210

　　8.2.3　特殊表达方法 ····························· 212

8.3　装配图中的尺寸标注 ······························ 215

8.4　装配图中的技术要求 ······························ 216

8.5　装配图中的零件序号、明细表及标题栏 ·············· 216

　　8.5.1　零件序号 ································· 216

　　8.5.2　明细表 ··································· 216

8.6　装配图的绘制 ···································· 217

　　8.6.1　确定部件表达方案 ·························· 217

　　8.6.2　画装配图的步骤 ··························· 217

8.7　读装配图和拆画零件图 ···························· 222

　　8.7.1　读装配图的方法及步骤 ······················ 222

　　8.7.2　由装配图拆画零件图 ························ 223

　　8.7.3　读装配图举例 ····························· 227

附录 ·· 230

绪　　论

在人类社会的发展进程中，工程领域的每一次创新与突破，都如同一座座里程碑，推动着文明的巨轮滚滚向前。而在每项伟大工程的背后，工程制图，这门独特而关键的专业语言，默默发挥着无可替代的作用。《工程制图基础》作为工程学科的基石课程，宛如一把钥匙，为学习者开启工程世界的大门，筑牢后续专业学习与实践操作的根基。

一、工程制图的性质

工程制图，是一门将工程设计中的三维构思，通过特定的图形符号、线条及标注规则，精准转化为二维平面图形的技术。它远不止是简单的绘图行为，更是一种超越语言与文化界限的通用交流方式。借助工程制图，设计师能将抽象的创意具象化，工程师之间实现高效的技术交流，生产人员则可依据图纸，精确制造出符合设计要求的产品。

这种以图形为载体的表达形式，具备直观、准确、规范的显著特点。经过历代工程师的不断总结、归纳与提炼，国家标准化管理委员会构建了一套严谨科学的标准体系，涵盖投影原理、尺寸标注、公差配合、技术要求等多个关键方面，成为工程领域共同遵循的准则，极大地提升了工程信息传递的效率与准确性。

本课程着重研究绘制和阅读工程图样的基本理论与方法，学习并掌握技术制图和机械制图现行的有关标准。它是高等工科院校的一门必修技术基础课，兼具系统理论与较强的实践性，在培养工程技术人员的空间思维、形象思维能力及工程素质方面，占据着特殊地位，发挥着关键作用。

二、工程制图课程的教学目的和任务

《工程制图基础》内容丰富多元，囊括工程制图的基本原理、方法与规范。本课程的教学目的在于使学生熟练掌握绘制和阅读工程图样的基本理论与方法。主要教学任务如下：

1. 深入研习正投影的基本理论及其实际应用；
2. 切实掌握绘制和阅读工程图样的基本方法与技能；
3. 着力培养徒手绘图、尺规绘图、计算机绘图的综合绘图能力；
4. 着重培育空间逻辑思维能力与形象思维能力；
5. 注重养成严谨细致的工作作风和认真负责的工作态度。

三、工程制图的学习方法

1. 扎实掌握投影原理，深刻理解基本概念，熟练运用投影规律及特征，并将其融会贯通，灵活运用于工程制图实践；

2. 借助投影原理积极开展空间思维与形象思维，反复进行从空间到平面，再从平面到空间的学习与实践，建立空间形体与投影图形的对应及转化关系，逐步提升空间想象力与投影分析能力；

3. 掌握正确的画图步骤与分析方法，做到举一反三，准确、快速地完成图形绘制；

4. 高度重视实践，通过完成一定数量的习题和作业，巩固和掌握基本理论，培养绘图与读图能力，每个学生都应认真、按时、按量完成；

5. 课后复习时重点研究书中图例，按时完成作业，及时巩固所学知识，发现并解决存在的问题；

6. 学习过程中，自觉遵守《技术制图》和《机械制图》国家标准的各项规定，学会查阅和使用相关手册及国家标准，确保绘制的图样投影正确、图线分明、尺寸齐全、字体工整，符合各项制图国家标准。

第1章
制图的基本知识与技能

1.1 国家标准《技术制图》和《机械制图》的一般规定

1.1.1 工程制图国家标准简介

工程图样是现代工业生产中必不可少的技术资料，是加工要求、检验指标、功能原理等众多信息集成的载体，也是进行技术交流的工程语言。为了生产和管理统一化，便于进行准确的技术交流，国家质量技术监督检验检疫总局依据国际标准组织的标准，制定并颁布了与 ISO 国际标准接轨的《技术制图》和《机械制图》国家标准，简称"国标"。

《中华人民共和国标准化法》中规定："国家标准和行业标准分为强制性标准和推荐性标准。保障人体健康，人身、财产安全的标准和法律、行政法规规定强制执行的标准是强制性标准"，"强制性标准，必须执行，不符合强制性标准的产品，禁止生产、销售和进口"代号"GB"。强制性标准以外的其他标准是推荐性标准，又称为非强制性标准或自愿性标准，代号"GB/T"。

1.1.2 图纸幅面及图框格式

1. 图纸幅面

图纸幅面是指图纸的宽度与长度（$B \times L$）围成的图纸面积，绘图时应优先采用表 1-1 中规定的基本幅面，当采用基本幅面绘制图样有困难时允许采用加长幅面。

图纸基本幅面尺寸规格（单位：mm）   表 1-1

幅面代号	尺寸 $B \times L$	c	a	e
A_0	841×1189			20
A_1	594×841	10		20
A_2	420×594		25	
A_3	297×420	5		10
A_4	210×297			10

当基本幅面不能满足视图的布置时，也允许选用规定的加长幅面。加长幅面时，基本幅面长边不变，沿短边延长方向成整数倍增加基本幅面的短边尺寸，如图 1-1 所示，图中粗实线为基本幅面，虚线为加长幅面。

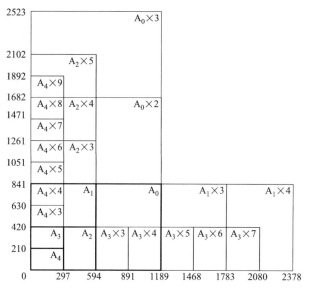

图 1-1　图纸基本幅面

2. 图框格式

图框是图纸上限定绘图区域的线框，即绘图的有效范围。无论图样是否装订，图框线都必须用粗实线画出。图框格式分留有装订边和不留装订边两种，对同一种产品的图样格式只能采用一种，如图 1-2 和图 1-3 所示。

加长幅面的图框尺寸按所选的基本图幅大一号的图框尺寸确定。如 A3×4 的图框按 A2 的图框尺寸确定，即 e 为 10（或 c 为 10）。

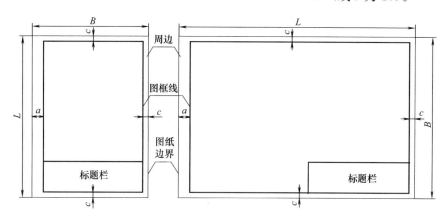

图 1-2　留有装订边的图框格式

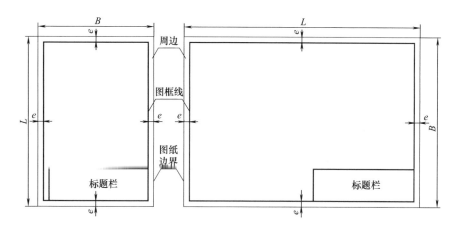

图 1-3　不留装订边的图框格式

1.1.3 标题栏及明细表

1. 标题栏

每张图纸必须有标题栏，用来填写图样上的综合信息，是图样的组成部分。标题栏的基本要求、内容、格式和尺寸在国家标准《技术制图 标题栏》GB/T 10609.1-2008 "标题栏"中有详细规定，标题栏一般印制在图纸上，不必自己绘制，其格式如图1-4所示。

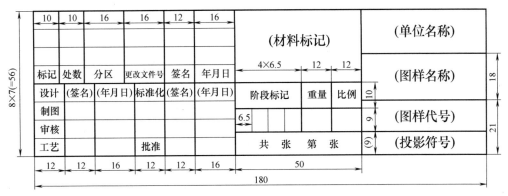

图1-4 国家标准规定的标题栏

标题栏内图样名称用 10 号字书写，图样代号、单位名称用 7 号字书写，其余都用 5 号字书写。在学校的制图作业中，标题栏可以采用如图1-5所示的简化形式。要求外框粗实线，其余细实线绘制。

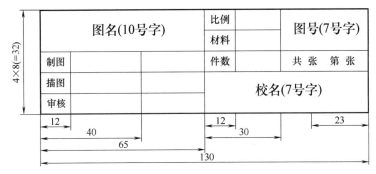

图1-5 制图作业中的标题栏

GB/T 14689-2008 规定标题栏的位置应在图纸的右下角，标题栏的长边置于水平方向，其右边和底边与图框线重合，看图的方向应与标题栏方向一致，如图1-2和图1-3所示。

2. 明细表（GB/T 10609.2-2009）

明细栏是**装配图**中才有的，需要自己绘制。国家标准《技术制图 明细栏》GB/T 10609.2-2009 "明细栏"中规定了明细栏的样式，如图1-6所示。

在学校的制图作业中，标题栏可以采用如图1-7所示的简化形式。

1.1.4 比例

图形与其实物相应要素的线性尺寸之比，称为比例，比例符号为"∶"。线性尺寸是指用直线表达的尺寸，如直线长度、圆的直径等。

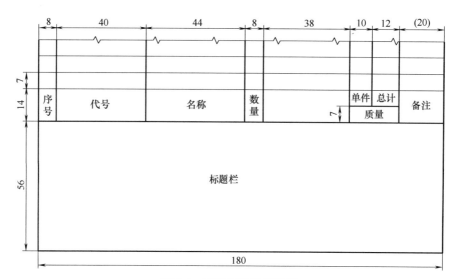

图 1-6　国家标准明细栏表

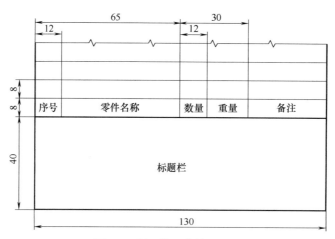

图 1-7　制图作业中的明细栏

图样比例分为三类：原值比例、放大比例和缩小比例。如图 1-8 所示。

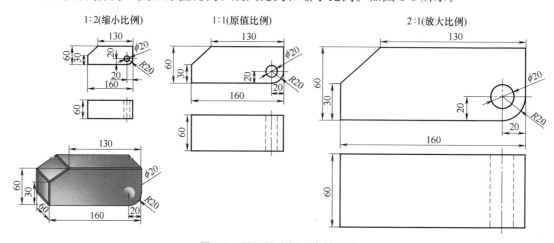

图 1-8　用不同比例画出的图形

缩小比例：比值小于 1 的比例称为缩小比例，如 1：2。

原值比例：比值为 1 的比例称为原值比例，即 1：1。

放大比例：比值大于 1 的比例称为放大比例，如 2：1。

绘图时，应选用适当的比例，尽量采用原值比例，优先选用表 1-2 第一系列比例，必要时允许选用第二系列比例。

图样比例 表 1-2

种类	系列								
	第一系列 （优先选用的比例）			第二系列 （允许选用的比例）					
原值比例	1：1								
放大比例	2：1		5：1	2.5：1			4：1		
	1×10^n：1	2×10^n：1	5×10^n：1	2.5×10^n：1			4×10^n：1		
缩小比例	1：2	1：5	1：10	1：1.5	1：2.5	1：3	1：4		1：6
	$1 ：2 \times 10^n$	$1：5 \times 10^n$	$1：1 \times 10^n$	$1：1.5 \times 10^n$	$1：2.5 \times 10^n$	$1：3 \times 10^n$	$1：4 \times 10^n$		$1：6 \times 10^n$

在选用比例时应注意：

1）无论采用放大或缩小的比例绘图，图样中标注的尺寸均为机件的实际尺寸，带角度的图形，无论放大或缩小，仍按实际角度绘制和标注。

2）对于同一张图样上的各个图形应采用相同的比例绘制，并将比值写在标题栏的比例一栏中。

3）当机件某个视图需要采用不同比例表达时，必须另行标注，这种表达方法称为"局部放大视图"，在本书第 6 章详细讲解。

1.1.5 字体

图样上除了反映工程形体形状、结构的图形外，还需要用文字、符号、数字对工程形体的大小、技术要求加以说明。工程图中的文字必须遵循国家标准《技术制图 字体》GB/T 14691-1993 的规定。

国家标准规定：

1）图样中书写的汉字、数字、字母都必须做到字体端正、笔画清楚、间隔均匀、排列整齐。

2）字体的号数，即字体的高度（用 h 表示，单位 mm）的公称尺寸系列为：1.8、2.5、3.5、5、7、10、14、20 八种。如果要书写更大的字体，按 $\sqrt{2}$ 的比率递增。

1. 汉字

图样上汉字应写成长仿宋体字，并采用国家正式公布推行的简化汉字。汉字的高度 h 不应小于 3.5mm，其字宽一般为 $h/\sqrt{2}$（约 $0.7h$）。

长仿宋体汉字的书写要领是"横平竖直、注意起落、字体端正、结构匀称、呈长方形，若在方格内书写，还应填满方格"，书写示例如图 1-9 所示。

2. 字体综合运用规定及示例

字体综合应用的规定如下：

1）用作指数、分数、极限偏差、注脚的数字及字母，一般采用小一号的字体，如图 1-10（a）所示。

字体工整 笔画清楚 间隔均匀 排列整齐

横平竖直 注意起落 结构均匀 填满方格

技术制图 机械工程 航空船舶 智能制造

螺纹连接 齿轮啮合 压缩弹簧 滚动轴承

图 1-9　长仿宋汉字示例

2）图样中的数学符号、物理量符号、计量单位符号以及其他符号、代号，应分别符合国家的有关法令和标准的规定。如 m/kg，其中 m 表示质量符号，应用斜体，kg 表示质量的单位，应用直体，如图 1-10（b）所示。

3）各种字母和数字组合书写时，其排列格式和间距应符合规定。以 A 型字为例，笔画宽度 d，字高 $h(=14d)$，字符间隔 $2d$，词间距 $6d$。如图 1-10（c）所示。

$$\emptyset60^{+0.01}_{-0.02} \qquad 60^{+1°}_{-2°} \qquad 10^3 \qquad 10\,Js5(\pm0.002) \qquad M24\text{-}6h \qquad \emptyset60\frac{H6}{f5} \qquad \frac{3}{5}$$

(a)

$$10\,l/mm \qquad 10m/kg \qquad 460r/min \qquad 220V \qquad 100kPa \qquad 5M\Omega \qquad D_1 \qquad T_d$$

(b)

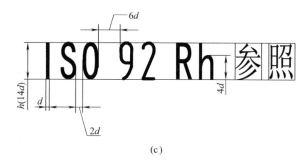

(c)

图 1-10　字体综合应用示例

1.1.6　图线

1. 基本线型

《技术制图　图线》GB/T 17450-1998 规定了绘制各种技术图样的基本线型。《机械制图　图样画法　图线》GB/T 4457.4-2002 中规定了九种图线。机械制图使用的图线标准如表 1-3 所示。

基本线型及应用　　　　　　　　　　　　　　　　　　　　　　　　表 1-3

代码	图线名称	图线形式及画法	线宽	图线的一般应用
01.2	粗实线	————————————	d	1)可见棱边线;2)可见轮廓线(含移出断面的轮廓线);3)可见相贯线;4)螺纹牙顶线;5)螺纹长度终止线;6)齿轮齿顶线;7)表格图、流程图中的主要表示线;8)系统结构线(金属结构工程);9)模样分型线;10)剖切符号用线
01.1	细实线	————————————	$d'=d/2$	1)过渡线;2)尺寸线;3)尺寸界线;4)指引线和基准线;5)尺寸线的起止线;6)剖面线;7)重合断面的轮廓线;8)短中心线;9)螺纹的牙底线;10)表示平面的对角线;11)零件成形的弯折线;12)范围及分界线;13)重复要素的表示线(如齿根线);14)锥形结构的基面位置线;15)叠片结构位置线(如变压器叠钢片);16)辅助线;17)不连续同一表面连线;18)成规律分布的相同要素连线;19)投影线;20)网格线
	波浪线	〜〜〜〜〜〜〜〜〜		1)断裂处分界线;2)视图与剖视图的分界线。注:波浪线和双折线一张图样上一般只能采用一种线型
	双折线	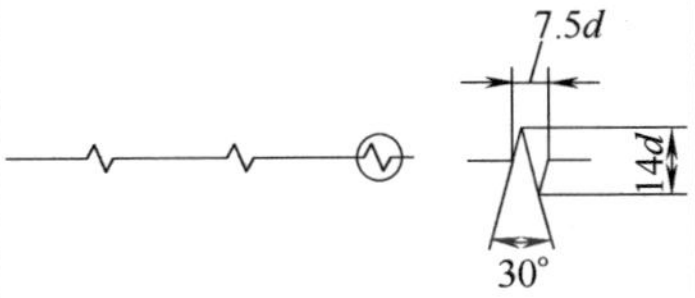 —〴——〴——〇—		
02.1	细虚线	– – – – – – – – (间隔 $3d$,画 $12d$)		1)不可见棱边线;2)不可见轮廓线
02.2	粗虚线	— — — — — — (间隔 $3d$,画 $12d$)	d	允许表面处理的表示线
04.1	细点画线	—‧—‧—‧—‧— (点$\leqslant 0.5d$,画 $24d$,间隔 $3d$)	$d'=d/2$	1)轴线;2)对称中心线;3)分度圆(线);4)孔系分布的中心线;5)剖切线
04.2	粗点画线	—‧—‧—‧—‧— (点$\leqslant 0.5d$,画 $24d$,间隔 $3d$)	d	1)相邻辅助零件的轮廓线;2)可动零件的极限位置的轮廓线;3)重心线;4)成形前轮廓线;5)剖切面前的结构轮廓线;6)轨迹线;7)毛坯图中制成品的轮廓线;8)特定区域线;9)延伸公差带表示线;10)工艺用结构的轮廓线;11)中断线
05.1	细双点画线	—‧‧—‧‧—‧‧— (点$\leqslant 0.5d$,画 $24d$,间隔 $3d$)	$d'=d/2$	限定范围表示线(如限定测量热处理表面的范围)

(双折线尺寸标注: $7.5d$, $14d$, $30°$)

2. 图线的应用

不同图线在机械图样中的应用举例,如图 1-11 所示。在图示零件的视图上,粗实线表达该零件的可见轮廓线;虚线表达不可见轮廓线;细实线表达尺寸线、尺寸界线及剖面线;波浪线表达断裂处的边界线及视图和剖视的分界线;细点画线表达对称中心线及轴线;细双点画线表达相邻辅助零件的轮廓线和极限位置轮廓线。

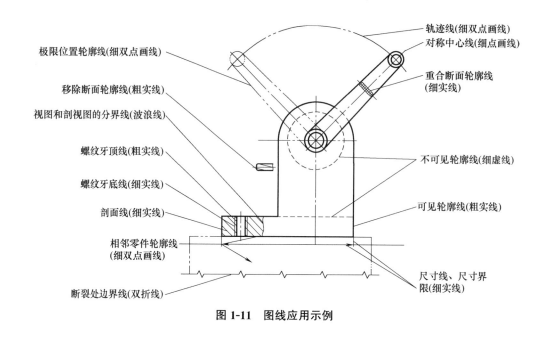

极限位置轮廓线(细双点画线)

移除断面轮廓线(粗实线)

视图和剖视图的分界线(波浪线)

螺纹牙顶线(粗实线)

螺纹牙底线(细实线)

剖面线(细实线)

相邻零件轮廓线
(细双点画线)

断裂处边界线(双折线)

轨迹线(细双点画线)

对称中心线(细点画线)

重合断面轮廓线
(细实线)

不可见轮廓线(细虚线)

可见轮廓线(粗实线)

尺寸线、尺寸界
限(细实线)

图 1-11　图线应用示例

1.1.7　尺寸标注法

机件的大小以图样上标注的尺寸数值为制造和检验的依据，《机械制图　尺寸注法》GB/T 4458.4-2003 和《技术制图　简化表示法　第 2 部分：尺寸注法》GB/T 16675.2-2012 对尺寸标注作了一系列的规定。在绘制图样时，必须严格遵照国家标准规定，正确标注尺寸。

1. 基本规则

1）机件的真实大小应以图样上所注的尺寸数值为依据，与图形的大小及绘图的准确度无关。

2）图样中（包括技术要求和其他说明）的尺寸以毫米（mm）为单位，在标注时省略单位代号名称；如果不以毫米为单位，则必须标注单位代号名称。

3）图样中所标注的尺寸是零件的真实大小，与绘制比例和绘图的准确度无关。

4）机件的每一个尺寸一般只标注一次，并应标注在反映该结构最清晰的图形上。

2. 尺寸标注的组成

一个完整的尺寸，由尺寸数字、尺寸界线、尺寸线和尺寸线的终端（箭头或斜线）组成，如图 1-12 所示。

1）尺寸界线：尺寸界线表明尺寸标注的范围，用细实线绘制。尺寸界线应由图形的轮廓线、轴线或对称中心线处引出，也可利用轮廓线、轴线或对称中心线作尺寸界线。尺寸界线一般应与尺寸线垂直，必要时允许倾斜。在光滑过渡处标注尺寸时，必须用细实线将轮廓线延长，从它们的交点处引出尺寸界线。

2）尺寸线：尺寸线表明尺寸度量的方向，必须单独用细实线绘制，不能用其他图线代替，也不得与其他图线重合或画在其延长线上。标注线性尺寸时，尺寸线必须与所标注的线段平行。同一图样中，尺寸线与轮廓线以及尺寸线与尺寸线之间的距离应大致相当，一般以不小于 5mm 为宜。

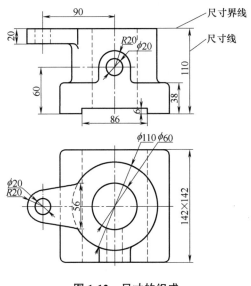

图 1-12 尺寸的组成

3) 尺寸线的终端：尺寸线的终端有箭头和斜线两种形式，一般情况下同一张图样中只能采用一种终端的形式。

如图 1-13（a）所示的箭头形式，适用于各种类型的图样。箭头的大小要一致，箭头一般是由内向外指。但当尺寸界线内侧没有足够位置画箭头时，可将箭头画在尺寸界线的外侧，由外向内指；当尺寸界线内、外均无足够位置画箭头时，可在尺寸线与尺寸界线的相交处用圆点或细斜线代替。圆点的直径为粗实线的宽度 d，见表 1-4 中的小间隔、小圆弧的尺寸注法。

如图 1-13（b）所示的斜线形式，一般用于机械制图中的草图绘制，或在没有足够的位置画箭头或注写数字处。尺寸线终端也允许用细斜线代替箭头，当采用细斜线时，尺寸线与尺寸线必须保持垂直。

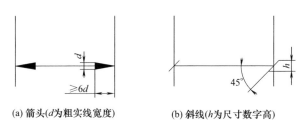

(a) 箭头(*d*为粗实线宽度)　　　　(b) 斜线(*h*为尺寸数字高)

图 1-13 尺寸线的终端

4) 尺寸数字：尺寸数字表明机件的真实大小，机械图样中尺寸以毫米为单位。数字应按字体的国家标准的规定形式进行书写，且不能被任何图线通过，否则必须将图线断开，如图 1-13 所示。同一张图上的字高要一致，一般为 3.5 号字。

3. 基本注法

尺寸标注基本注法

表 1-4

内容	说明	图例
线型尺寸的基本注法	尺寸数字应按图(a)所示的方向注写,并尽可能避免在图示30°范围内标注尺寸;当无法避免时,可按图(b)的形式标注	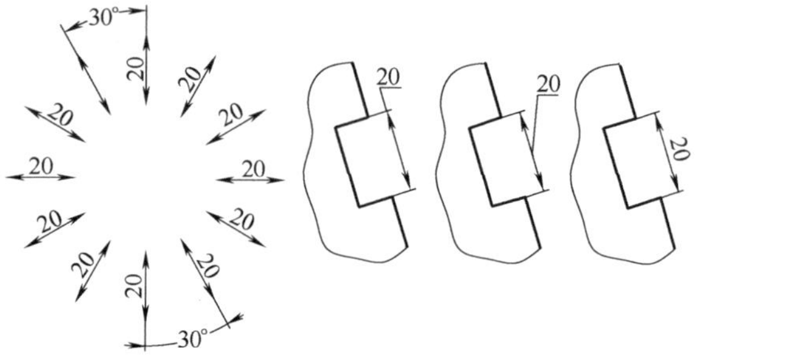 (a)　　　　　　(b)
角度的尺寸注法	标注角度时,尺寸线应画成圆弧,其圆心是该角的顶点,尺寸界线应沿径向引出;标注的数字一律写成水平方向,一般注写在尺寸线的中断处,必要时也可以注写在尺寸线上方或外面,也可引出标注	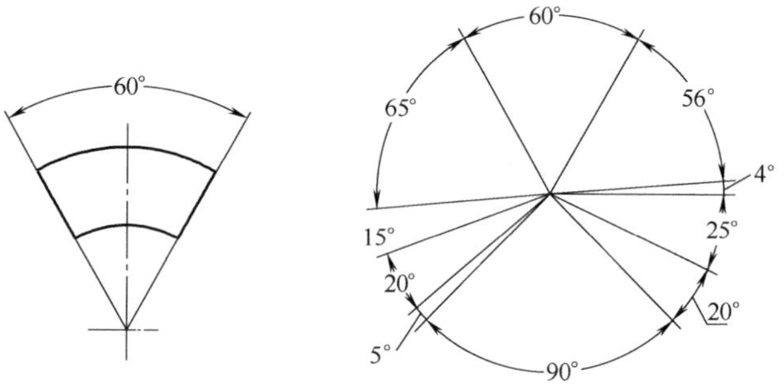
直径和半径的尺寸注法	1)标注圆和大于半圆的圆弧直径时,尺寸线应通过圆心,并以圆周为尺寸界线,尺寸数字前加注符号"ϕ"。 2)标注小于或等于半圆的圆弧半径时,尺寸线自圆心引向圆弧,并以圆弧为尺寸界线,尺寸数字前加注符号"R"。 3)大圆弧的半径过大,或在图纸范围内无法标出其圆心位置时,尺寸线可采用折线方式;若圆心位置不需注明,则尺寸线可只画靠近箭头的一段。 4)当需要指明半径尺寸是由其他尺寸所确定时,应用尺寸线和符号"R"标出,但不要注写尺寸数字	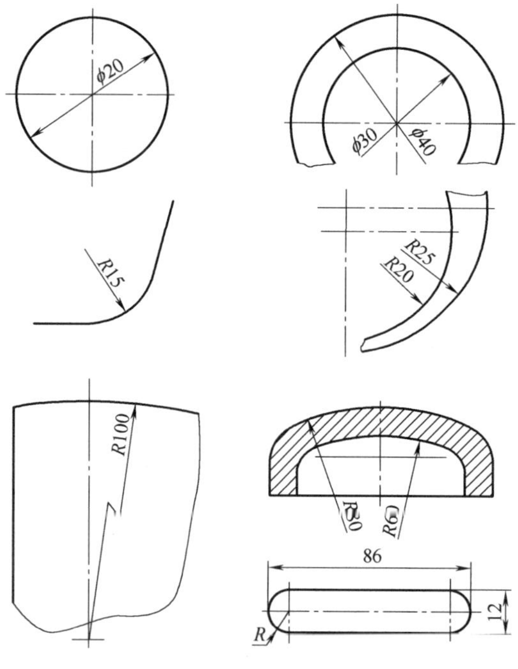

内容	说明	图例
球面直径和半径的尺寸注法	标注球面直径和半径时应在符号"ϕ"和"R"前加辅助符号"S";但对于有些轴及手柄的端部等,在不致引起误解情况下,可省略符号"S"	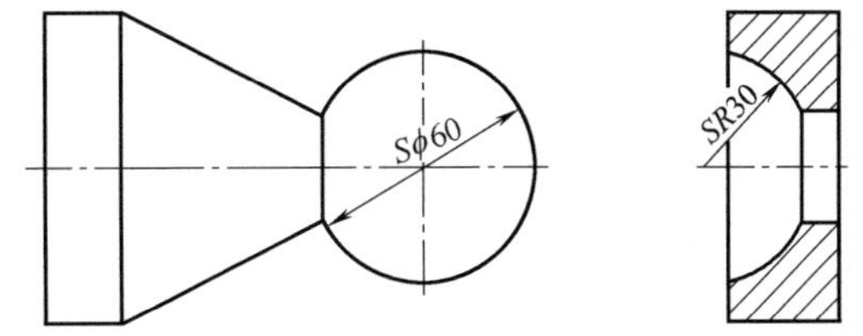
弦长和弧长的尺寸注法	1)标注弦长时,尺寸界线应平行于弦的垂直平分线。 2)标注弧长时,尺寸界线应平行该弧所对圆心角的角平分线,但当弧度较大时,可沿径向引出,而尺寸线为该弧的同心弧,并在尺寸数字前加注"$\frown$"符号	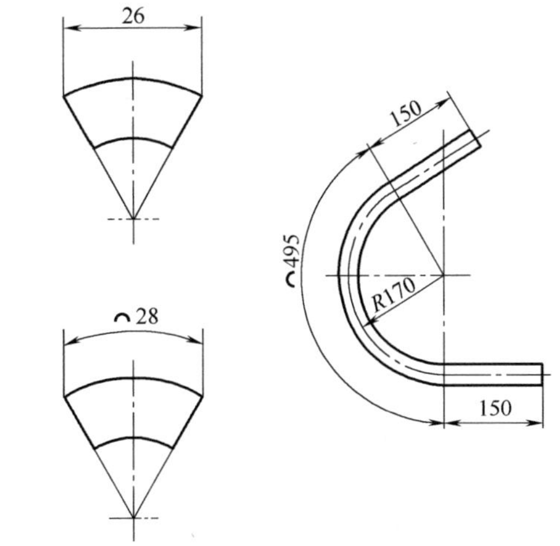
小尺寸的尺寸注法	1)在尺寸界线之间没有足够位置画箭头时,可把箭头放在外面,指向尺寸界线。 2)在尺寸界线之间没有足够位置写尺寸数字时可引出写在外面。 3)连续尺寸无法画箭头时,可用圆点或斜线代替中间省去的两个箭头	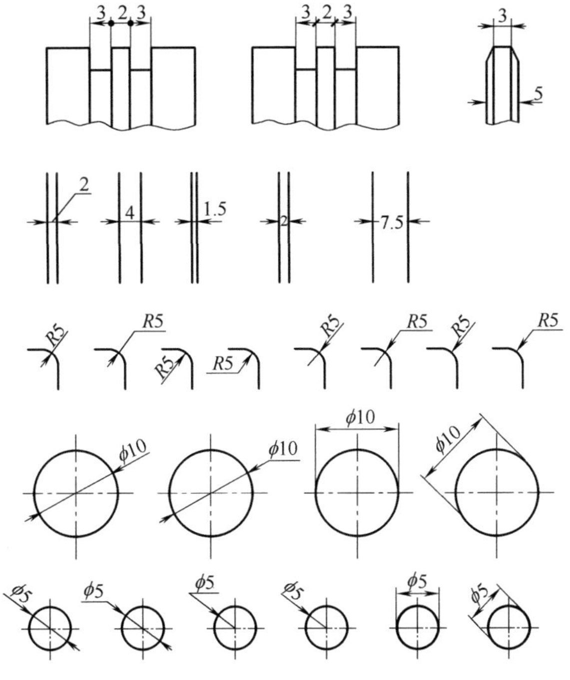

续表

内容	说明	图例
对称图形的尺寸注法	1)当图形具有对称中心线时,分布在对称中心线两边的相同结构要素仅标注其中一组要素的尺寸。 2)当对称物体的图形只画出一半或省略大于一半时,要标注完整物体的尺寸数值。此时,尺寸线一端画至尺寸界线并画出箭头,另一端一般略超过对称中心线 3～5mm,并且不画箭头	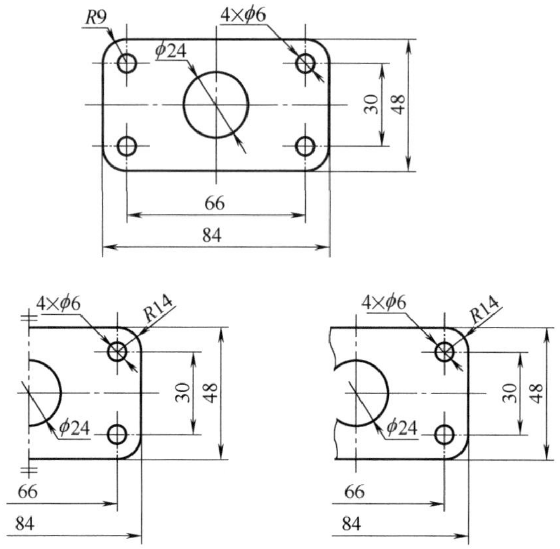
板状机件厚度的尺寸注法	标注板状物体时,用引线由形体引出标注,并在厚度尺寸数字前加注符号“t”	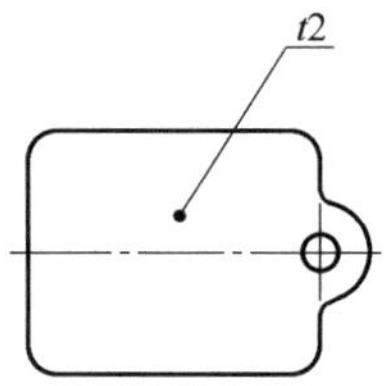
斜度和锥度的尺寸注法	1)锥度与斜度的标注方法及符号的画法如图例所示。符号的方向应与锥度、斜度的方向一致。符号的线宽为 $h/10$,h 为字高。 2)一般在锥度与斜度符号后面用比值形式标注。 3)一般不需在标注锥度的同时再注出其角度值(α 为锥顶角);如有必要,则可如图例中所示,在括号内注出其角度值	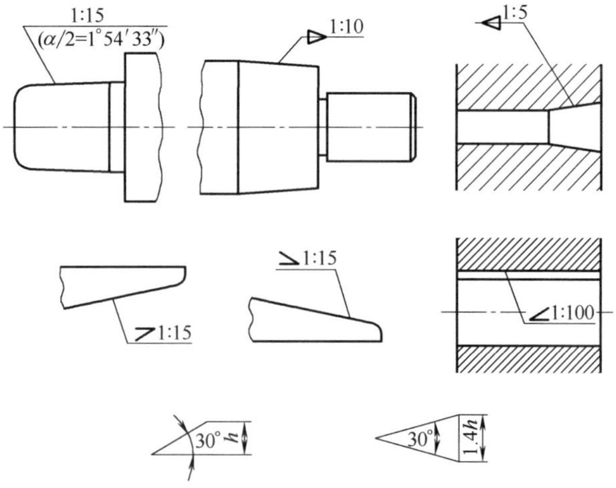 斜度符号(h字高)　锥度符号(h字高)

续表

内容	说明	图例
倒角的尺寸注法	1)45°倒角的标注如图(a)所示,省略角度不标注,在尺寸数字前加注符号"C"。 2)非45°倒角标注如图(b)所示,需标注倒角角度	(a) (b)

1.2 制图工具及其使用方法

1.2.1 铅笔和笔芯

在绘制工程图样时要选择专用的"绘图铅笔",专业绘图铅笔标号(B或H)表示铅芯的软或硬,一般手绘图中常用的铅笔标号有2H、H、HB、B、2B几种,H前的数字越大,铅芯越硬,画出来的图线就越淡,B前的数字越大,铅芯越软,画出来的图线就越黑。在绘图中不同标号的铅笔使用如下:

1)B或2B,用来画粗实线。

2)HB,用来画细实线、点画线、双点画线、虚线和写字。

3)2H或H,用来画底稿。

在机械图样中图线分粗和细两种,手绘图样通过铅笔芯的粗细来控制图线宽度。画粗线的铅笔芯应磨成矩形断面,断面宽度即为线宽;其余铅笔芯磨成圆锥形用来画细线和写字。如图1-14所示。

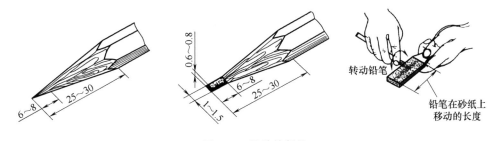

图1-14 铅笔的削法

1.2.2 图板、丁字尺和三角板

图板根据大小有多种型号,图板的短边为导边;丁字尺是用来画水平线的,丁字尺带刻度的那条边为工作边;三角板与丁字尺配合使用可画垂直线及15°倍角的斜线,如

图 1-15（a）所示，或用两块三角板配合画任意角度的平行线，如图 1-15（b）所示。

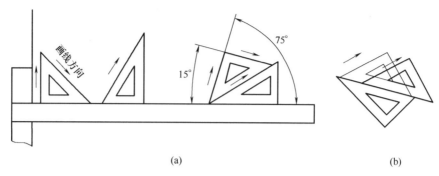

（a）

（b）

图 1-15　三角板的使用

图板、丁字尺和三角板配合使用时应注意以下几点：

1）如采用预先印好图框及标题栏的图纸进行绘图，则应使图纸的水平图框线对准丁字尺的工作边后再将其固定在图板上，以保证图上的所有水平线与图框线平行。

2）如采用较大的图板，为了便于画图，图纸应尽量固定在图板的左下方，但须保证图纸与图板底边有稍大于丁字尺宽度的距离，以保证绘制图纸上最下面的水平线时的准确性。

3）用丁字尺画水平线时，丁字尺横边应紧贴图板导边使用，并用左手握住尺头，使其紧靠图板的左侧导边作上下移动，右手执笔，沿丁字尺工作边自左向右画线。

4）如画较长的水平线时，左手应按住丁字尺尺身；画线时，笔杆应稍向外倾斜，尽量使笔尖贴靠尺边。

5）画垂直线时，手法如图 1-16 所示，自下往上画线。

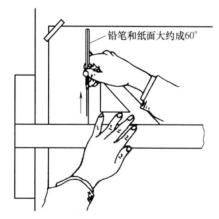

图 1-16　图板、丁字尺和三角板配合使用

1.2.3　比例尺

比例尺是在其尺面上有各种不同比例刻度形式，如图 1-17（a）所示，它有六种不同的比例。在用不同比例绘制图样时，只要在比例尺上相应比例刻度上直接量取，省去比例换算的麻烦，可有效提高绘图速度。

在使用时要注意：比例尺的每一种比例的刻度，可以用作不同的比例。例如比例尺上标明 1∶200 比例的刻度，其 1 小格代表 200mm，它也可作为 1∶20 或 1∶2 比例用，此时 1 小格分别代表 20mm 或 2mm；同样，它也可用作 5∶1 或 50∶1，

此时 1 小格代表 0.2mm 或 0.02mm。表示了用 1∶200 的刻度，用作不同比例时代表的实际值，如图 1-17（b）所示。

1.2.4　圆规及分规

1. 圆规

圆规用来画圆，在使用圆规画圆时应注意以下几点：

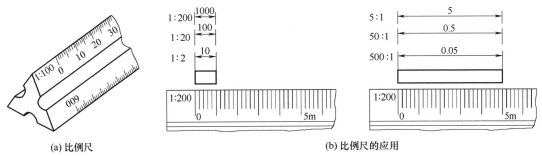

(a) 比例尺　　　　　　　　　　　　　　　(b) 比例尺的应用

图 1-17　比例尺及其比例尺的应用

1）圆规针脚上的针应将带支承面的小针尖向下，以避免针尖插入图板过深，针尖的支承面应与铅芯对齐，如图 1-18（a）所示。

2）当画大直径的圆或加深时，圆规的针脚和铅笔脚均应保持与纸面垂直，如图 1-18（b）所示。

3）当画大圆时，可用延长杆来扩大所画圆的半径，其用法如图 1-18（c）所示。

4）画图时，应当匀速前进，并注意用力均匀。圆规所在的平面应稍向前进方向倾斜。

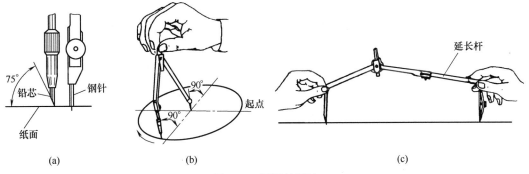

(a)　　　　　　　　　　　(b)　　　　　　　　　　　(c)

图 1-18　圆规的用法

由于圆规画圆时不便用力，因此圆规上使用的铅芯一般要比绘图铅笔软一级。用于画粗实线的铅笔和铅芯应磨成矩形断面，其余白的磨成圆锥形，如图 1-19 所示。

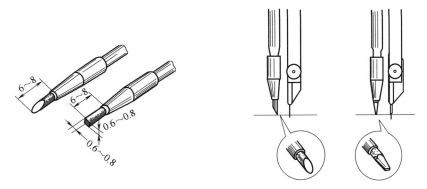

图 1-19　圆规的铅芯

2. 分规

分规是用来量取线段长度和分割线段的工具，分规使用时两针尖应平齐，如图 1-20 所示。

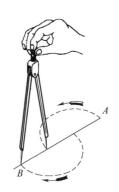

图 1-20　分规的用法

1.2.5　曲线板

曲线板是用来绘制非圆曲线的常用工具。画线时，应先徒手用铅笔轻轻地把已求出的各点勾描出来，然后选择曲线板上曲率相当的部分与徒手连接的曲线贴合，分数段将曲线描深。注意每段至少有四个吻合点，并与已画出的相邻线段有一部分重合，这样才能使所画的曲线连接光滑，如图 1-21 所示。

图 1-21　曲线板的用法

1.2.6　其他绘图用品

绘图模板是一种快速绘图工具，上面有多种镂空的常用图形、符号和不同号数的字框等，能方便绘制针对不同专业的图案，如图 1-22（a）所示。使用时笔尖应紧靠模板，使

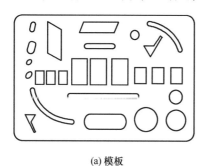

(a) 模板

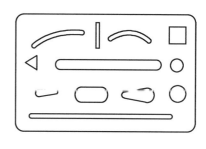

(b) 擦图片

图 1-22　其他绘图工具

画出的图形整齐光滑。擦图片用来防止涂改时把有用的线条也一同擦去的一种工具，如图1-22（b）所示。

另外，在绘图时，还需要准备削铅笔刀、橡皮、固定图纸用的塑料透明胶纸、磨铅笔用的砂纸以及清除图面上橡皮屑的小刷等工具。

1.3　基本几何作图

在制图过程中，常会遇到等分线段、等分圆周、圆的内接正多边形、画斜度和锥度、圆弧连接及绘制非圆曲线等的几何作图问题。

1.3.1　线段等分

已知线段 AB，现将其五等分，作图过程如图1-23所示。作图步骤如下：

1）过线段 AB 任意一端做任意方向直线（辅助线）。

2）以任意长度为一等份，从 A 点出发，在辅助线上取五等份，并在等分点上顺序标注1、2、3、4、5。

3）连接末端5和 B 点。

4）分别过4、3、2、1做 $5B$ 的平行线，平行线分别交 AB 直线于 $4'$、$3'$、$2'$、$1'$。

5）点 $4'$、$3'$、$2'$、$1'$ 即为线段 AB 的等分点。

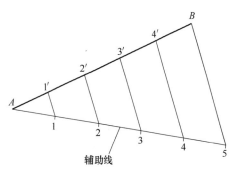

图1-23　等分线段

1.3.2　圆的内接正多边形

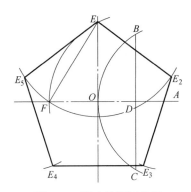

图1-24　圆内接正五边形

1. 内接正五边形

做圆 O 的内接正五边形，如图1-24所示，作图步骤如下：

1）取外接圆半径 OA 的中点 D。

2）以 D 为圆心，DE 为半径画弧，交中心线于 F 点，EF 线段即为所求五边形的边长。

3）以 EF 为半径，E 为圆心画弧交圆 O 于 E_2、E_5 两点。

4）分别以 E_2、E_5 为圆心，EF 为半径画弧交圆 O 于 E_3、E_4 两点。

5）依次连接 $EE_2E_3E_4E_5$ 即得内接正五边形。

2. 内接正六边形

做圆 O 的内接正六边形，方法一，如图1-25（a）所示，作图步骤如下：

1）过 A、B 两点用60°三角板直接画出六边形的四条边，分别与圆 O 交于1、2两点和3、4两点。

2）顺序连接 $A21B43$，即得正六边形。

做圆 O 的内接正六边形，方法二，如图 1-25（b）所示，作图步骤如下：

1）以 A、B 两点为圆心，圆 O 半径为半径画圆，圆弧交圆 O 于 1、2 点和 3、4 点。

2）顺序连接 $A21B43$，即得正六边形。

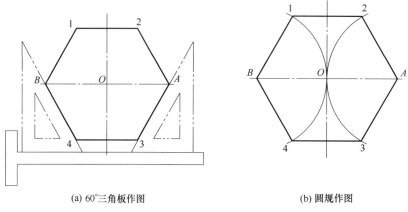

(a) 60°三角板作图   (b) 圆规作图

图 1-25　圆内接正六边形

3. 圆内接正 N 边形

有一种近似作图法可以做圆内接任意边正多边形，现在以圆 O 的内接正七边形为例，如图 1-26 所示，作图步骤如下：

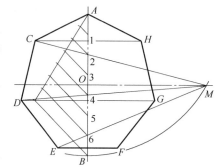

1）将直径 AB 分成七等分（若作 n 边形，可将直径 n 等分），由 A 向下对等分点进行标注 1、2、3、4、5、6。

2）以 A 为圆心，AB 为半径画弧交水平直径延长线于 M 点。

3）自 M 点与直径上的偶数点连线，延长至圆周，分别得 C、D、E 点。

图 1-26　圆内接正七边形

4）分别过 C、D、E 点作水平线与圆 O 另一侧弧交于 F、G、H 点。

5）顺序连接 A、C、D、E、F、G、H 各点，即得正七边形。

1.3.3　斜度与锥度

1. 斜度

斜度是指一直线或平面对另一直线或平面的倾斜程度。如图 1-27（a）所示，已知 AB 边斜度为 $1:5$，完成 AB 边的作图。

如图 1-27（b）所示，在 ED 边上以任意长度为一个单位找点，M 点；在 EF 边上连续找 5 个单位等距点，终点 N 点；连接 MN，直线 MN 斜度即为 $1:5$；过 A 点作 MN 的平行线 AB，与 CB 直线相交于 B 点；AB 直线即为所求；并引线标注 AB 直线斜度 $\angle 1:5$。

2. 锥度

锥度是正圆锥体的底面直径与其高度之比，或者是圆锥台的两底圆直径之差与其高度

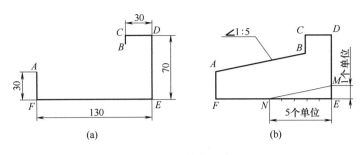

图 1-27　斜度画法

（两底中心点间的距离）之比。如图 1-28（a）所示。已知回转体右端圆台锥度为 1：5，大端直径 $\phi80$，以及小端端面位置，补全回转体圆台轮廓。

如图 1-28（b）所示，在圆台大端以任意长度为一个单位，以回转中心对称找点 MN 点；以圆台大端底面 P 点为起点，在中心轴线上连续找 5 个单位等距点，终点 Q 点；连接 M、Q 点和 N、Q 点，则 MQN 锥度为 1：5；过大端终点作 MQ、NO 平行线即为所求；并由圆台轮廓引线标注圆台锥度 $\rhd$ 1：5。

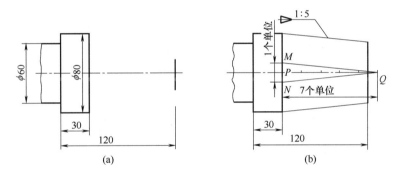

图 1-28　锥度画法

1.3.4　椭圆画法

椭圆为常见的非圆曲线，在已知长、短轴的条件下，采用四心近似法绘制椭圆，作图步骤如 1-29（a）所示：

1）连接长轴短轴端点得到 AC 直线；以 O 为圆心长轴半径 OA 画弧，交短轴于 K 点；以短轴端点 C 为圆心，CK（长轴半径剪短轴半径）为半径画弧，交 AC 直线于 F 点；作直线 AF 的中垂线 L_1，L_1 交长轴、减短轴分别于 O_1、O_2 两点，如图 1-29（b）所示。

2）以短轴和长轴的为对称中心，作 L_1 对称线 L_2、L_3、L_4；L_1、L_2、L_3、L_4 分别与长轴短轴的交点记为 O_1、O_2、O_3、O_4，如图 1-29（c）所示。

3）以 O_1 为圆心，O_1A 为半径，L_1、L_4 为界限画圆弧；以 O_3 为圆心，O_3B 为半径，L_2、L_3 为界限画圆弧；以 O_2 为圆心，O_2C 为半径，L_1、L_2 为界限画圆弧；以 O_4 为圆心，O_4D 为半径，L_3、L_4 为界限画圆弧；四段圆弧得到近似椭圆，如图 1-29（d）所示。

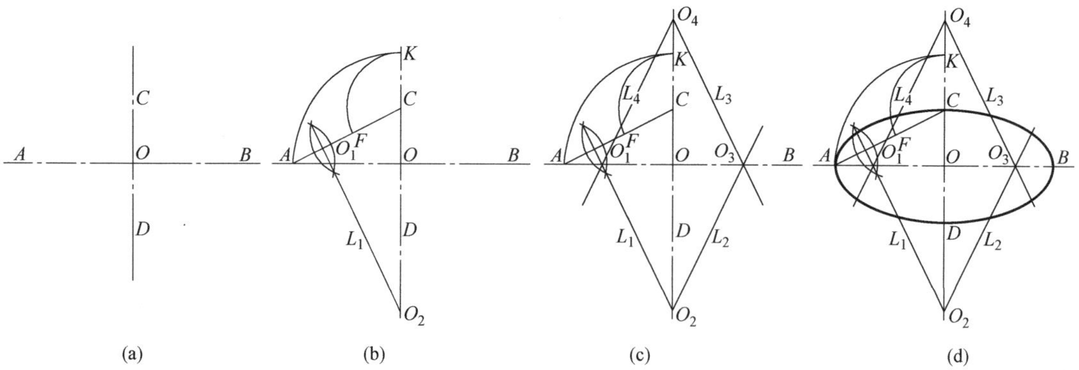

图 1-29　四心近似法

1.3.5　圆弧连接

工程图样中的大多数图形是由直线与圆弧、圆弧与圆弧连接而成的。圆弧连接，实际上是用已知半径的圆弧光滑地连接两已知线段（直线或圆弧）。其中起连接作用的圆弧称为连接弧。

本节讲的圆弧连接是指圆弧与直线或圆弧与圆弧的连接处是相切状态。因此，在作图时必须根据连接弧的几何性质，准确求出连接弧的圆心和切点的位置。圆弧连接的常见情况如表 1-5 所示。

圆弧连接常见情况　　　　　　　　　　　　　　　　　　　　　　　　　　表 1-5

连接方式	已知条件	作图步骤	图例
连接两相交直线	1)连接弧半径 R;2)已知直线 L_1、L_2;③半径 R 的圆弧连接直线 L_1,L_2 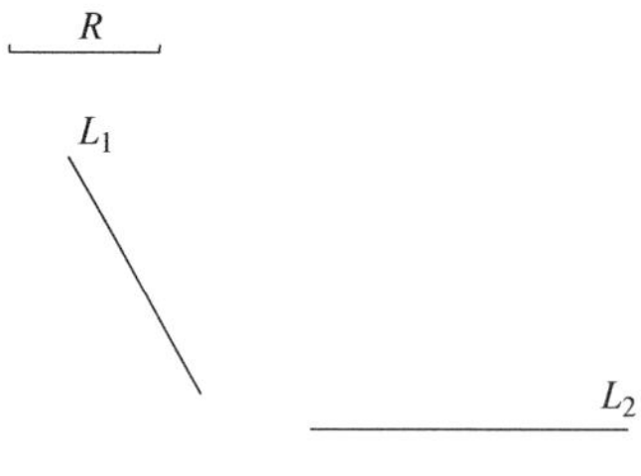 R L_1 L_2	1)分别作 L_1、L_2 平行线,距离 R;2)两平行线相交于 O 点,O 点即为所求圆心;3)过 O 点分别作 L_1、L_2 两直线的垂线,垂足分别为 K_1、K_2;4)以 O 为圆心,R 为半径画圆弧,起始点为 K_1、K_2;5)加粗连接弧和已知直线	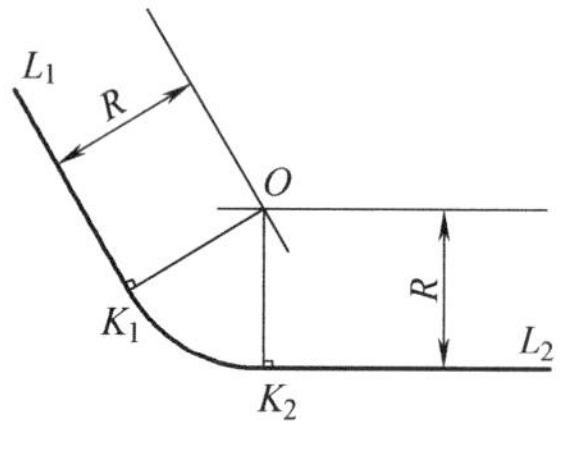
连接两已知圆	1)连接弧半径 R;2)已知圆 O_1、O_2;3)半径 R 的圆弧与圆 O_1、O_2 均外切 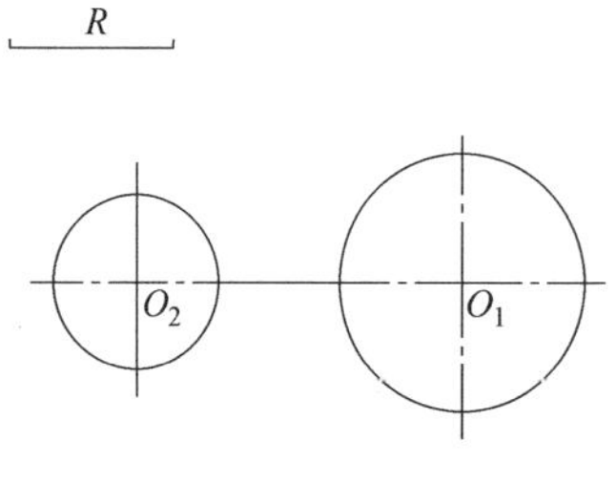 R O_2　　O_1	1)以 O_1 为圆心,$R+R_1$ 为半径画弧;2)以 O_2 为圆心,$R+R_2$ 为半径画弧;3)两圆弧交点为 O,O 点即为所求圆心;4)连接 OO_1,交圆 O_1 于 K_1 点;连接 OO_2,交圆 O_2 于 K_2 点;K_1、K_2 即为切点;5)以 O 为圆心,R 为半径画圆弧,起始点为 K_1、K_2;6)加粗连接弧和已知圆	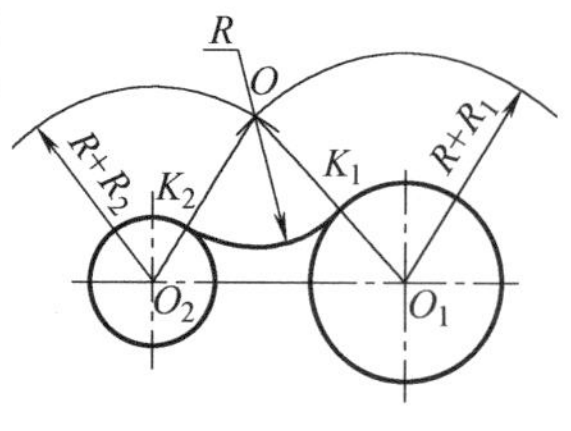

连接方式	已知条件	作图步骤	图例
连接两已知圆	1)连接弧半径 R;2)已知圆 O_1、O_2;3)半径 R 的圆弧与圆 O_1、O_2 均内切 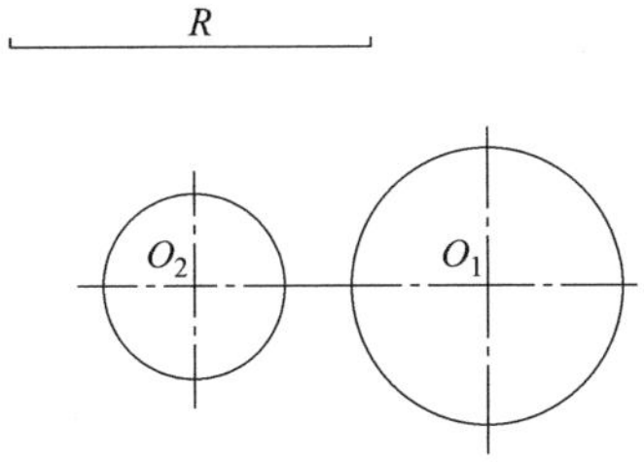 R	1)以 O_1 为圆心,$R-R_1$ 为半径画弧;2)以 O_2 为圆心,$R-R_2$ 为半径画弧;3)两圆弧交点为 O,O 点即为所求圆心;4)连接 OO_1,延长交圆 O_1 于 K_1 点;连接 OO_2,延长交圆 O_2 于 K_2 点;K_1、K_2 即为切点;5)以 O 为圆心,R 为半径画圆弧,起始点为 K_1、K_2;6)加粗连接弧和已知圆	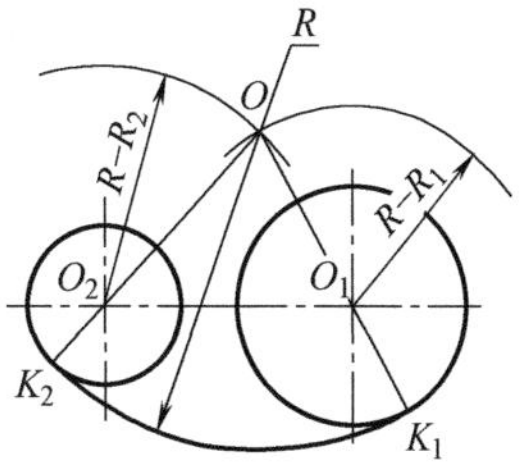
	1)连接弧半径 R;2)已知圆 O_1、O_2;3)半径 R 的圆弧与圆 O_1 内切,与 O_2 外切 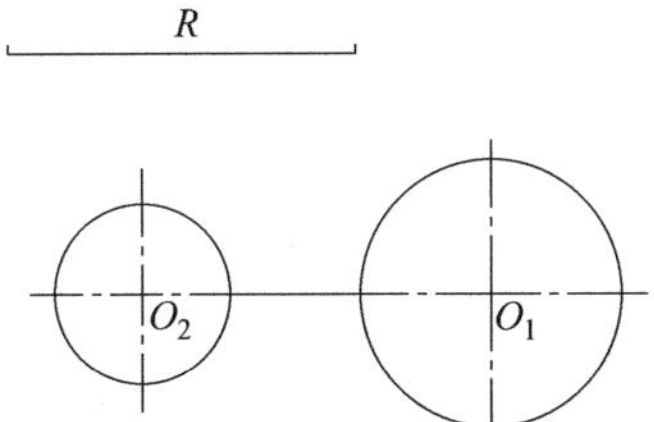 R	1)以 O_1 为圆心,$R-R_1$ 为半径画弧;2)以 O_2 为圆心,$R+R_2$ 为半径画弧;3)两圆弧交点为 O,O 点即为所求圆心;4)连接 OO_1,延长交圆 O_1 于 K_1 点;连接 OO_2,交圆 O_2 于 K_2 点;K_1、K_2 即为切点;5)以 O 为圆心,R 为半径画圆弧,起始点为 K_1、K_2;6)加粗连接弧和已知圆	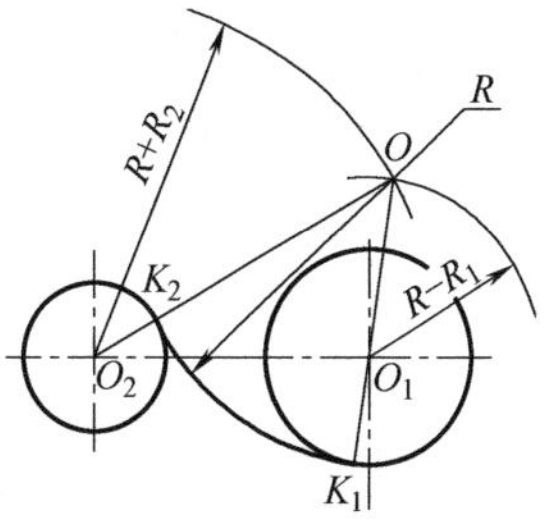

注：以上连接均有两解，答案只做出其中一解。

1.4 平面图形的画法和尺寸标注

平面图形通常由许多线段组成，画平面图形时应从哪里着手往往并不明确，因此需要分析图形的组成及其线段的性质，从而确定作图的步骤。在尺寸标注，需要根据线段的性质依次标注各线段的尺寸。

1.4.1 平面图形的尺寸分析

尺寸按其在平面图形中所起的作用，可分为定形尺寸、定位尺寸和总体尺寸三类。以图 1-30 的图形为例进行分析。

1. 定形尺寸

确定平面图形上几何元素大小的尺寸称为定形尺寸，如直线的长短、圆弧的直径或半径，以及角度的大小等。如图 1-30 所示的 $\phi80$、$\phi40$、$R100$、$R150$ 和 $R25$。

2. 定位尺寸

确定平面图形上几何元素间相对位置的尺寸称为定位尺寸，如图 1-30 所示的 120 和 30。

3. 总体尺寸

确定平面图形最长、最宽、最高的尺寸称为总体尺寸。

4. 绘图尺寸基准

基准就是标注尺寸的起点。对平面图形来说，常用的绘图基准是对称图形的对称线、较大圆的中心线或较长的直线等，如图 1-30 所示的中心线。

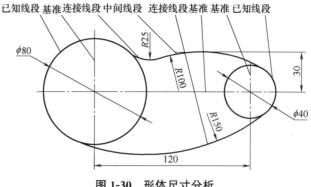

图 1-30　形体尺寸分析

1.4.2　平面图形的线段分析

根据平面图形所标注的尺寸和线段的连接关系，可将图形中的线段分为已知线段、中间线段和连接线段三类。

1. 已知线段

有足够的定形尺寸和定位尺寸，能直接画出的线段，如图 1-30 所示的 ϕ80 和 ϕ40。

2. 中间线段

有定形尺寸，但缺少一个定位尺寸，必须依靠其与一端相邻线段的连接关系才能画出的线段，如图 1-30 所示的 R100 圆弧。

3. 连接线段

只有定形尺寸，而无定位尺寸（或不标任何尺寸，如公切线）的线段，需要依靠其两侧的连接关系才能画出的线段为连接线段，如图 1-30 所示的 R25 和 R150 圆弧。

1.4.3　平面图形的作图步骤

通过平面图形的线段分析，可得出如下结论：绘制平面图形时应先定出基准线，再依次画出已知线段、中间线段，最后画出连接线段。如图 1-31 所示，分析图形线段。

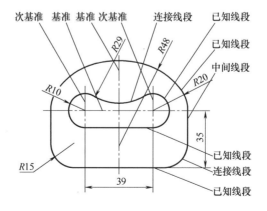

图 1-31　平面图形线段分析

平面图形绘制步骤如表 1-6 所示。

平面图形绘制步骤

表 1-6

步骤	作图	说明
第一步	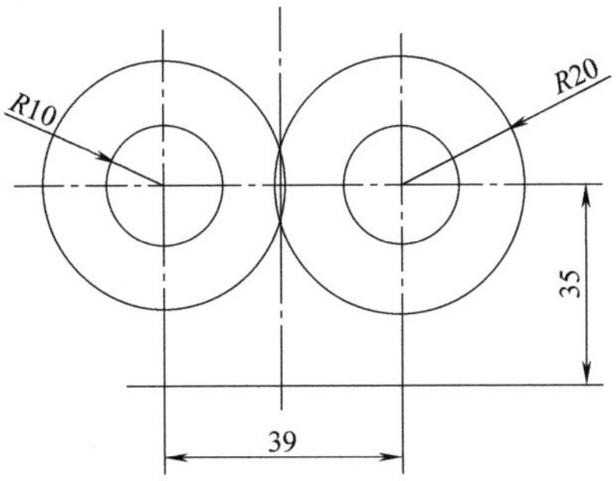	1)定出图形的基准线； 2)画出已知线段
第二步	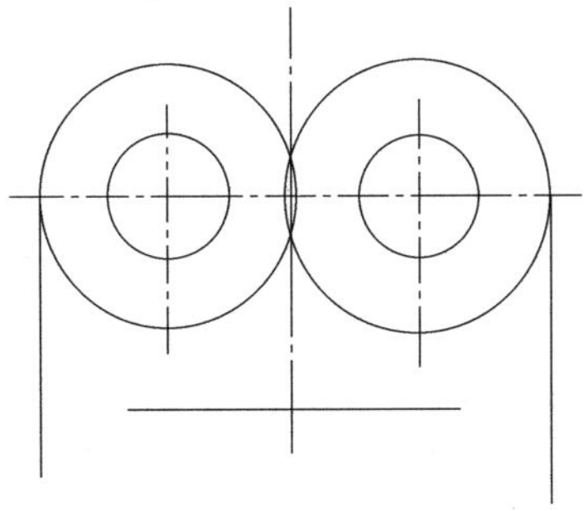	1)画中间线段，直线端点在 $R20$ 与基准的交点； 2)直线左右对称
第三步	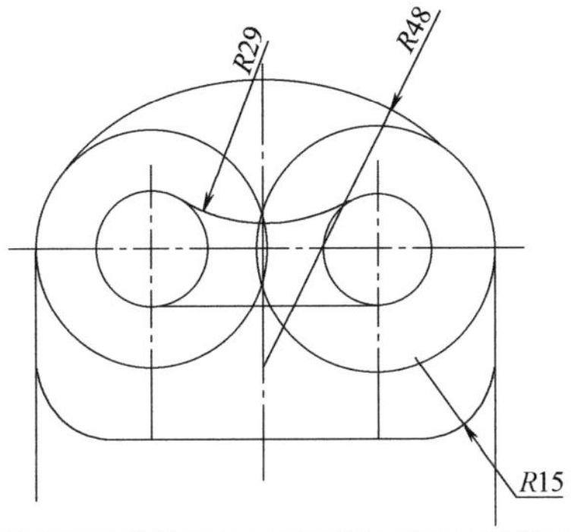	1)画连接线段 $R48$、$R29$ 和 $R15$ 圆弧； 2)做连接线段起始点在 $R10$ 圆弧与次基准的交点
第四步	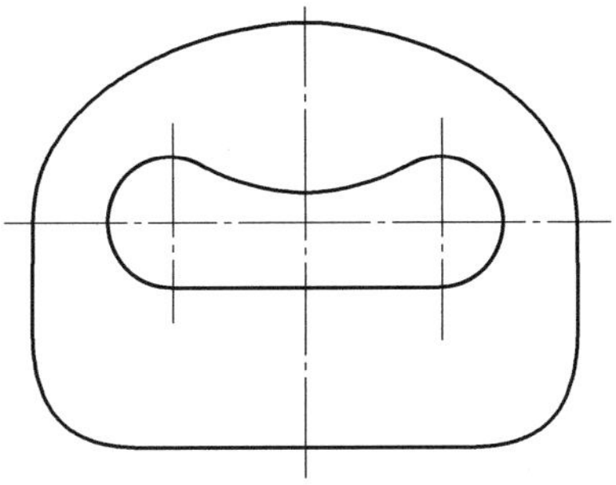	1)去处多余作图线； 2)按线型加深加宽图线

第 2 章
点、线、面

2.1 投影法的基本知识

2.1.1 投影法的概念

日常生活中的投影现象很多：日光下的人影、火灯光下物体的影子、电影、上课用的幻灯片、投影片等。人们对这种自然现象进行了长期的观察和研究，把物和影子之间的关系总结出在平面上表示物体形状的方法，建立了投影法。

投影法中把用于得到投影的平面 P 称为投影面；假想由光源发射出若干光线（平行或汇交于一点），这些由光源发射经过物体上任一点到投影面的线称为投射线；找出经过物体上的点的投射线与投影面 P 的相交，并将这些点有序连接称为物体在 P 面上的投影。这种对物体进行投影，在投影面上产生图像的方法称为**投影法**。

2.1.2 投影法的分类

根据投射线之间的相互位置关系（平行或汇交于一点）可分为中心投影法和平行投影法。平行投影法根据投射线与投影面的相对位置（垂直或倾斜），又可分为斜投影法和正投影法。

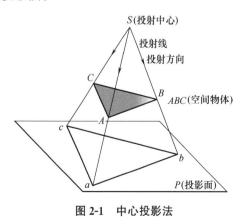

图 2-1 中心投影法

1. 中心投影法

投射线汇交于一点的投影法（投射中心位于有限远处）称为中心投影法，如图 2-1 所示。中心投影法的特点如下：

1）投射中心、物体、投影面三者之间的相对距离对投影的大小有影响；

2）度量性较差。

2. 平行投影法

如果把投射中心移到无穷远处，这时投射线可以看成是相互平行的，这种投影法称为平行投影法。根据投射线与投影面的关系（倾斜或垂直），可分为斜投影法和正投影法两种，如图 2-2 所示。

1）斜投影法：投射线与投影面倾斜的平行投影法称为斜投影法。用斜投影法所得的图形为斜投影，如图 2-2（a）所示。

2）正投影法：投射线与投影面相垂直的平行投影法称为正投影法。用正投影法得到的图形为正投影，如图 2-2（b）所示。**国家标准规定技术图样采用正投影法绘制。**

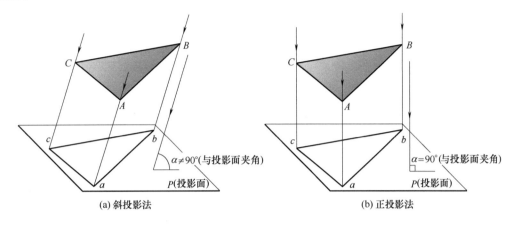

(a) 斜投影法   (b) 正投影法

图 2-2 平行投影法

投影特性如下：

1）投影大小与物体和投影面之间的距离无关；

2）度量性较好。

2.1.3 直角坐标系的建立

1. 直角坐标系的建立

三个相互垂直的投影面 V 面、H 面和 W 面把空间分成八个区域，按规定分别为Ⅰ、Ⅱ、Ⅲ…Ⅷ八个分角，如图 2-3 所示。机件放在第一分角进行投影表达，称为第一角投影。机件放在第三分角进行投影表达，称为第三角投影。

将机件放在直角三面投影体系中，从前往后投影，在 V 面上得到的图形是主视图；从上往下投影，在 H 面上得到的图形是俯视图；从左往右投影，在 W 面上得到的图形是左视图。

为了将空间的三面投影能画在同一张图纸上，国家标准规定，将空间物体移走。正立投影面 V 面保持不动，水平投影面 H 绕 OX 轴向下转 90°，侧立投影面 W 绕 OZ 轴向后转 90°，如图 2-4（d）所示，使它们与 V 面展开成一个平面，得到物体的三视图。线框用来表示投影面，如图 2-4（e）所示，

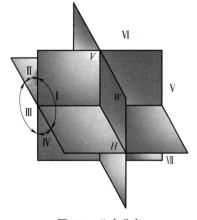

图 2-3 八个分角

直角坐标系三视图完成。由于投影面是无限延展的，在工程图样上通常不画投影面的边界线。在绘制工程图样时为了方便画图，合理利用图纸，一般也不画投影轴，如图 2-4（f）所示。

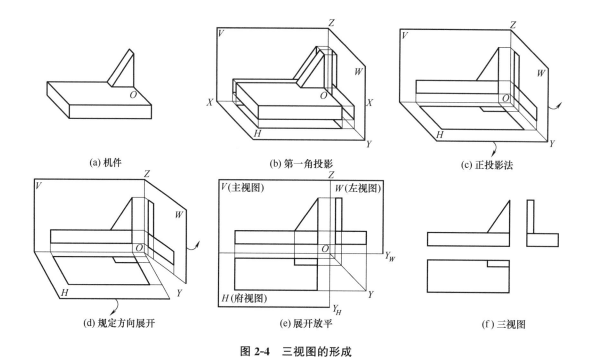

(a) 机件　　　　　　　　(b) 第一角投影　　　　　　　(c) 正投影法

(d) 规定方向展开　　　　　(e) 展开放平　　　　　　　　(f) 三视图

图 2-4　三视图的形成

2. 直角坐标系的投影特性

1) 机件的长、宽、高尺寸

将机件放在三面投影体系中绘制三视图，机件的每一个结构要素均遵循"高平齐、长对正、宽相等"，如图 2-5（a）所示。主视图和左视图包含机件高度方向尺寸，应遵循"高平齐"；主视图和俯视图包含机件长度方向尺寸，应遵循"长对正"；左视图和俯视图包含机件宽度方向尺寸，应遵循"宽相等"。

2) 机件结构的上下、左右、前后位置关系

机件结构的上下、左右、前后位置关系在三面投影体系中的位置关系，如图 2-5（b）所示。主视图和左视图"高平齐"，高度方向具有上下位置关系；主视图和俯视图"长对正"，长度方向具有左右位置关系；左视图和俯视图"宽相等"，宽度方向具有前后位置关系。

3) 机件上各点在三视图中的标注

机件立体图上的点（及空间上的点）用大写字母进行标注，如 A 点；机件在 H 面（俯视图）的投影对应点用小写字母标注，如 a 点；机件在 V 面（主视图）的投影对应点用小写字母加上标"′"标注，如 a' 点；机件在 W 面（左视图）的投影对应点用小写字母加上标"″"标注，如 a'' 点。如图 2-5（c）所示。

3. 投影六大基本性质

1) 真形性

当直线或平面平行于投影面时，其投影反映原线段的实长或原平面图形的真形，这种性质称为真形性。如图 2-5（c）所示，平面 $BCPN$ 平行于 H 面，在 H 面上的投影 $bcpn$ 反映其真实形状和大小；直线 AB 平行于 W 面，在 W 面上的投影 $a''b''$ 为直线实长。

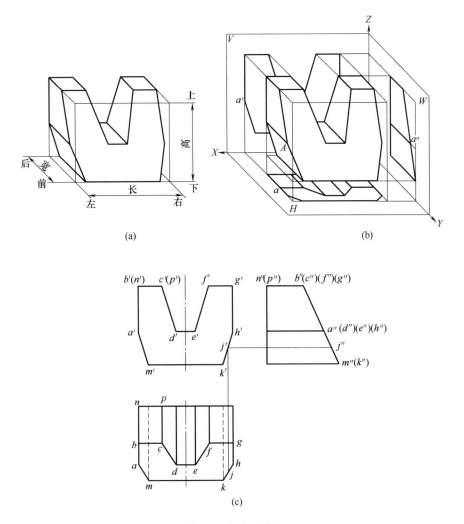

(a)

(b)

(c)

图 2-5 机件立体图

2）积聚性

当直线或平面垂直于投影面时，直线的投影积聚成点，平面的投影积聚成直线，这种性质称为积聚性。如图 2-5（c）所示，平面 $ABCDEFGHKM$ 垂直于 W 面，在 W 面的投影 $a''b''c''d''e''f''g''h''k''m''$ 集聚成一条直线；直线 BC 垂直于 W 面，在 W 面的投影 $b''(c'')$ 集聚成一点。

3）类似性

当直线或平面（多边形）倾斜于投影面时时，直线的投影仍是直线（小于实长），平面（多边形）的投影仍是平面（多边形）（面积缩小），这种性质称为类似性。类似性不是相似性，但图形的基本特征不变，多边形的边数不变，对边平行关系不变。如图 2-5（c）所示，平面 $ABCDEFGHKM$ 为十边形，倾斜于 H 面和 V 面，在 H 面和 V 面的投影分别为 $abcdefghkm$ 和 $a'b'c'd'e'f'g'h'k'm'$ 十边形，小于实形。

4）从属性

若点在直线上，则点的投影在该直线的投影上。如图 2-5（c）所示，点 J 在直线

HK 上，则 *H* 面投影 *j* 必在 *hk* 上，*V* 面投影 *j′* 必在 *h′k′* 上，*V* 面投影 *j″* 必在 *h″k″* 上。

5）平行性

若两直线平行，则其投影仍互相平行（或重合）。如图 2-5（c）所示，直线 *AM//CD*，则两直线在 *H* 面投影 *am//cd*，在 *V* 面投影 *a′m′//c′d′*，在 *W* 面投影 *a″m″* 与 *c″d′* 重合。

6）定比性

直线上两线段长度之比或两平行线段长度之比，分别等于其投影长度之比。如图 2-5（c）所示，直线 *HK* 上一点 *J* 将直线分成 *HJ* 和 *KJ*，则 $HJ:KJ=hj:kj=h′j′:k′j′=h″j″:k″j″$。

2.2　点的投影

2.2.1　点在三面直角投影体系中的投影

点是最基本的几何要素。空间的直线、面及立体都可以由点集合而成。研究点的投影性质和规律是研究其他几何要素投影特点的基础。

点在三面直角投影体系中的投影，如图 2-6 所示。

从前向后投影—*V*（正面）—正面投影

从上向下投影—*H*（水平面）—水平投影

从左向右投影—*W*（侧面）—侧面投影

在绘制三视图时需要注意以下几点：

1）点到投影面的距离等于点的投影到投影轴的距离；

2）在绘制投影连线时用极轻极细的线绘制；

3）点的投影连线垂直于投影轴线。

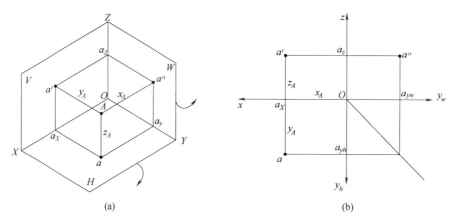

（a）　　　　　　　　　　　（b）

图 2-6　点的三面投影

2.2.2　两点的相对位置关系

1. 两点的相对位置关系

点在直角三面投影体系中的相对位置，由空间点到三个投影面的距离确定。关系如图

2-7（a）所示：

距 W 面远者为左，近者为右；距 V 面远者为前，近者为后；距 H 面远者为上，近者为下。

以 D 点为参照，D、K 两点的位置关系如图 2-7（b）所示：

1）在主视图（V 面投影）和俯视图（H 面投影）反映左右位置关系，K 点在 D 点右方；

2）在主视图（V 面投影）和左视图（W 面投影）反映上下位置关系，K 点在 D 点上方；

3）在左视图（W 面投影）和俯视图（H 面投影）反映前后位置关系，K 点在 D 点后方。

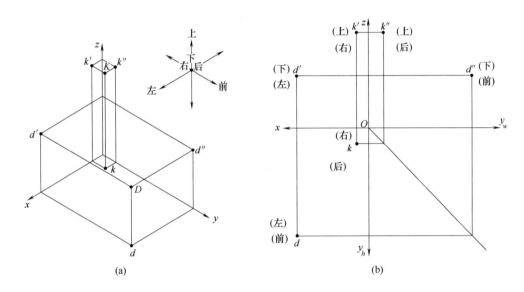

图 2-7 两点相对位置

2. 重影点及其可见性

当两个点在直角三面投影体系中到两个投影面的距离都相等时，该两点处于同一投射线上，因而它们在该投射线所垂直的投影面上具有重合的投影，这两点称为对该投影面的重影点。

1）两个点到 V 面和 H 面距离都相等时，这两个点在 W 面的投影重合；

2）两个点到 V 面和 W 面距离都相等时，这两个点在 H 面的投影重合；

3）两个点到 W 面和 H 面距离都相等时，这两个点在 V 面的投影重合。

如图 2-8 所示，以点 E 和 G、A 和 F、H 和 K 为例：

1）点 E 和点 G 到 V 面和 H 面距离都相等，E 点和 G 点在 W 面的投影 e'' 和 g'' 重合，E 点在 G 点左侧，所以 e'' 遮住了 g''，g'' 不可见标记为（g''）；E 在 G 的正右方；

2）点 A 和点 F 到 V 面和 W 面距离都相等，A 点和 F 点在 H 面的投影 a 和 f 重合，a 点在 f 点上方侧，所以 a 遮住了 f，f 不可见标记为（f）；A 在 F 的正上方；

3）点 H 和点 K 到 W 面和 H 面距离都相等，H 点和 D 点在 V 面的投影 h' 和 k'

重合，H 点在 K 点前方，所以 h' 遮住了 k'，k' 不可见标记为（k'）；H 在 F 的正前方。

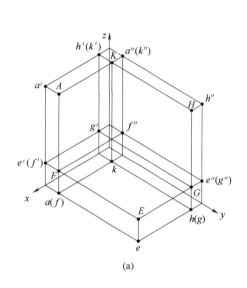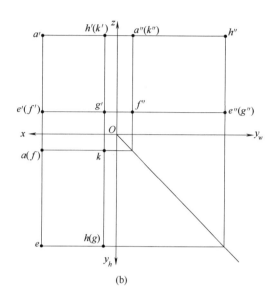

(a)　　　　　　　　　(b)

图 2-8　重影点

2.3　直线的投影

2.3.1　直线的表示

空间一直线的投影可由直线上两点（通常取线段两个端点）的同面投影来确定。求作直线的三面投影图时，可分别作出两端点的投影，然后将面投影连接起来（用粗实线绘制）即得直线三面投影图。

直线与投影面的相对位置有三种情况：平行、垂直和倾斜。根据直线对三个投影面的相对的位置，可将直线分为三类：一般位置直线、投影面平行线、投影面垂直线。并且规定直线与水平投影面、正面投影面、侧面投影面的夹角，分别称为直线对该投影面的倾角，用 α、β、γ 表示。

如图 2-9 所示，直线 HC 为一般位置直线、GH 为投影面平行线（平行于 W 面的侧平线）、CD 为投影面垂直线（垂直于 W 面的侧垂线）。

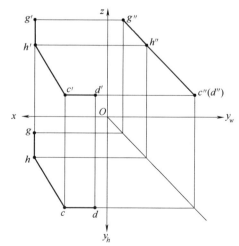

图 2-9　直线的投影

2.3.2 直线对投影面的各种相对位置

1. 一般位置直线

与三个投影面都倾斜的直线称为一般位置直线。如图 2-10 所示,直线 HC 为一般位置直线,在三面的投影 ch、c'h'、c"h"都不反映实长(小于实长)。

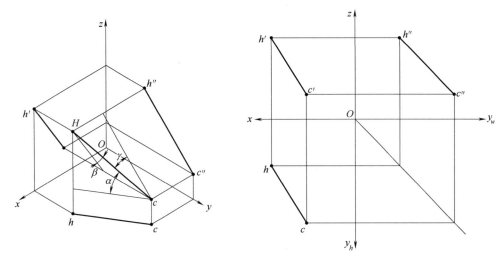

图 2-10　一般位置直线的投影

一般位置直线的投影特性:

1)三个面的投影都与投影轴倾斜,长度都小于实长;

2)三个面的投影与投影轴的夹角都不反映直线对投影面的倾角。

2. 投影面平行线

平行于一个投影面而与另外两个投影面倾斜的直线称为投影面平行线。空间中的直线,平行于 V 面的直线称为正平线;平行于 H 面的直线称为水平线;平行于 W 面的直线称为侧平线。正平线、水平线和侧平线的投影及其投影特性,如表 2-1 所示。

投影面平行线的投影特性　　　　　　　　　　　　　　　表 2-1

名称	正平线 (平行于 V 面)	水平线 (平行于 H 面)	侧平线 (平行于 W 面)
轴测图			

续表

名称	正平线 （平行于 V 面）	水平线 （平行于 H 面）	侧平线 （平行于 W 面）
三面投影	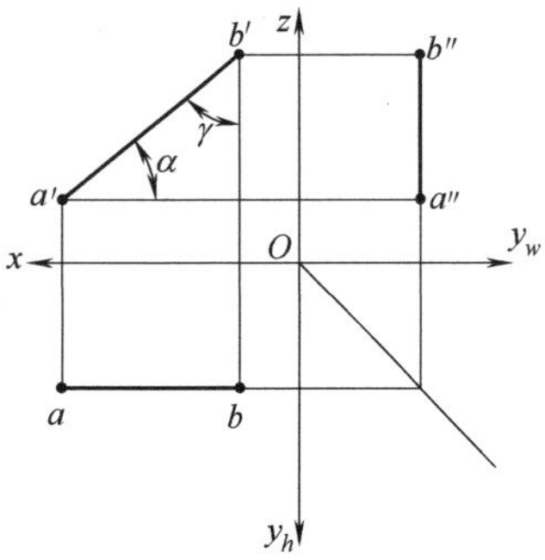	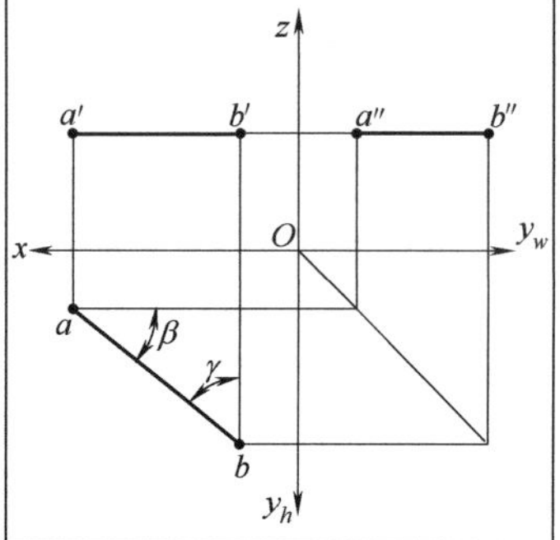	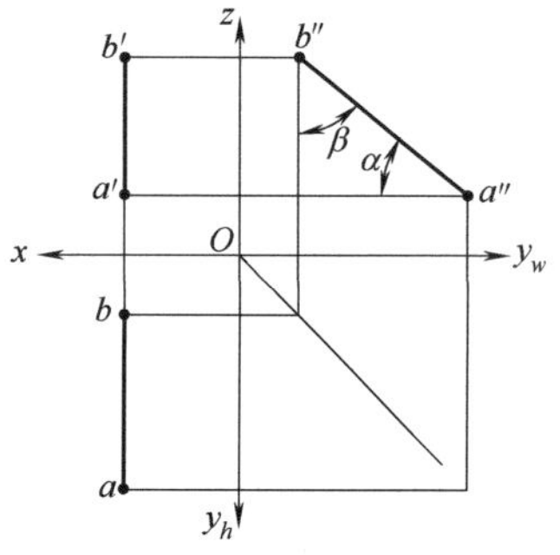
投影特性	1)$a'b'$反映实长，$a'b'$与 OX、OZ 的夹角分别反映角 α、γ； 2)ab//OX，$a''b''$//OZ，ab、$a''b''$均小于实长	1)ab反映实长，ab 与 OX、OY_H 的夹角分别反映角 β、γ； 2)$a'b'$//OX，$a''b''$//OY_W，$a'b'$、$a''b''$均小于实长	1)$a''b''$反映实长，$a''b''$与 OZ、OY_W 的夹角分别反映角 β、α； 2)$a'b'$//OX，$a''b''$//OY_W，$a'b'$、$a''b''$均小于实长

3. 投影面垂直线

垂直于一个投影面与另外两个投影面都平行的直线称为投影面垂直线。垂直于 V 面的直线称为正垂线；垂直于 H 面的直线称为铅垂线；垂直于 W 面的直线称为侧垂线。正垂线、铅垂线和侧垂线的投影及其投影特性，如表 2-2 所示。

投影面垂直线的投影特性 表 2-2

名称	正垂线 （垂直于 V 面）	铅垂线 （垂直于 H 面）	侧垂线 （垂直于 W 面）
轴测图	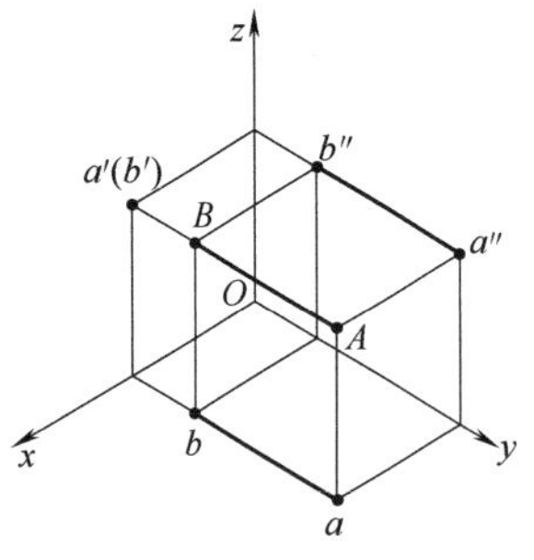	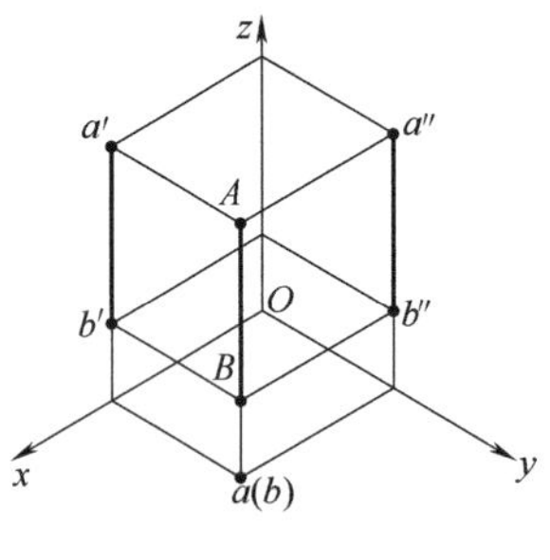	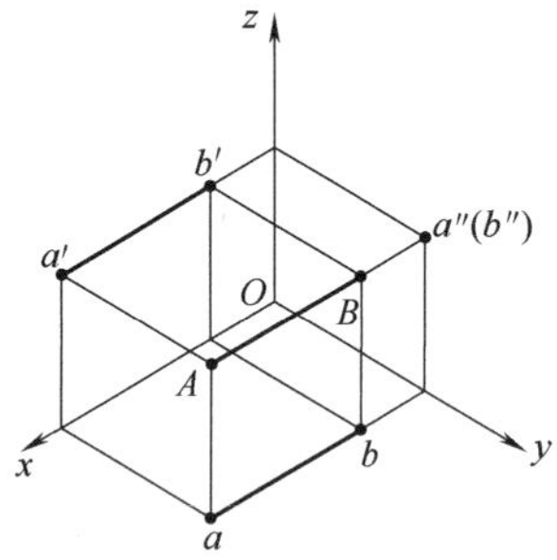
三面投影	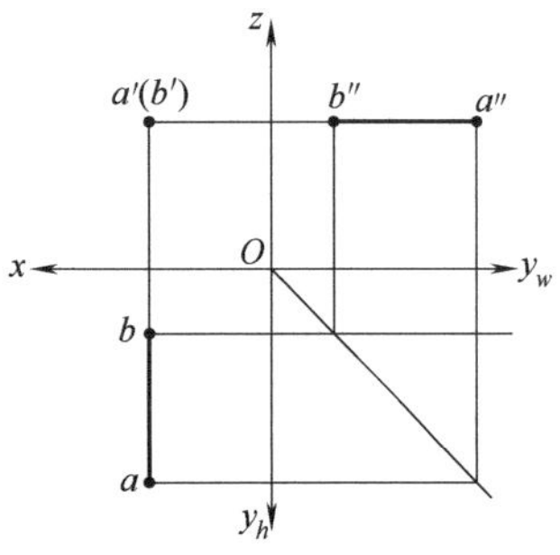	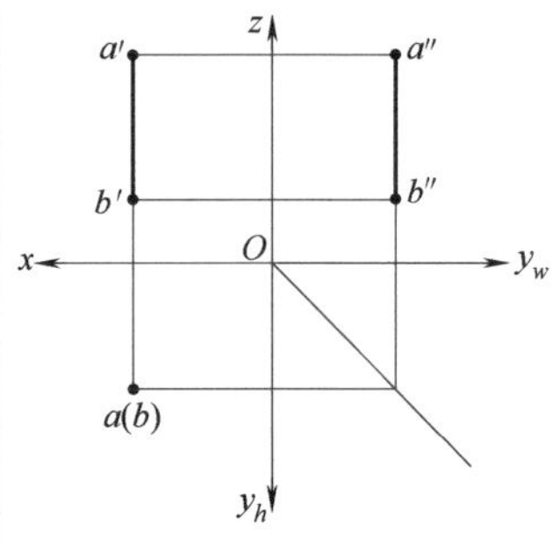	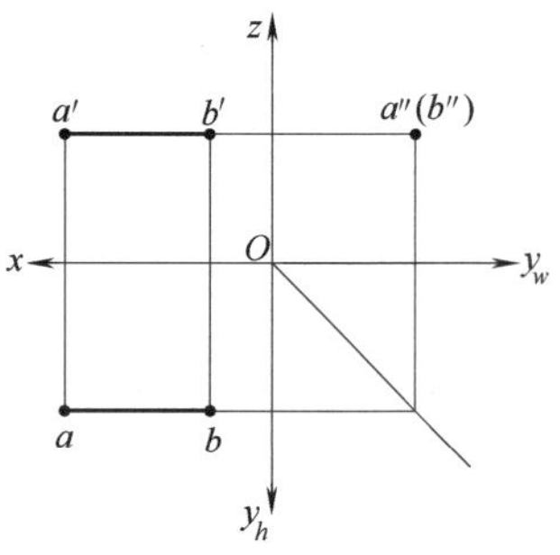

续表

名称	正垂线 (垂直于 V 面)	铅垂线 (垂直于 H 面)	侧垂线 (垂直于 W 面)
投影特性	1)在 V 面 $a'b'$ 积聚为一点； 2) $ab//OY_H$，$a''b''//OY_W$，ab、$a''b''$ 均反映实长	1)在 H 面 ab 积聚为一点； 2) $a'b'//OZ$，$a''b''//OZ$，$a'b'$、$a''b''$ 均反映实长	1)在 W 面 $a''b''$ 积聚为一点； 2) $ab//OX$，$a'b'//OX$，ab、$a'b'$ 均反映实长

2.3.3　直线上的点

根据直角坐标系中三视图六大基本性质可知：

1）点在直线上，则点的各个投影必定在该直线的同面投影上；

2）点分直线段长度之比等于其投影分直线段投影长度之比；

3）反之，点的各个投影在直线的同面投影上，则该点一定在直线上。

【例2-1】　如图2-11（a）所示，K 点在直线 HC 上，且 $HK：KC=3：1$，已知直线 HC 的三面投影，求 K 点的三面投影。

如图2-11（b）所示，作图步骤如下：

1）根据定比性 $HK：KC=3：1$，那么 $hk：kc=h'k'：k'c'=h''k''：k''c''=HK：KC=3：1$，在任意投影面上（本题在 H 面上）过 h 点做辅助线 hm；

2）将 hm 四等分，连接 m 点与 c 点，过 hm 等分点做 cm 的平行线，在 hc 上找到 k 点；

3）根据从属性，K 点在 HC 直线上，则 k 在 hc 直线上、k' 在 $h'c'$ 直线上、k'' 在 $h''c''$ 直线上；

4）根据投影特性（高平齐、宽相等、长对正）可作出 K 点的三面投影 k、k'、k''。

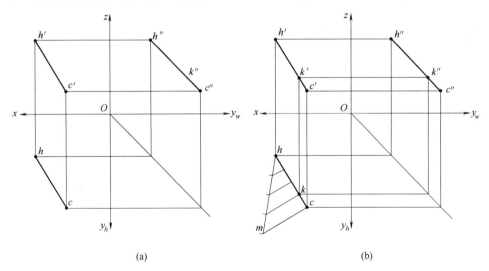

(a)　　　　　　　　　　　　　　　　(b)

图2-11　直线上的点

2.3.4　两直线的相对位置

空间两直线的位置关系有三种情况：平行、相交、交叉。平行两直线和相交两直线位于同一平面上，称为同面直线（即同一平面上两直线不平行则相交）。交叉两直线处在不同平面上，称为异面直线。

相交、平行及交叉两直线的投影特征，如表 2-3 所示。

两直线相对位置　　　　　　　　　　　　　　　　　　表 2-3

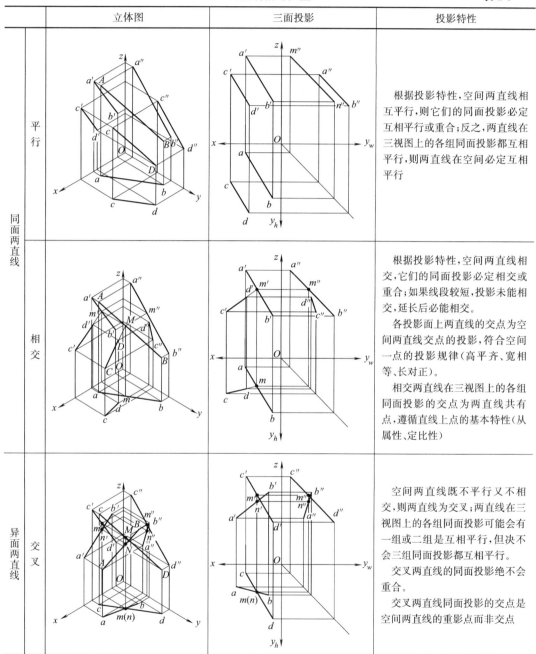

		立体图	三面投影	投影特性
同面两直线	平行			根据投影特性，空间两直线相互平行，则它们的同面投影必定互相平行或重合；反之，两直线在三视图上的各组同面投影都互相平行，则两直线在空间必定互相平行
	相交			根据投影特性，空间两直线相交，它们的同面投影必定相交或重合；如果线段较短，投影未能相交，延长后必能相交。 各投影面上两直线的交点为空间两直线交点的投影，符合空间一点的投影规律（高平齐、宽相等、长对正）。 相交两直线在三视图上的各组同面投影的交点为两直线共有点，遵循直线上点的基本特性（从属性、定比性）
异面两直线	交叉			空间两直线既不平行又不相交，则两直线为交叉；两直线在三视图上的各组同面投影可能会有一组或二组是互相平行，但决不会三组同面投影都互相平行。 交叉两直线的同面投影绝不会重合。 交叉两直线同面投影的交点是空间两直线的重影点而非交点

【**例 2-2**】　如图 2-12（a）所示，已知直线 *AB*、*CD* 的两面投影和点 *E* 的水平投影 *e*，求作直线 *EF* 与 *CD* 平行，并与 *AB* 相交于点 *F*。

作图步骤：

1）直线 $EF/\!/CD$，那么 $ef/\!/cd$，过 e 作直线平行于 cd；直线 EF 与直线 AB 交于 F，那么过 e 作直线平行于 cd 并延长与 ab 相交，交点即为 f；如图 2-12（b）所示；

2）根据点在直线上的投影特性，作投影连线在 $a'b'$ 上可作出点 f'；如图 2-12（c）所示；

3）直线 $EF/\!/CD$，那么 $e'f'/\!/c'd'$，过 f' 作直线平行于 $c'd'$；如图 2-12（d）所示；

4）根据点在直线上的投影特性，过 e 作投影连线可确定 f'；$e'f'/\!/c'd'$复合两直线平行的投影特性；加粗 ef 及 $e'f'$ 即为所求，如图 2-12（e）所示。

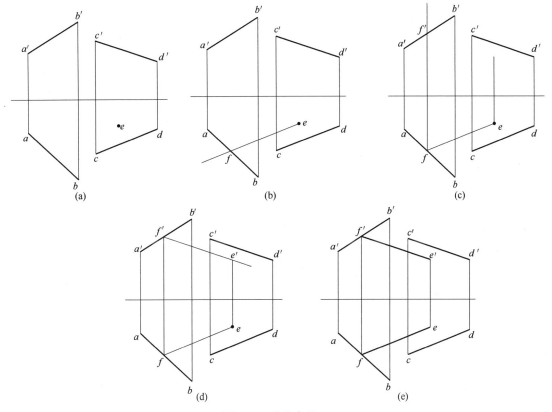

图 2-12　求作直线 EF

2.4　平面的投影

2.4.1　平面的表示方法

同一平面的表示方法是多种多样的，由初等几何学可知，用几何元素确定空间平面有以下方式，如图 2-13 所示：

1）不在同一直线上的三点，如图 2-13（a）所示；

2）一直线和该直线外一点，如图 2-13（b）所示；

3）相交两直线，如图 2-13（c）所示；

4）平行两直线，如图 2-13（d）所示；

5）任意平面图形，如图 2-13（e）所示。

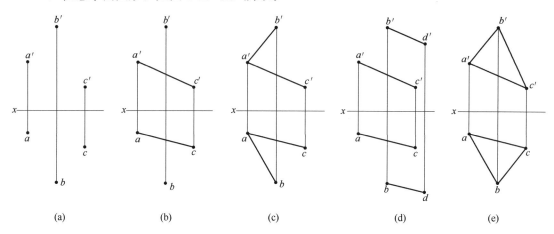

图 2-13　平面在投影面上的表示方法

2.4.2　平面对投影面的相对位置

空间平面对投影面有三种位置构型，分别为倾斜、平行和垂直。根据平面在三投影面体系中的位置，可分为投影面垂直面、投影面平行面和投影面倾斜面。投影面垂直面和投影面平行面称为特殊位置平面，投影面倾斜面称为一般位置平面。

平面与投影面 H、V、W 的两面角，分别称为平面对该投影面的倾角，分别用 α、β、γ 表示。

如图 2-14 所示，正三棱锥 $SABC$ 是由平面 ABC、平面 SAB、平面 SBC、平面 SAC 组成，每个平面相对于投影面的位置有以下关系：

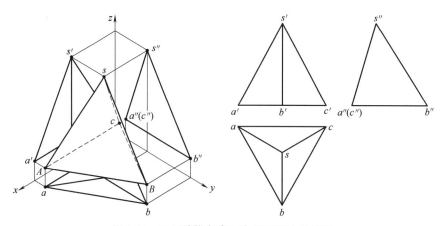

图 2-14　正三棱锥各表面在投影面上的投影

1. 一般位置平面

与三个投影面都处于倾斜位置的平面称为一般位置平面，如图 2-14 所示。

平面 SAB 倾斜于 H 面，倾斜于 V 面，倾斜于 W 面——一般位置平面；三面投影 $\triangle sab$、$\triangle s'a'b'$、$\triangle s''a''b''$ 为类似形。

平面 SBC 倾斜于 H 面，倾斜于 V 面，倾斜于 W 面——一般位置平面；三个投影

△sbc、△$s'b'c'$、△$s''b''c''$均为类似形。

由此可概括出一般位置平面的投影特性为：它的三个投影是类似形，而且面积比实际小；投影图上不直接反映平面对投影面的倾角。

2. 投影面垂直面

垂直于一个投影面与另外两个投影面都倾斜的平面称为投影面垂直面，如图 2-14 所示。

平面 SAC 倾斜于 H 面，垂直于 V 面，倾斜于 W 面——投影面垂直面（正垂面）。

由此可知，垂直于 W 面、倾斜于 H 面和 V 面的平面称为侧垂面；垂直于 H 面、倾斜于 V 面和 W 面的平面称为铅垂面；垂直于 V 面、倾斜于 H 面和 W 面的平面称为正垂面。

表 2-4 中分别列出了铅垂面、正垂面和侧垂面的投影及其投影特性。

投影面垂直面的投影特性　　　　　　　　　　　　　　　表 2-4

名称	正垂面 （垂直于 V 面）	铅垂面 （垂直于 H 面）	侧垂面 （垂直于 W 面）
轴测图	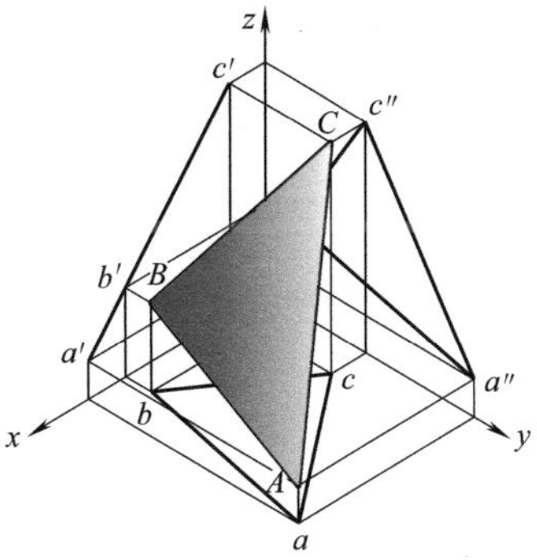	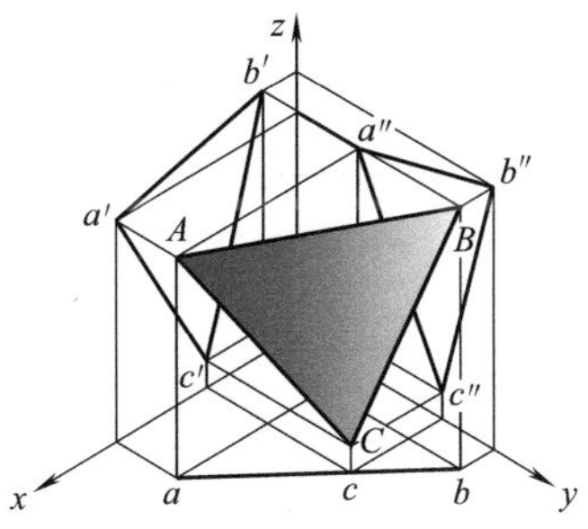	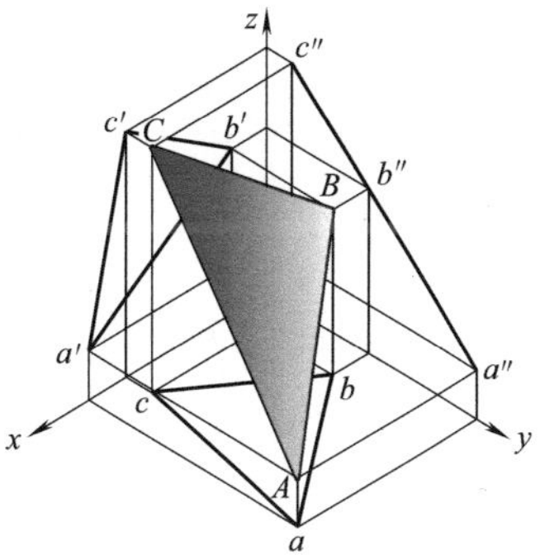
三面投影	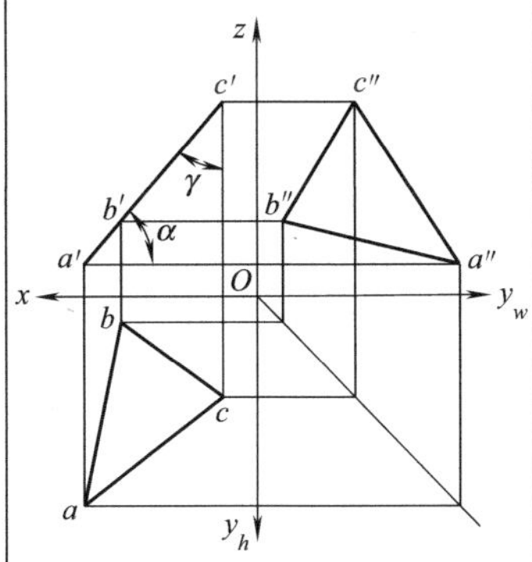	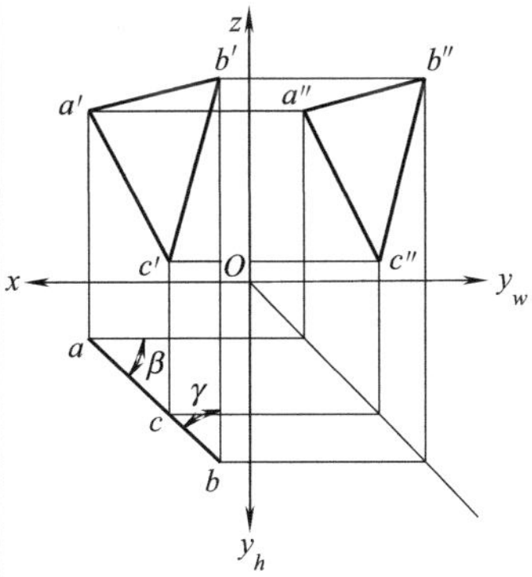	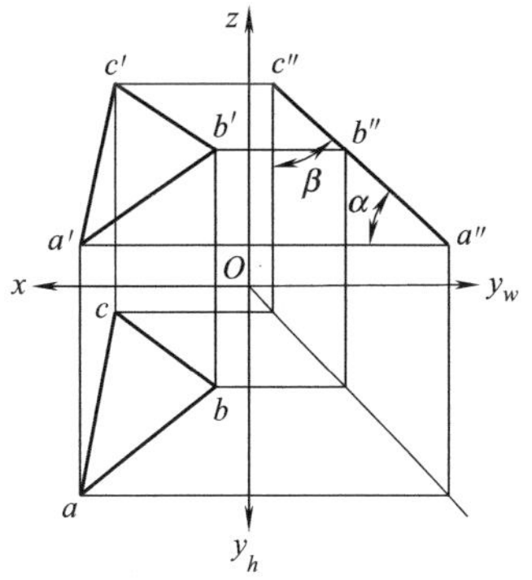
投影特性	1）在 V 面 $a'b'c'$ 积聚为一直线； 2）在 V 面积聚投影与轴 OX 夹角为 α，与轴 OZ 的夹角为 γ； 3）在 H 面和 W 面的投影△abc、△$a''b''c''$为类似形	1）在 H 面 abc 积聚为一直线； 2）在 H 面积聚投影与轴 OX 夹角为 β，与轴 OY_h 的夹角为 γ； 3）在 V 面和 W 面的投影△$a'b'c'$、△$a''b''c''$为类似形	1）在 W 面 $a''b''c''$积聚为一直线； 2）在 W 面积聚投影与轴 OZ 夹角为 β，与轴 OY_W 的夹角为 α； 3）在 V 面和 H 面的投影△$a'b'c'$、△abc 为类似形

3. 投影面平行面

平行于一个投影面即同时垂直于其他两个投影面的平面称为投影面平行面,如图 2-14 所示。

平面 ABC 平行于 H 面,垂直于 V 面,垂直于 W 面——投影面平行面(水平面)。

由此可知,平行于 H 面称为水平面;平行于 V 面的称为正平面;平行于 W 面的称为侧平面。

表 2-5 中分别列出了水平面、正平面和侧平面的投影及其投影特性。

投影面平行面的投影特性　　　　　　　　　　表 2-5

名称	正平面 (平行于 V 面)	水平面 (平行于 H 面)	侧平面 (平行于 W 面)
轴测图	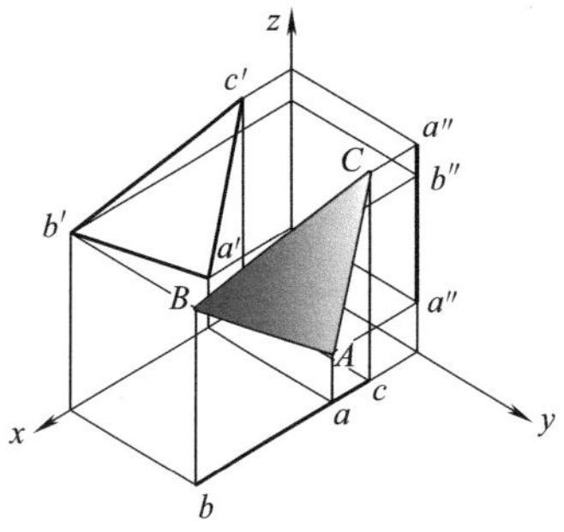	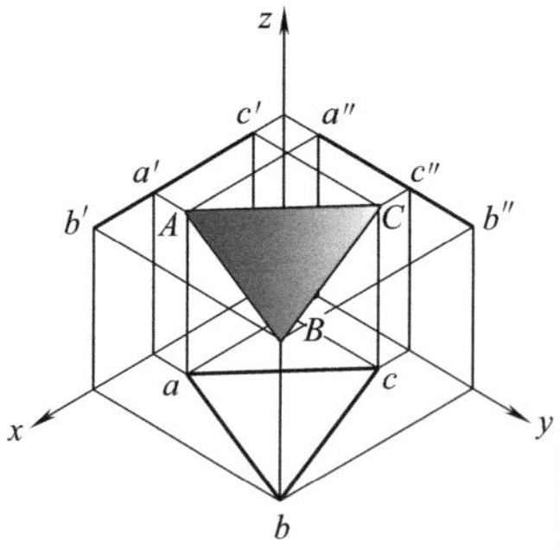	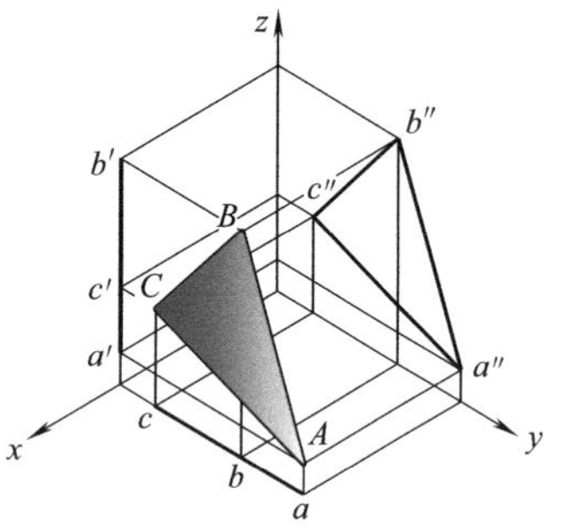
三面投影	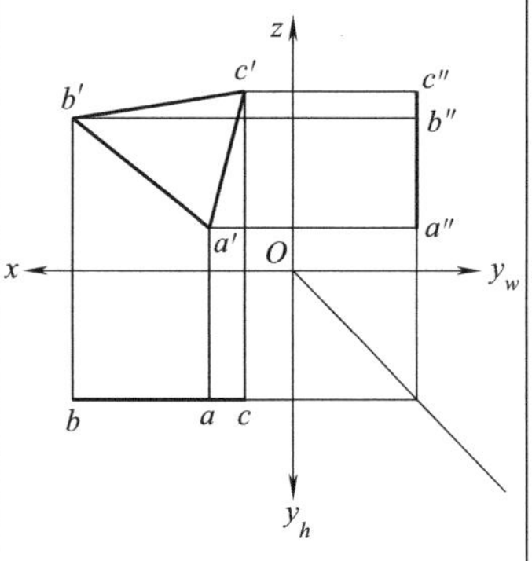	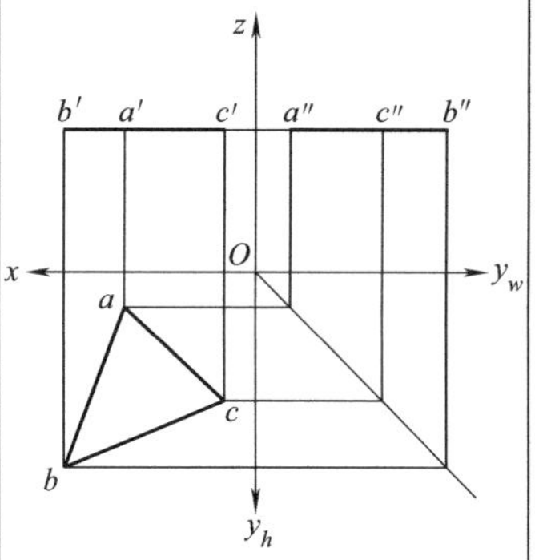	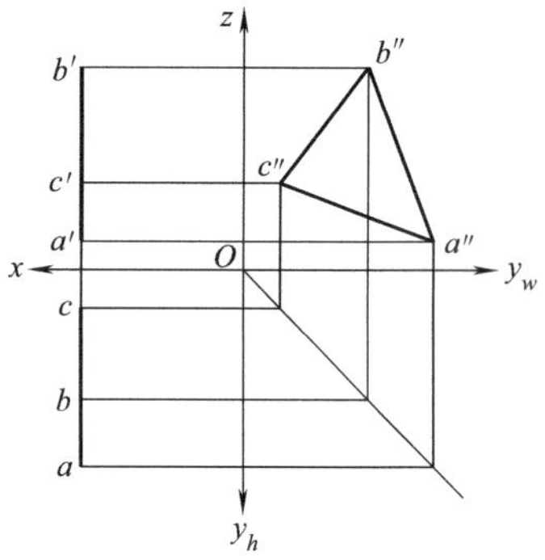
投影特性	1)在 V 面的投影 $\triangle a'b'c'$ 反映实形; 2)在 H 面积聚成一条直线,且 $abc // OX$ 轴; 3)在 W 面积聚成一条直线,且 $a''b''c'' // OZ$ 轴	1)在 H 面的投影 $\triangle abc$ 反映实形; 2)在 V 面积聚成一条直线,且 $a'b'c' // OX$ 轴; 3)在 W 面积聚成一条直线,且 $a''b''c'' // OY_w$ 轴	1)在 W 面的投影 $\triangle a''b''c''$ 反映实形; 2)在 V 面积聚成一条直线,且 $a'b'c' // OZ$ 轴; 3)在 H 面积聚成一条直线,且 $abc // OY_H$ 轴

2.4.3　平面上的点和线

1. 一般位置平面上的点和直线

由初等几何学可知,平面内的点和直线要满足下列几何条件:

1)若点位于平面内的任一直线上,则此点在该平面内;

2)若一直线通过平面上的两个点,或一直线通过平面上一已知点且平行于平面内的另一直线，则此直线必在该平面内。

【**例 2-3**】 如图 2-15 所示，直线 MN 在面 SAB 上，已知平面 SAB 的三面投影，及直线 MN 的 H 面投影，补全直线 MN 的三面投影。

作图步骤，如图 2-15（b）所示：

1）直线 MN 属于平面 SAB，延长直线 MN 必定与平面上任意（不平行于直线 MN）的直线相交，因此在俯视图上延长 mn 分别与 sa 和 ab 相较于 p 和 q；

2）根据投影定理"长对正、高平齐、宽相等"，在主视图 s'a' 和 a'b' 上分别找到 p' 和 q'，在左视图 s"a" 和 a"b" 上分别找到 p" 和 q"，分别连接 p'q' 和 p"q"，PQ 直线属于平面 SAB，PQ 直线三面投影确定；

3）M 和点 N 属于直线 PQ，根据从属性（直线上点的投影）可在直线 PQ 上确定 M 点和 N 点其余两面投影 m'n' 和 m"n"，MN 直线确定。

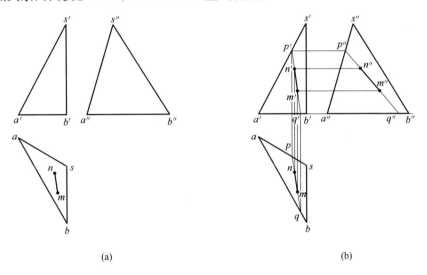

(a)　　　　　　　　　　　　(b)

图 2-15　一般位置平面上的点和直线

2. 特殊位置平面上的点和直线

点和直线属于特殊位置平面，特殊位置平面在三面投影上具有积聚性，找特殊位置平面上的点和直线的投影可根据投影定理、从属性和积聚性进行作图。

【**例 2-4**】 如图 2-16 所示，直线 MN 在表面 SAC 上，已知平面 SAB 的三面投影，及直线 MN 的 V 面投影，补全直线 MN 的三面投影。

分析：

在 W 面上积聚成一条直线；然后根据投影定理即可补充完成直线 MN 的三面投影。

作图步骤，如图 2-16（b）所示：

1）平面 SAC 是侧垂面，根据投影特性在左视图积聚成直线 s"a"(c")；

2）直线 MN 属于平面 SAC，则直线 MN 在 W 面上的投影在平面 SAC 积聚性投影上，"高平齐" m" 和 n" 属于 s"a"(c")；

3）"长对正、宽相等" $\Delta Y_{am} = \Delta Y_{a''m''}$、$\Delta Y_{an} = \Delta Y_{a''n''}$，在俯视图确定 m、n；

4）连接 m、n 并加粗，即为所求。

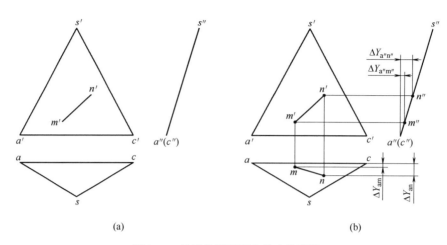

(a)　　　　　　　　　　　(b)

图 2-16　特殊位置平面上的点和直线

3. 平面上的特殊直线

平面上的直线，对于投影面可以有各种不同的位置，其中有两种位置较特殊，一是对投影面倾角最小（等于 $0°$），二是对投影面倾角最大。平面上对投影面倾角最小（等于 $0°$）的直线为平面上的投影面平行线；平面上对投影面倾角最大的直线称为平面上的最大斜度线。下面叙述其投影特点和作图方法。

1）平面上的投影面平行线

【例 2-5】　如图 2-17（a）所示，MN 直线为 SAB 平面上对 V 面倾角最小的直线，已知平面与 SAB 的三面投影及 M 点在水平面的投影，补画 MN 直线三面投影。

作图步骤，如图 2-17（b）所示：

① 平面上对 V 面倾角最小的直线必定平行于 V 面，即直线 MN 为正平线，根据正平线投影特性，在水平投影过 m 点作直线 mn//X 轴，并与 as 交于 n；

② MN 属于 SAB 平面，利用从属性和投影定理可作出 MN 直线的三面投影；过 mn 作投影连线求出 m' 和 n'；

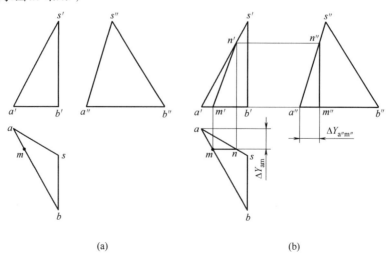

(a)　　　　　　　　　　　(b)

图 2-17　平面上的投影面平行线

③ "高平齐、宽相等" $\Delta Y_{am} = \Delta Y_{a''m''}$，在左视图确定 m''、n''；

④ 连接 mn、$m'n'$、$m''n''$ 并加粗，即为所求。

2) 平面上的最大斜度线

平面上垂直于平面上投影面平行线的直线，称为平面上的最大斜度线。垂直于平面上的水平线的直线是对 H 面的最大斜度线，此直线与 H 面的夹角为平面与 H 面的夹角 α；垂直于平面上正平线的直线是对 V 面的最大斜度线，此直线与 V 面的夹角为平面与 V 面的夹角 β；垂直于平面上侧平线的直线是对 W 面的最大斜度线，此直线与 W 面的夹角为平面与 W 面的夹角 γ。

如图 2-18 所示，表面 SAB 为一般位置平面，表面 SAB 的边 AB 直线为水平线（可使 AB 边在 H 面上），过平面 SAB 内任意一点（可直接选 S 点），过 S 点作 H 面垂线，垂足为 s（s 为顶点 S 在 H 面的投影），过 S 作直线 AB 的垂线，垂足为 M 点；另过点 S 作直线 SM_1、SM、$SM_2 \cdots SM_n$ 及其投影 S 形成一系列等高的直角三角形 SM_1s、SMs、$SM_2s \cdots SM_ns$；SM_1、SM、$SM_2 \cdots SM_n$ 分别为直角三角形的斜边，显然斜边最短者其倾角最大。由于 $SM \perp AB$，因此 SM 是最短的斜边，它的倾角 α 最大，所以直线 SM 为 SAB 面内对 H 面的最大斜度线。

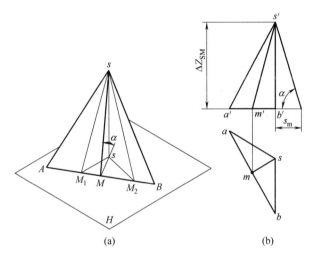

图 2-18　平面上的最大斜度线

2.5　直线与平面及两平面间的相对位置

直线与平面以及两平面间的相对位置，除直线位于平面上或两平面位于同一平面上的特例外，只可能是相交或平行（垂直是相交的特殊情况）。判断直线与平面及两平面间的相对位置关系有利于判断作图过程中线面的投影位置及形状。

2.5.1　平行问题

1. 直线与平面平行

1) 若一直线平行于平面内任意一直线，则该直线平行于该平面，如图 2-19（a）

所示。

2）若一直线与一平面积聚性投影（特殊位置平面）平行，则该直线与此平面平行，如图 2-19（b）所示。

3）若一直线和一平面在同一面的投影都积聚，那么该直线与平面平行，如图 2-19（c）所示。

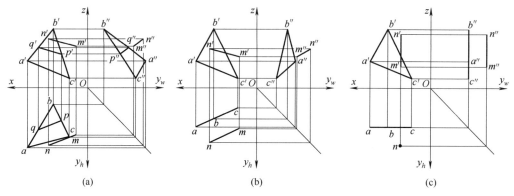

图 2-19　直线与平面平行

2. 平面与平面平行

1）若两个平面内各有一对相交直线对应地平行，则这两个平面互相平行，如图 2-20（a）所示。

2）若两平面同时垂直于某投影面，则只需检查具有积聚性的投影是否平行即可判断两平面是否平行，如图 2-20（b）所示。

3）若平行两平面与第三个平面相交，则交线必定平行，如图 2-20（c）所示。

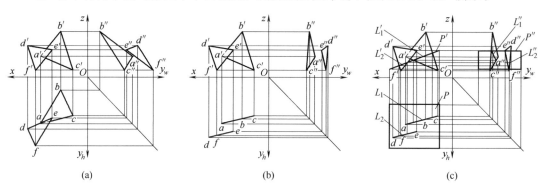

图 2-20　平面与平面平行

2.5.2　相交问题

直线与平面、平面与平面若不平行，则一定相交。一直线与一平面相交只有一个交点，它是直线和平面的公共点，既在直线上又在平面上。两平面的交线是一条直线，它是两平面的公共线，因而求两平面的交线只需求出属于两平面的两个公共点（或求出一个公共点和交线方向），即可画出交线。可见，**求直线与平面的交点和两平面的交线，基本问**

题是求直线与平面的交点。

1. 利用积聚性求交点、交线

1）平面或直线的投影有积聚性时求交点

一直线与一平面相交，当其中一平面或一直线的投影有积聚性时，交点的投影在有积聚性投影的投影面上可直接确定，其余投影面上的投影可根据在直线上或平面上取点的方法求出。

2）两平面之一具有积聚性时求交点

两平面相交，两平面之一投影有积聚性时，交线的投影在有积聚性投影的这个投影面上可直接确定，其余投影面上的投影可根据平面上作直线的方法作出。

2. 利用辅助平面法求交点、交线

当相交两几何元素都不垂直于投影面时，则不能利用积聚性作图，可通过作辅助平面的方法求交点或交线。

1）利用辅助平面法求交点（一般位置直线与一般位置平面的交点）

如图 2-21 所示，假如直线 MN 与平面 $\triangle ABC$ 相交于 Q 点，过点 Q 点可在 $\triangle ABC$ 上作无数直线，而这些直线都可与直线 MN 构成一平面，选择一条直线与 MN 构成特殊位置平面（如图 2-21 中的铅垂面），该平面称为辅助平面。辅助平面与已知平面 $\triangle ABC$ 的交线即为过点 Q 在平面 $\triangle ABC$ 上的直线，该直线与 MN 的交点即为点 Q。

作图步骤如下：

过已知直线作一辅助平面。为了作图方便，一般作辅助平面垂直某一投影面（如过 MN 作辅助平面 P 为一铅垂面）。

作出该辅助平面与已知平面的交线（如平面 P 与 $\triangle ABC$ 的交线 EK）。

作出该交线与已知直线的交点，即为已知直线与已知平面的交点（如 EK 与 MN 的交点 Q 即为 MN 与 $\triangle ABC$ 的交点）。

2）利用辅助平面法求交线（一般位置平面与一般位置平面的交线）

两平面相交有两种情况：一种是一个平面全部穿过另一个平面称为全交，如图 2-22（a）所示。另一种是两个平面的棱边互相穿过称为互交，如图 2-22（b）所示。如将图 2-22（a）

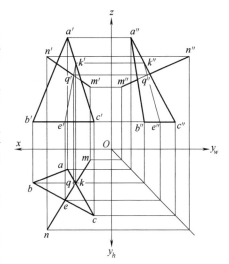

图 2-21 利用辅助平面法求交点

中的 $\triangle ABC$ 向前平行移动，即为图 2-22（b）的互交情况。这两种相交情况的实质是相同的，因此求解方法也相同。仅由于平面图形有一定范围，因此相交部分也有一定范围。

如图 2-22 所示，$\triangle ABC$ 与 $\square DEFG$ 全交，$\triangle ABC$ 的边 AB 和边 AC 分别与 $\square DEFG$ 相交，利用辅助平面法分别求出两直线与 $\square DEFG$ 的交点，然后连接两交点，即为所求两平面交线。

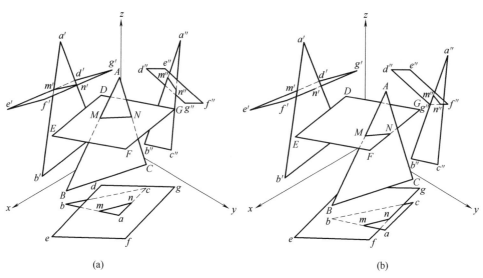

图 2-22　利用辅助平面法求交线

2.5.3　垂直问题

1. 直线与平面垂直

直线与平面相垂直的几何条件是：若直线垂直平面内的任意两条相交直线，则此直线垂直于平面。反之，若直线与平面垂直，则直线一定垂直于该平面内的所有直线（包括垂直相交和垂直交叉）。

如图 2-23 所示，直线 MN 垂直于平面 ABC，则必垂直属于平面 P 的一切直线（其中包括水平线和正平线）。根据直角投影定理，在投影图上必表现为直线 MN 的水平投影垂直于水平线的水平面投影；直线 MN 的正面投影垂直于正平线正面投影。

由于属于已知平面的投影面平行线其方向是一定的，所以可以得出：

定理：**若一直线垂直于一平面，则直线的水平投影必垂直于属于该平面的水平线的水**

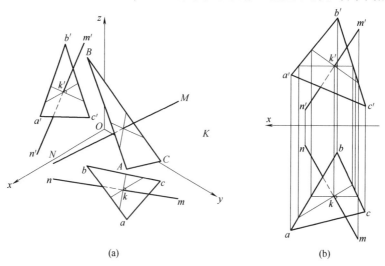

图 2-23　直线与平面垂直

平投影；直线的正面投影必垂直于属于该平面的正平线的正面投影。

定理（逆）：若一直线的水平投影垂直于某一平面的水平线的水平投影，直线的正面投影垂直于该平面的正平线的正面投影，则直线必垂直于该平面。

2. 平面与平面垂直

定理：若一直线垂直于某一平面，则包含该直线的所有平面都垂直于该平面。

定理（逆）：若两平面相互垂直，则从第一平面内的任意一点向第二平面所作的垂线必定包含在第一个平面内。

如图 2-24（a）所示，平面 ABC 和平面 MAC 相交，过 M 点作平面 ABC 的垂线 MN，MN 属于 MAC 平面，则平面 ABC 和平面 MAC 相互垂直；而图 2-24（b），平面 ABC 和平面 MAC 相交，过 M 点作平面 ABC 的垂线 MN，MN 不属于 MAC 平面，则平面 ABC 和平面 MAC 相交不垂直。

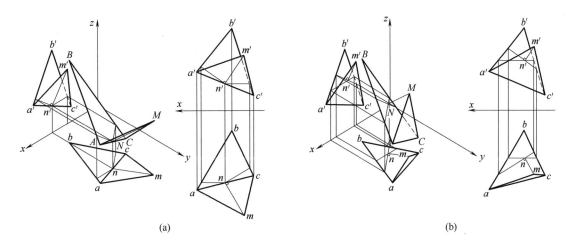

图 2-24 平面与平面垂直

【例 2-6】 如图 2-25（a）所示，过直线 AB 作一平面垂直于已知平面 $\triangle DEF$。

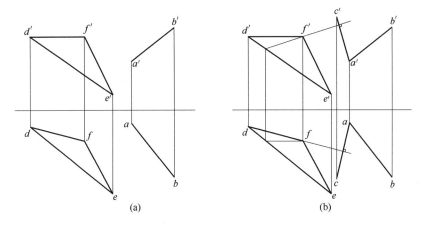

图 2-25 过直线作平面垂直于已知平面

分析：

1）所求平面必包含一条垂直于 DEF 的直线，则可经过 A 点作一直线 AC 垂直 DEF，直线 AC 与直线 AB 构成的平面和已知平面垂直；

2）由于 DF 是△DEF 内一条水平线，所以只要在△DEF 内作一条正平线 FG，然后过 A 作水平线，正平线的垂线 AC 即可。

作图步骤如图 2-25（b）所示：

作 $fg/\!/OX$，求出 $g'f'$；作 $a'c'\perp g'f'$，$ac\perp df$，则直线 $AC\perp△DEF$，AC 和 AB 所组成的平面为所求。

第 3 章
立体的投影

立体按照其表面的性质，可分为平面立体和曲面立体两大类。

3.1　平面立体的投影及表面取点

平面立体的各个表面均为平面多边形，多边形的边即为平面立体的棱线，棱的端点即为平面立体的顶点。因此，绘制平面立体的投影可归结为绘制它的所有棱线及各顶点的投影（与第 3 章点、线、面内容密切相关），然后判断可见性，将可见的棱线投影画成粗实线，不可见的棱线投影画成虚线。

3.1.1　棱柱

棱柱由顶面、底面和若干侧面（棱线）组成，两个底面是全等且相互平行的多边形，棱面为矩形或平行四边形，棱线相互平行。棱线与底面垂直的棱柱叫直棱柱，本节只讨论直棱柱的投影。

1. 棱柱的投影

如图 3-1（a）所示，正六棱柱的顶面和底面为全等正六边形，放置成水平面；六个棱

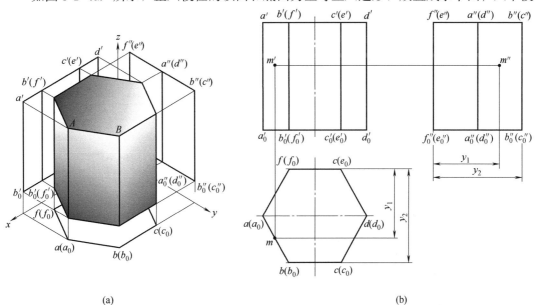

(a)　　　　　　　　　　　　　　　　(b)

图 3-1　正六棱柱及其表面上的点

面均垂直于水平面（前后两个为正平面，其余四个为铅垂面）。如图 3-1（b）所示，正六棱柱的投影图，其水平投影为正六边形，反映了顶面和底面实形；所有侧棱面投影都积聚在该六边形的六条边上，而所有侧棱都积聚在该六边形的六个顶点上。正面投影为三个矩形线框、侧面投影为两个矩形线框，根据三视图中顶点标注一一对应的关系，可找出各条棱线和各表面在三视图中的对应关系。

2. 棱柱表面上的点

棱柱体表面上取点和平面上取点的方法相同，先要确定点所在的平面并分析平面的投影特性；如果是一般位置平面上的点，需要作辅助线才能求出点在平面上的位置；如果是特殊位置平面（有积聚性投影）上的点，可直接求出点在面上的位置。

如图 3-1（b）所示，已知棱柱表面上 M 点的正面投影 m'，求作其他两个投影。因为 m 可见，它必在侧棱面 AA_0B_0B 上，其水平投影 m 必在有积聚性的投影 aa_0b_0b 上，由 m' 和 m 可求得 m''；因点 M 所在的表面 AA_0B_0B 在 H 面的投影积聚成一条直线，积聚性投影上的点 m 不作可见性判断；M 所在的表面 AA_0B_0B 的侧面投影可见，故点 M 在 V 面投影 m'' 可见。

3.1.2 棱锥

棱锥的底面为多边形，各侧面均为三角形且具有公共的顶点，即为棱锥的锥顶。棱锥到底面的距离为棱锥的高，如图 3-2（a）所示。

1. 棱锥的投影

如图 3-2（a）所示正三棱锥 $SABC$，锥顶为 S，将该正三棱锥底面 $\triangle ABC$ 放置成水平面，侧面 $\triangle SAC$ 放置成侧垂面，其余侧面为一般位置平面。

图 3-2（b）所示，正三棱锥 $SABC$ 的三面投影。底面 $\triangle ABC$ 为水平面，H 面投影 $\triangle abc$ 反映底面实形，V 面和 W 面投影分别积聚成平行 X 轴和 Y 轴的直线段 $a'b'c'$ 和 $a''(c'')b''$；三棱锥 $SABC$ 的后侧面 $\triangle SAC$ 为侧垂面，它的 W 面投影积聚成一段斜线 $s''a''(c'')$，它的 V 面和 H 面的投影为类似形 $\triangle s'a'c'$ 和 $\triangle s'a'c'$；而侧面 SAB 和 SBC 为

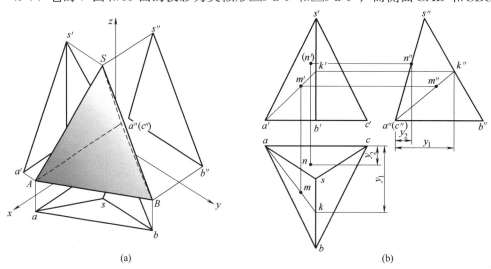

(a)   (b)

图 3-2　正三棱锥及其表面上的点

一般位置平面，在三个投影面上的投影均是类似形。

2. 棱锥面上的点

棱锥表面上取点和平面上取点的方法相同，先要确定点所在的平面并分析平面的投影特性；如果是一般位置平面上的点，需要作辅助线才能求出点在平面上的位置；如果是特殊位置平面（有积聚性投影）上的点，可直接求出点在面上的位置。

如图 3-2（a）所示，M 点和 N 点为正三棱锥 $SABC$ 表面上的点，已知 M 点和 N 点在 V 面的投影 m' 和（n'）；m' 可见说明 M 点在平面 SAB 上，（n'）不可见说明 N 点在 SAC 上；平面 SAB 为一般位置平面，求 M 点的三面投影需要作辅助线才能确定，如图中辅助线 AK；平面 SAC 为侧垂面，N 在 SAC 面上，求 N 点的三面投影不需要作辅助线就能确定，只需要在积聚性投影上确定 n''，然后遵循投影定理"高平齐、长对正、宽相等"就可求出。

3.2　曲面立体的投影及表面取点

曲面是由一直线或曲线以固定直线为轴线回转形成。这条运动的线称为母线，而曲面上任意位置的母线称为素线，母线上一点随着母线回转形成的轨迹（垂直于轴线的圆）称为纬圆。由回转曲面组成的立体称为回转体，常见的回转体有圆柱体、圆锥体、圆球和圆环等。

3.2.1　圆柱

1. 圆柱体的投影

如图 3-3 所示，当圆柱体的轴线垂直于 H 面时，其水平投影为圆，圆柱面在水平投影积聚为圆周，圆柱的顶圆和底圆在水平投影上面反映实形。该圆柱体的正面投影和侧面投影为相同的矩形，矩形的上、下边线是圆柱体顶面和底面的积聚性投影，其长度等于直径。

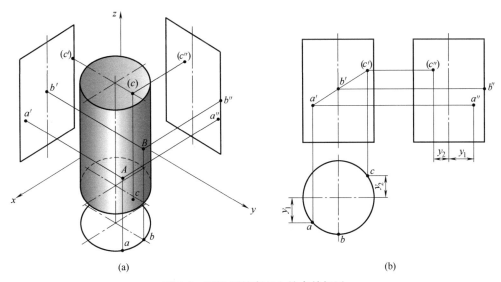

(a)　　　　　　　　　　　　　　　　　　(b)

图 3-3　圆柱及其表面上的点的投影

画圆柱投影时，一般先用点画线画出轴线的投影和底圆中心线，然后画出上、下底圆的投影和圆柱面投影的转向轮廓线。

2. 圆柱体表面上的点

因为圆柱面的投影在水平面上集聚，所以圆柱面上的点作三面投影时不需要作辅助线，可以先在积聚性投影上找点的投影，再根据投影定理"长对正、高平齐、宽相等"作出第三面投影。

如图 3-3（b）所示，已知圆柱表面上 A 点、B 点和 C 点的 V 面投影，作它们的 H 面及 W 面投影。

1）作 A 点投影

由于 a' 可见，说明 A 点在前半个圆柱面上，同时可看出 A 点在左半个圆柱面上；圆柱面在 H 面上集聚，所以 a 在积聚性投影上，"长对正"即可作出 a，积聚性投影上的点不作可见性判断；"宽相等" H 面投影 a 到中心距线离 y_1 等于 W 面投影 a'' 到中心线的距离 y_1，"高平齐"即可求出 a''，由于 A 在左半圆柱面，所以 a'' 可见。

2）作 B 点投影

由于 b' 可见且在轴线上说明 B 点在最前的素线上，"高平齐、宽相等" W 面上的投影 b'' 在最前转向轮廓线上且可见；"长对正"水平投影 b 在圆柱面积聚性投影上，积聚性投影上的点不作可见性判断。

3）作 C 点投影

由于（c'）不可见，说明 C 点在后半个圆柱面上，同时可看出 C 点在右半个圆柱面上；圆柱面在 H 面上集聚，所以 c 在积聚性投影上，"长对正"即可作出 c，积聚性投影上的点不作可见性判断；"宽相等" H 面投影 c 到中心距线离 y_2 等于 W 面投影 c'' 到中心线的距离 y_2，"高平齐"即可求出 c''，由于 C 在右半圆柱面，所以（c''）不可见。

3.2.2 圆锥

1. 圆锥体的投影

如图 3-4 所示，当圆锥体的轴线垂直于 H 面时，其水平投影为圆，圆锥面的水平投

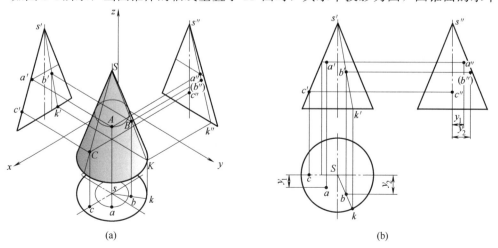

| (a) | (b) |

图 3-4 圆锥及其表面上的点的投影

影分布在圆内，圆锥的底圆在水平投影上面反映实形。该圆锥体的正面投影和侧面投影为全等的等腰三角形，底边长为圆锥底面圆直径，腰线长为顶点到底面距离。

画圆锥投影时，一般先用点画线画出轴线的投影和底圆中心线，然后画出底圆的投影和圆锥面投影的转向轮廓线。

2. 圆锥体表面上的点

因为圆锥面在三个投影面上的投影都没有积聚性，因此必须用作辅助线的方法实现在圆锥面上取点，作辅助线的方法有辅助素线法和辅助纬圆法两种。

如图 3-4（b）所示，已知圆锥表面上 A 点、B 点和 C 点的 V 面投影，作 H 面和 W 面投影。

1）辅助纬圆法作 A 点三面投影

由于 a' 可见，说明 A 点在前半个锥面上，同时可看出 A 点在左半个圆锥面上。

过点 A 在圆锥面上可以找出一个平行于底面且过 A 点的唯一一个圆（该圆称为纬圆），这个纬圆在 V 面的投影是过 a' 且平行于底面的直线（直线为水平方向纬圆的正面投影，长度即纬圆直径）。在水平投影上作出纬圆的投影（该圆的水平投影反映实形，圆心与 s 重合），然后"长对正"在纬圆水平投影的前半圆周上定出 a，最后根据"高平齐、宽相等"由 a 和 a' 求得 a''，并判别可见性，即为所求。

2）辅助素线法作 B 点三面投影

由于 b' 可见，说明 B 点在前半个锥面上，同时可看出 B 点在右半个圆锥面上。

过锥顶 S 与点 B 作一辅助素线交底圆于 K 点，则 B 点在 SK 直线（素线）上。连接 $s'b'$ 并延长与底圆交于 k'，求出 SK 的水平投影 sk，"长对正"可在 sk 上求出 b，最后根据"高平齐、宽相等"由 b 和 b' 求得 b''，并判别可见性，即为所求。

3）C 点特殊位置直接求作

圆锥 V 面投影转向轮廓对应在 W 面中心轴线上，同时圆锥 v 面投影转向轮廓对应在 H 面圆的中心线。

由于 c' 在左侧转向轮廓线上，"高平齐"可在 W 面上作出 c''，"长对正"可在 H 面上作出 c，并判别可见性，即为所求。

3.2.3 球

1. 圆球体的投影

如图 3-5（a）所示，当圆球体放置于三面投影体系中，三面投影均为全等的圆。

画圆球投影时，在三面投影一般先用点画线画出中心，中心线"高平齐、长对正、宽相等"，然后量取球的直径在三面投影画出转向轮廓线（圆）。

2. 圆球体表面上的点

球的三面投影都没有积聚性，因此确定球面上点的投影时需要作辅助线。圆球面上不能作直线，因此确定球面上点的投影时，可采用辅助纬圆法。辅助圆可选用水平圆、正平圆或侧平圆。

如图 3-5（b）所示，已知球面上点 A 点和 B 点的正面投影 a' 和 b'，求作其水平投影和水平投影。

1）辅助纬圆法作 A 点三面投影

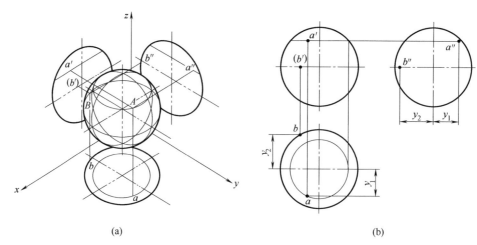

(a)　　　　　　　　　　　　　　　　(b)

图 3-5　圆球及其表面上的点的投影

由于 a' 可见，说明 A 点在前半个球面上，同时可看出 A 点在左半个球面和上半个球面。

过点 A 在球面上可以找出一个平行于底面且过 A 点的纬圆。这个纬圆在 V 面的投影是过 a' 且平行于 X 轴的直线（直线为水平方向纬圆的正面投影，长度即纬圆直径）；在水平投影上作出纬圆的投影（圆心与 s 重合），然后"长对正"在纬圆水平投影的前半圆周上定出 a；最后根据"高平齐、宽相等"由 a 和 a' 求得 a''，并判别可见性，即为所求。

2）B 点特殊位置直接求作

由于 (b') 不可见，说明 B 点应在后半个球面上，又由于 (b') 在 V 面投影的位置是在平行于 X 轴的中心线上，因此可判断出 B 点应在水平投影转向轮廓线上；"长对正"可在水平面球的转向轮廓线上作出 b；最后根据"高平齐、宽相等"由 b 和 b' 求得 b''，并判别可见性，即为所求。

3.3　平面与立体相交

3.3.1　平面与平面立体相交

平面立体的截交线是截平面和平面立体表面的**共有线**，是由直线组成的平面多边形；多边形的边是截平面与平面立体表面的交线，多边形的顶点是截平面与平面立体相关棱线（包括底边）的交点。

平面立体截交线的作法是：先作出截平面与平面立体各棱线的交点，然后依次连接成截交线。当几个截平面与平面立体相交而形成的具有缺口的平面立体或穿孔的平面立体时，只要逐个作出各个截平面与平面立体的截交线，再绘制截平面之间的交线，就可作出这些平面立体的投影图。

【例 3-1】　如图 3-6（a）（b）所示，正垂的截平面 P 和正五棱柱相交，求作截交线的投影。

分析，如图 3-6（a）所示：

1）当正垂面与水平面相交，交线一定是正垂线；

2）截平面 P（正垂面）与五棱柱顶面（水平面）相交，交线必定为正垂线；

3）同时平面 P 与棱 AA_0、棱 BB_0、棱 EE_0 相交，每条棱上都应该有一个截交点；

4）一条正垂的截交线与三个截交点形成的截断面应为五边形。

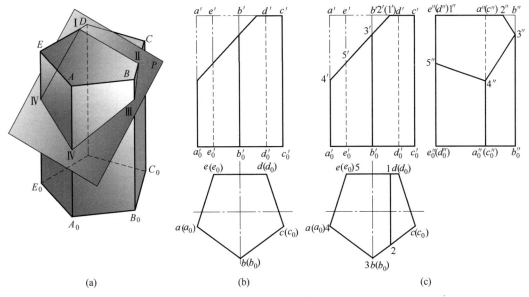

图 3-6　五棱柱的截切

作图步骤如图 3-6（c）所示：

1）补画五棱柱左视图；

2）在主视图，截平面与顶面相交，交线（正垂线）$(1')$ $2'$ 积聚为一点；"长对正"长对正在俯视图中作出截交线 12（1 在 ed 上，2 在 bc 上）；

3）截平面与棱 BB_0、棱 AA_0、棱 EE_0 相交，在主视图交点既在截平面积聚性投影上又在棱 $b'b_0'$、棱 $a'a_0'$、棱 $e'e_0'$ 上，按顺序分别标记为 $3'$、$4'$、$5'$；

4）"长对正"截平面与棱的截交点在俯视图中与棱的积聚性投影重合，对应主视图按序标记为 3、4、5；

5）根据"高平齐、长对正"由正面投影 $(1')$、$2'$、$3'$、$4'$、$5'$ 和 1、2、3、4、5 求得相应左视图投影 $1''$、$2''$、$3''$、$4''$、$5''$；

6）连接这些点的同面投影；

7）整理轮廓线，棱线 BB_0、AA_0、EE_0 在截平面以上的部分被截去，顶面只保留 DCⅠ Ⅱ，特别注意它们在侧面投影的画法，另外 CC_0 没有被截切，其侧面投影不可见。

3.3.2　平面与回转体相交

截平面与回转体相交，截交线是截平面和回转体表面的共有线，截交线上的点也是二者的共有点。因此，当截交线为非圆曲线时，一般先求出能确定截交线形状和范围的特殊点（最高、最低、最左、最右、最前、最后点），以及平面曲线本身的特殊点，如椭圆长、轴的端点，以及抛物线、双曲线的顶点等，这些特殊点的投影大多数位于曲面的投影转向轮廓线或中心线上；然后求出若干中间点，最后将这些点连成光滑曲线，并判别可见性。

1.平面与圆柱体相交

当圆柱轴线垂直于 H 面摆放，根据截平面与圆柱面轴线的相对位置不同，其截交线有三种形状：圆、椭圆和矩形线框，如表 3-1 所示。

圆柱的截交线 表 3-1

截平面位置	立体图	三面投影图	截断面形状	投影特性
与轴线 平行 （正平面）	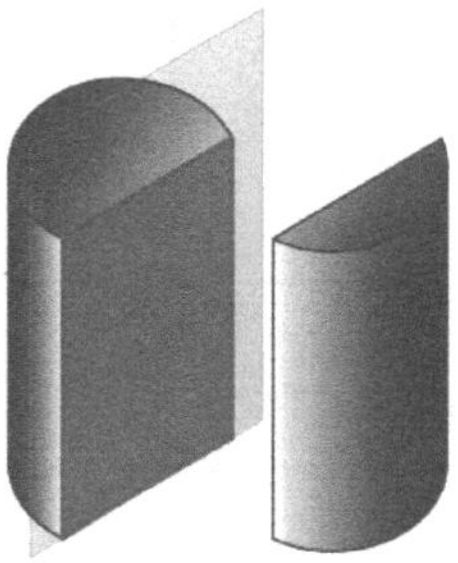	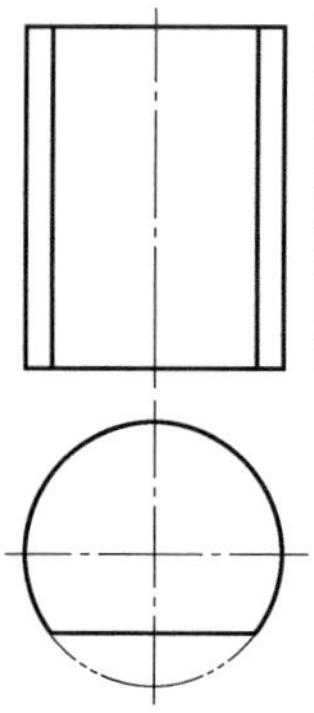	矩形线框	1）主视图：截断面矩形线框（实形），圆柱轮廓完整； 2）俯视图：截断面积聚成一直线，圆柱面积聚性投影靠前部分被截切； 3）左视图：截断面积聚成一直线，圆柱靠前转向轮廓被截切
与轴线 垂直 （水平面）	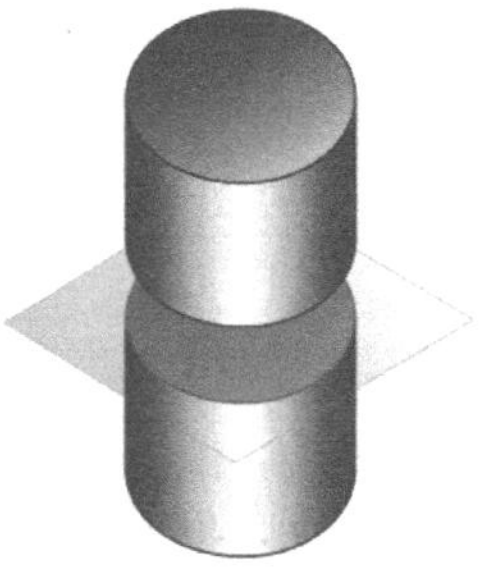	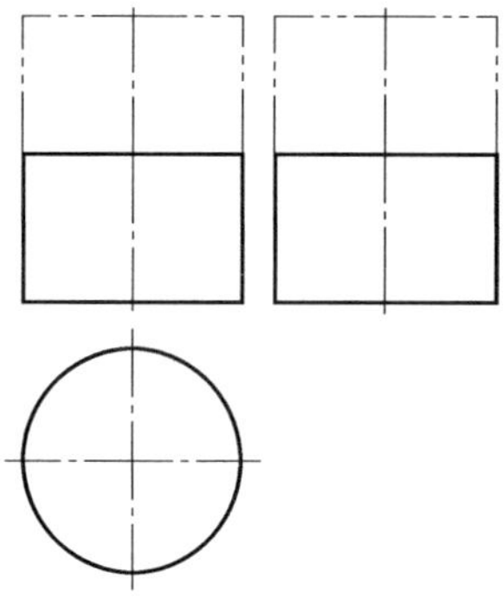	圆	1）主视图：截断面积聚成一直线，圆柱上半轮廓被截切； 2）俯视图：截断面圆（实形）和圆柱面积聚性投影重合； 3）左视图：截断面积聚成一直线，圆柱上半轮廓被截切
与轴线 倾斜 （正垂面）	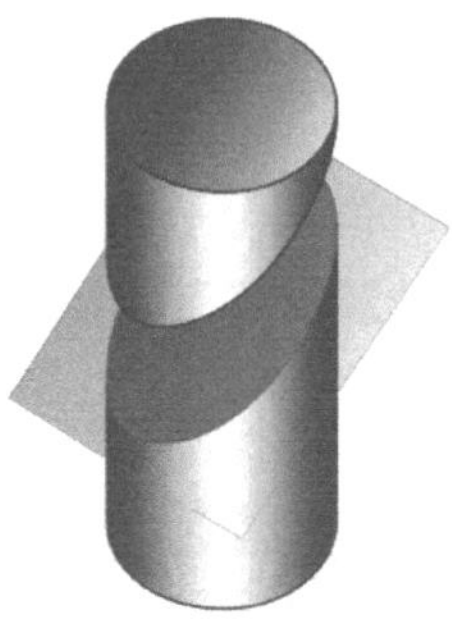	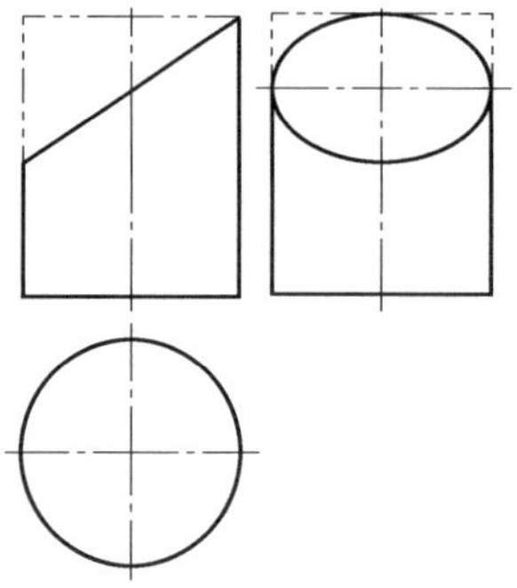	椭圆	1）主视图：截断面积聚成一直线（倾斜），圆柱靠上轮廓部分被截切； 2）俯视图：截断面和圆柱面积聚性投影重合； 3）左视图：截断面投影为椭圆，圆柱上半轮廓部分被截切

续表

截平面位置	立体图	三面投影图	截断面形状	投影特性
与轴线 45°夹角（正垂面）			椭圆	1）主视图：截断面积聚成一直线（倾斜 45°），圆柱靠上轮廓部分被截切； 2）俯视图：截断面和圆柱面积聚性投影重合； 3）左视图：截断面投影为圆，圆柱上半轮廓部分被截切

【例 3-2】 如图 3-7 所示，圆柱轴线垂直于 H 面，被一正垂面截切，已知切割后圆柱的主视图及俯视图，补画左视图。

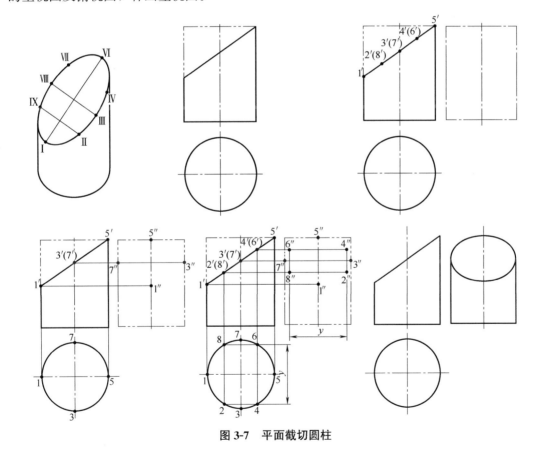

图 3-7 平面截切圆柱

作图步骤，如图 3-7 所示：

1）补画圆柱完整左视图；由分析可知截断面为椭圆，长轴短轴端点位置在主视图转向轮廓、中心线与截断面积聚性投影相交位置，每两个特殊点之间取一个普通点，在主视图标注特殊点及普通点 1′、2′、3′、4′、5′、6′、7′、8′；

2) 对照俯视图，特殊点位置最高和最低点在 $1'$ 和 $5'$，长对正在俯视图 1 和 5，这两点为同时兼最左、最右点；俯视图最前、最后两点 3、7 对应主视图 $3'(7')$，也是左视图转向轮廓线上的点，上述四点也是截交线椭圆长轴和短轴端点，作出它们在左视图的投影 $1''$、$3''$、$5''$、$7''$；

3) 求一般点，通常两个特殊点之间取一个一般位置点（也叫普通点），先在主视图每两个特殊点中间位置取一个普通点 $2'(8')$ 和 $4'(6')$，"长对正"在俯视图作出他们的投影 2、8、4、6，"高平齐、宽相等"由主视图和俯视图作出它们的侧面投影 $2''$、$8''$、$4''$、$6''$；

4) 顺序光滑连接 $1''2''3''4''5''6''7''8''1''$ 为椭圆，分析可见性（截断面左低右高，无任何遮挡），截断面可见画成粗实线，即完成截断面左视图投影；

5) 整理圆柱轮廓，圆柱左视图最前最后轮廓上半部分被截切，即 $3''$ 和 $7''$ 之上转向轮廓线被截去，同时圆柱上顶面被完全截切，加粗剩余轮廓，即为所求。

【例 3-3】 如图 3-8 所示，零件接头轴线垂直于 W 面放置，接头的左右端均有截切，完成接头的正面投影和水平投影。

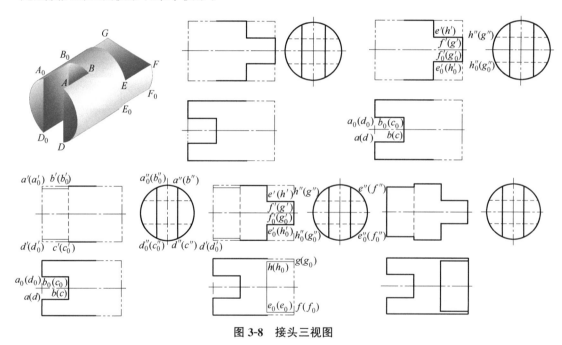

图 3-8 接头三视图

作图步骤，如图 3-8 所示：

1) 切割圆柱左端的两个正平面与圆柱面的交线是四条侧垂线 AB、DC、A_0B_0、D_0C_0，在俯视图标记为 ab、$(d)(c)$、a_0b_0、$(d_0)(c_0)$，ab 与 $(d)(c)$ 重合，$(d)(c)$ 不可见；a_0b_0 与 $(d_0)(c_0)$ 重合，$(d_0)(c_0)$ 不可见；

2) 四条侧垂线在左视图的投影分别积聚成点，"宽相等"对应左视图圆柱面积聚性投影上，根据俯视图投影可见性，判断四条侧垂线的上下位置，标记为 $a''(b'')$、$d''(c'')$、$a_0''(b_0'')$、$d_0''(c_0'')$；

3) "长对正、高平齐"得到四条侧垂线主视图投影，分别标记为 $a'b'$、$(a_0')(b_0')$、$d'c'$、$(d_0')(c_0')$；$a'b'$ 与 $(a_0')(b_0')$ 重合，$a'b'$ 靠前可见；$d'c'$ 与 $(d_0')(c_0')$ 重合，

$d'c'$ 靠前可见；

4）切割圆柱左端的侧平面（垂直于轴线）只切割到圆柱中间部分，截断面应为圆的中间部分圆弧与两段直线（这两段直线是截交面与截交面之间的交线）构成，积聚在俯视图 b (c) b_0 (c_0)；

5）切割圆柱左端的侧平面在左视图对应 (b'') (c'') (c_0'') (b_0'')，其中 (b'') (c'') 和 (c_0'') (b_0'') 是直线，为截交面与截交面之间的交线；弧 $(b''b_0'')$ 和弧 $(c_0''c'')$ 为圆弧，是切割圆柱左端的侧平面与圆柱面的交线；

6）切割圆柱左端的侧平面在俯视图对应 b (c) b_0 (c_0)，在左视图对应 (b'') (c'') (c_0'') (b_0'')，"长对正、高平齐"在主视图积聚成一直线，长度为圆柱直径；分析可见性，左端向内截切，因此侧平面在主视图积聚性投影中间段为不可见，上下突出正平截断面的部分为可见；

7）整理左端轮廓，俯视图中心位置对应主视图圆柱转向轮廓被截切，所以主视图对应位置转向轮廓应去掉；

8）右端凸榫的为上下两个水平截交面（平行于轴线）和一个侧平截交面（垂直于轴线），上下对称所以只需要作上半部分俯视图投影即可；

9）靠上水平截交面 $EFGH$ 对应主视图 $e'f'$ (g') (h')，"高平齐"对应左视图 e'' (f'') g'' (h'') 不可见虚线；"长对正、宽相等"可补画出截交面俯视图，为一矩形线框 $efgh$；

10）靠上侧平截交面在主视图积聚成一直线 e' (h') 之上的直线部分，左视图对应圆弧 $e''h''$ 和直线 $e''h''$ 围成的方便线框，"长对正、宽相等"在俯视图积聚为一直线 eh；

11）整理轮廓，由于右端的侧平截面没有截到圆柱的最前、最后素线，故在水平投影中线段两端与转向轮廓线之间是有间隙的，并且水平投影的转向轮廓线是完整的。

2. 平面与圆锥体相交

当圆锥轴线垂直于 H 面摆放，根据截平面与圆锥轴线相对位置的不同，平面截切圆锥的截交线有五种情况，如表 3-2 所示。

圆锥的截交线   表 3-2

截平面位置	立体图	三面投影图	截断面形状	投影特性
与轴线垂直（水平面）	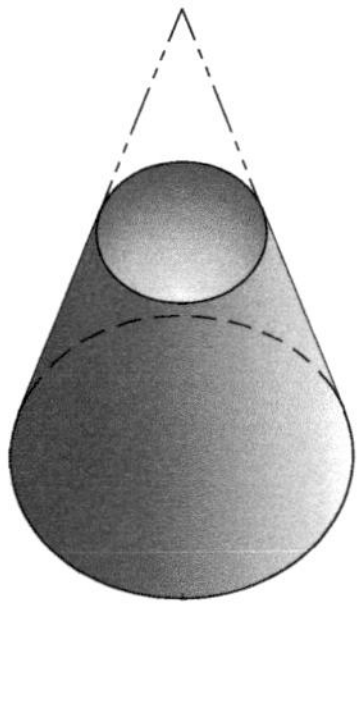	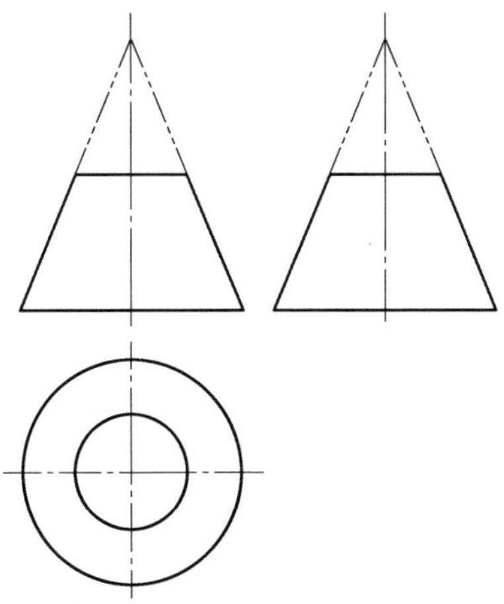	圆	1）主视图：截断面积聚为一直线；上半部分转向轮廓被截切； 2）左视图：截断面积聚为一直线；上半部分转向轮廓被截切； 3）俯视图：截断面为圆（圆锥面上的纬圆反映实形）；轮廓线完整

截平面位置	立体图	三面投影图	截断面形状	投影特性
与轴线倾斜 （正垂面）	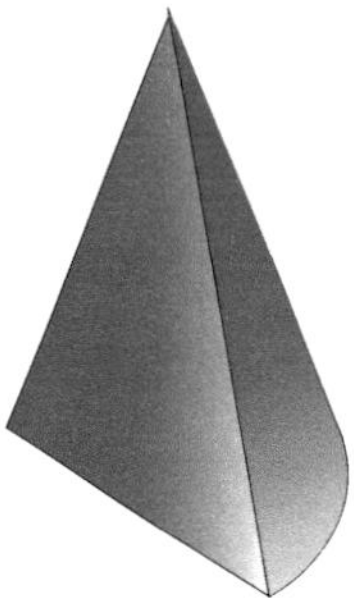	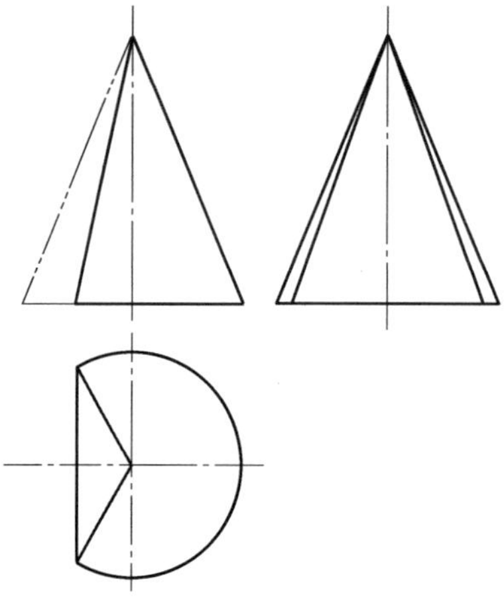	椭圆	1）主视图：截断面积聚为一直线；上半部分转向轮廓被截切； 2）左视图：截断面为椭圆；上半部分转向轮廓被截切； 3）截断面为椭圆；轮廓线完整
过锥顶 $\alpha = \Psi$ （正垂面）	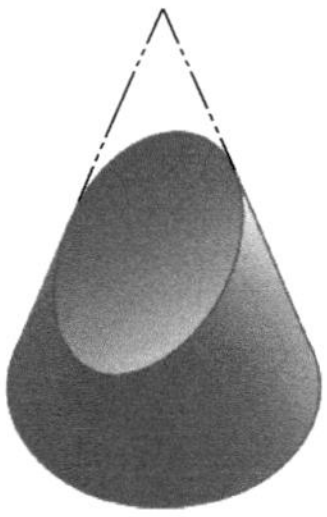	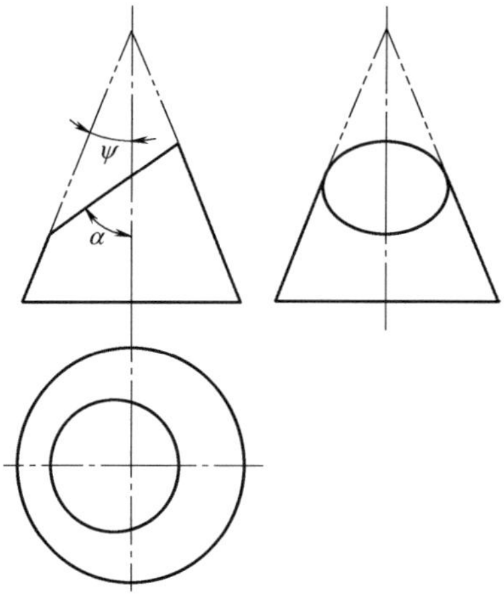	等腰三角形	1）主视图：截断面积聚为一直线；左侧转向轮廓被截切； 2）左视图：截断面为等腰三角形，腰线为圆锥面上的素线；轮廓线完整； 3）俯视图：截断面为等腰三角形，腰线为圆锥面上的素线完整；轮廓线完整
与轴线倾斜 $\alpha = \Psi$ （正垂面）	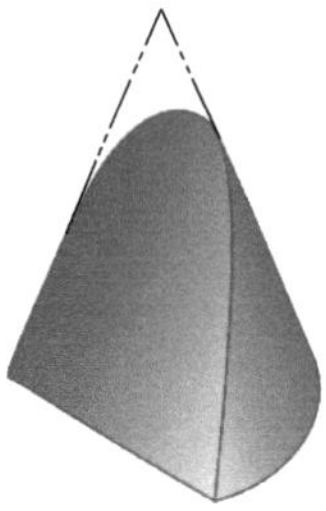	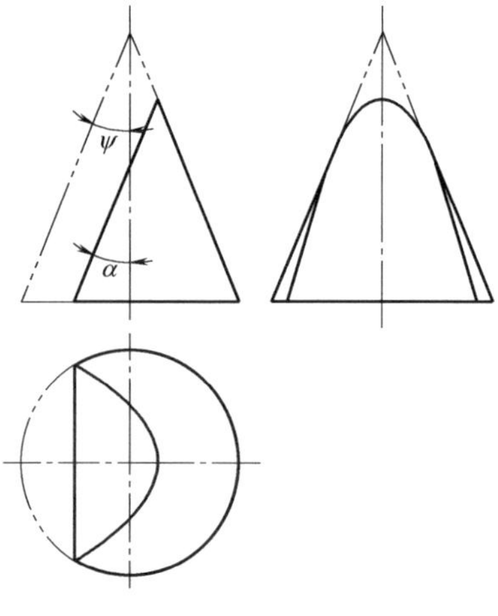	抛物线	1）主视图：截断面积聚为一直线；左侧转向轮廓和右侧上半部分轮廓被截切； 2）左视图：截断面为抛物线弧；上半部分转向轮廓被截切； 3）俯视图：截断面为抛物线弧；左侧部分轮廓被截切

续表

截平面位置	立体图	三面投影图	截断面形状	投影特性
与轴线倾斜 $\alpha < \psi$ （正垂面） 与轴线平行 $\alpha = 0$ （侧平面）			双曲线 （单只）	1) 主视图：截断面积聚为一直线；左侧部分转向轮廓被截切； 2) 左视图：截断面为双曲线弧，反映实形；转向轮廓完整； 3) 俯视图：截断面积聚为一直线；左侧部分轮廓被截切

【**例 3-4**】　如图 3-9 所示，圆锥轴线垂直于 W 面放置，圆锥被两个相交平面截切，其中 p_1' 为垂直于轴线的水平面，p_2' 为平行于轴线的侧平面，已知切割后圆锥的主视图，补画俯视图及左视图投影。

分析，如图 3-9 所示：

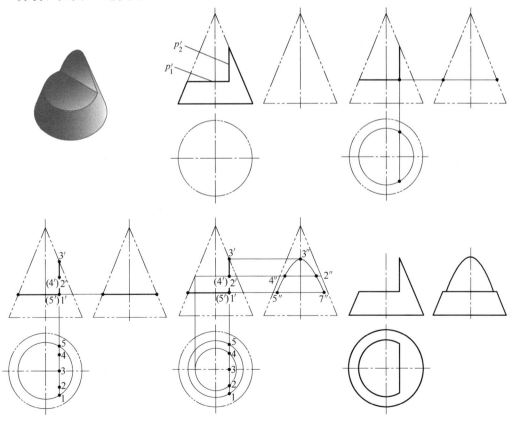

图 3-9　水平面和侧平面截切圆锥

1）主视图截断面 p_1' 为水平面，p_2' 为侧平面；截断面 p_1' 与轴线垂直，应为圆（纬圆）；截断面 p_2' 平行于轴线（$\alpha=0$），故应为双曲线（单只）；

2）截断面 p_1' 可直接作出；截断面 p_2' 双曲线（单只）则需要用描点法绘制，这些点的在视图上的投影可用辅助纬圆法求作；这些点前后对称，可利用对称性简化作图；

3）最后整理轮廓即可。

作图步骤，如图 3-9 所示：

1）在主视图截断面 p_1' 积聚性投影由中心到轮廓的距离为纬圆半径，由此可作出截断面 p_1' 俯视图投影，为一圆弧；"高平齐、宽相等"可补画出截断面左视图，为积聚性投影；

2）在主视图截断面 p_2' 双曲线（单只）积聚为一直线，在这积聚性投影上找出特殊点和普通点的位置，标记为 $1'$、$2'$、$3'$、$(4')$、$(5')$；

3）因为截断面 p_2' 是侧平面，截断面在俯视图积聚为一直线，"长对正"即可作出截断面在俯视图的积聚性投影，因此 1、2、3、4、5 都应在此积聚性投影上；

4）其中 $1'$、$5'$ 为两截断面交线，既是双曲线上的点，也是截断面 p_1'（圆）上的点，"长对正"可在俯视图上作出 1、5，然后"高平齐、宽相等"可在左视图作出 $1''$、$5''$；

5）$2'$、$(4')$ 为普通点，可用辅助纬圆法在俯视图截断面 p_2' 积聚性投影上找到 2、4，然后"高平齐、宽相等"可在左视图作出 $2''$、$4''$；

6）$3'$ 为双曲线最高点，在主视图转向轮廓线上，即在俯视图中心线位置，又在积聚性投影上，因此可在俯视图直接作出 3，同时 $3'$ 在主视图转向轮廓线上，即在左视图中心线位置，"高平齐"可直接作出左视图上 $3''$；

7）左视图 $1''$、$2''$、$3''$、$4''$、$5''$ 为截断面 p_2' 的截交线（双曲线）上的点，顺序光滑连接这些点即可；

8）整理轮廓，左视图截断面 p_1' 之上的转向轮廓被截切掉。

3. 平面与圆球体相交

平面截切圆球时，截交线总是圆，但根据平面与投影面的相对位置不同，截交线的投影也不同，如表 3-3 所示。

圆球的截交线 表 3-3

截平面位置	立体图	三面投影图	投影特性
与投影面平行（侧平面）	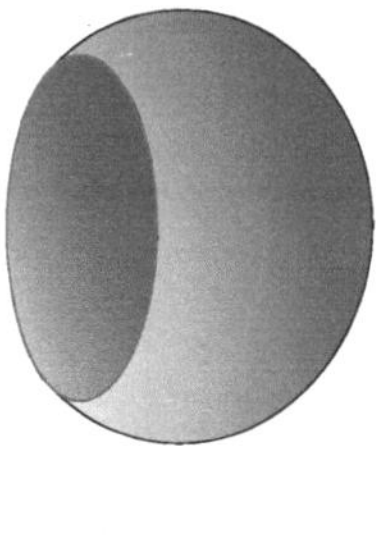	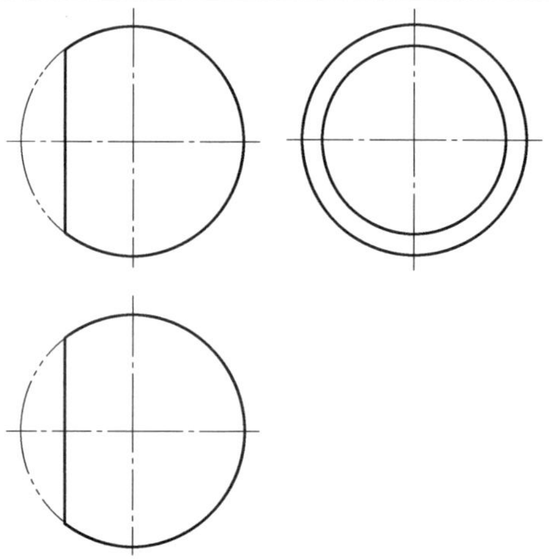	1）主视图：截断面积聚为一直线，平行于轴线；圆球轮廓部分被截切； 2）俯视图：截断面积聚为一直线，平行于轴线；圆球轮廓部分被截切； 3）左视图：截断面为圆，反映实形；圆球轮廓完整

续表

截平面位置	立体图	三面投影图	投影特性
与投影面倾斜（正垂面）	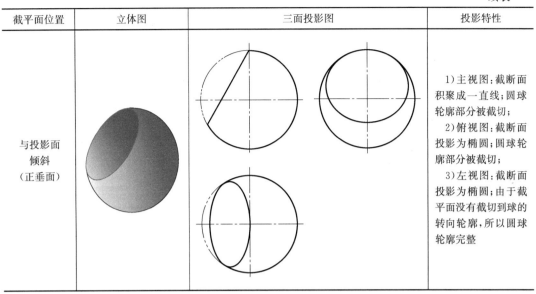		1）主视图：截断面积聚成一直线；圆球轮廓部分被截切； 2）俯视图：截断面投影为椭圆；圆球轮廓部分被截切； 3）左视图：截断面投影为椭圆；由于截平面没有截切到球的转向轮廓，所以圆球轮廓完整

【例 3-5】 如图 3-10 所示，圆球被两个相交平面截切，其中 p_1' 为正垂面，p_2' 为水平面，p_2' 与 p_1' 的交线正好是 p_1' 积聚性投影的中点，已知切割后圆球的主视图，补画俯视图及左视图投影。

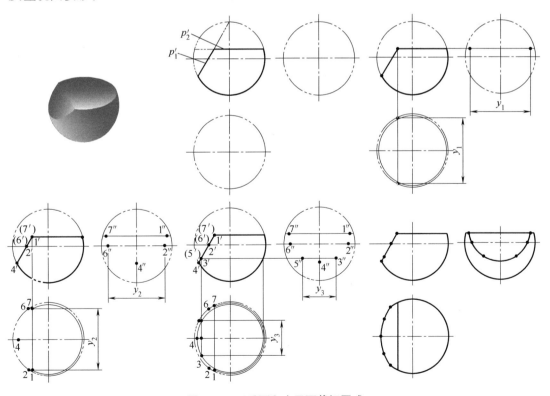

图 3-10 正垂面和水平面截切圆球

作图步骤，如图 3-10 所示：

1）在主视图截断面 p_2' 积聚性投影由中心到轮廓的距离为纬圆半径，由此可作出截断面 p_2' 俯视图投影，为一圆弧；"高平齐、宽相等"可补画出截断面左视图，为积聚性投影；

2）在主视图截断面 p_1' 积聚为一直线，在这积聚性投影上找出特殊点和普通点的位置，标记为 $1'$、$2'$、$3'$、$4'$、$(5')$、$(6')$、$(7')$；其中 $1'$、$(7')$ 为两截断面交线端点，$2'$、$(6')$ 是截断面 p_2' 积聚性投影与中心线交点，$4'$ 是截断面 p_2' 积聚性投影与转向轮廓交点；延长 p_2' 积聚性投影至轮廓线，中点正好在 $1'(7')$，所以 $1'(7')$ 也是椭圆轴线端点；由于 $2'$、$4'$ 和 $4'$、$6'$ 之间距离较远，可增加普通点 $3'$、$5'$；

3）$1'(7')$ 是截断面 p_2' 和 p_1' 截交线的交点，同时也是 p_1' 俯视图和左视图投影椭圆的长轴端点；"长对正"可在俯视图 p_2' 的投影（圆）上作出 1、5，然后"高平齐、宽相等"可在左视图作出 $1''$、$5''$；

4）$2'$、$(6')$ 中心线上的点，直接在俯视图转向轮廓线上找到 2、6，然后"高平齐、宽相等"可在左视图作出 $2''$、$6''$；

5）$4'$ 椭圆弧短轴端点，在主视图转向轮廓线上，即在俯视图中心线位置，又在左视图中心线上，因此直接作出俯视图投影 4 和左视图投影 $4''$；

6）$3'$、$5'$ 为普通点，利用辅助纬圆法长对正可在俯视图上找到 3、5；"高平齐、宽相等"可在左视图作出 $3''$、$5''$；

7）俯视图 1、2、3、4、5、6、7 和左视图 $1''$、$2''$、$3''$、$4''$、$5''$、$6''$、$7''$ 为截断面 p_2' 椭圆弧上的点，顺序光滑连接这些点即可；

8）整理轮廓，左视图截断面 p_2' 之上的转向轮廓被截切掉，俯视图 2、4 之左的轮廓被截切掉。

4. 平面与组合回转体相交

由若干基本回转体组合而成的立体称为组合回转体。它可以由多个共轴线的基本回转面组合形成，也可以看成是由组合母线回转形成的立体。

求解组合回转体截交线时，首先按基本回转体组成进行分段，然后按截平面分段，最后综合形体分段和截平面分段情况分别求出截交线，最后整理截断面轮廓线和形体轮廓线即可。

【例 3-6】 如图 3-11 所示，组合回转体轴线垂直于 W 面摆放，截平面为平行于轴线的水平面，补画截切后组合回转体的俯视图。

作图步骤，如图 3-11 所示：

1）组合回转体由圆柱、圆锥和圆球三个基本回转体共轴组合形成，截平面平行于轴线，在圆柱面上的截交线形状为矩形线框，在圆锥面上的截交线形状为双曲线中间断，在圆球面上的截交线形状为圆弧，分别标记为截交线 Ⅰ、截交线 Ⅱ 和截交线 Ⅲ；

2）截平面为水平面，与回转体轴线平行，截切回转体上半部分，俯视图转向轮廓应完整绘制，补画俯视图外形轮廓；

3）第 Ⅰ 段截交线为截平面截切圆柱而得，形状为矩形线框，在俯视图反映实形，在左视图积聚为一直线；

4）第 Ⅱ 段截交线为截平面截切圆锥而得，截平面平行于圆锥轴线因此形状为双曲线，需要用描点法作图；先在主视图积聚性投影 Ⅰ 上找特殊点和普通点，$1'$、$2'$、$3'$、$(4')$、

（5′）、（6′），利用辅助纬圆法在左视图圆锥截断面积聚性投影上找到1″、2″、3″、4″、5″、6″，"长对正、宽相等"在俯视图找到这些点的投影1、2、3、4、5、6，光滑顺序连线；

5）第Ⅲ、Ⅰ段截交线为截平面 P 截切圆球面而得，截平面 P 为水平面，截交线在俯视图为圆弧，在左视图积聚为一直线；整理轮廓；由分析可知，截平面 P 截切组合回转体在圆锥面得到的截交线Ⅰ和圆球面得到的截交线Ⅱ应共面，这个截断面内无可见轮廓；圆锥面与圆球面线相切，无交线，俯视图无不可见轮廓；主视图中心线未被截切，因此俯视图组合回转体转向轮廓完整。

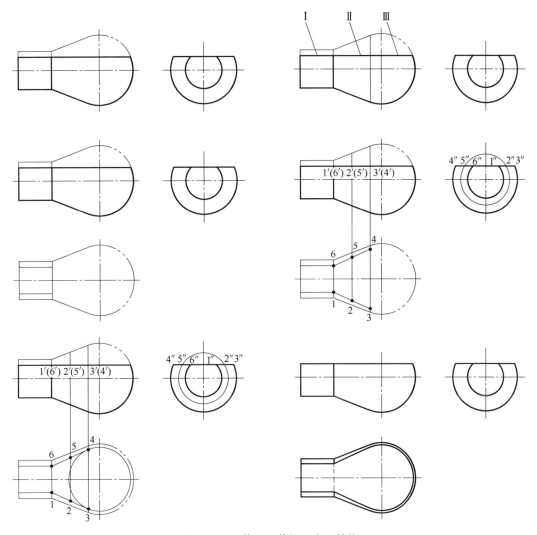

图 3-11　一截平面截切组合回转体

3.4　两立体表面相交

两立体表面相交的交线称为相贯线，交线可以是叠加产生也可以是切割产生。相贯线是两立体表面的共有线，相贯线上的点是两立体表面的共有点。相贯线的形状取决于相交两立体的形状、大小及其相对位置等因素。

3.4.1 平面立体与回转体相交

平面立体与曲面立体相交，一般情况下相贯线是由若干段平面曲线组合而成的空间闭合线段。每一段平面曲线则是平面立体的一个棱面与曲面立体表面的截交线。所以，求平面立体与曲面立体相贯线的实质就是求平面截交线的问题。

【**例 3-7**】 如图 3-12 所示，求正四棱柱与圆柱面的相贯线。

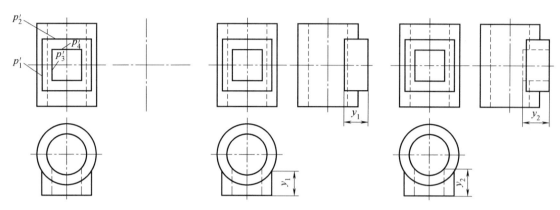

图 3-12 四棱柱与同心圆柱相交

作图步骤，如图 3-12 所示：

1）大正四棱柱与外圆柱面相交，属于叠加，大圆柱靠前轮廓部分被覆盖；（形体同心圆柱前半部分）小正四棱柱与内圆柱面相交，属于截切；

2）补画套筒及大四棱柱左视图；大正四棱柱与外圆柱面相交，左视图外圆柱面靠前转向轮廓被大正四棱柱覆盖，被覆盖部分无轮廓；棱面 P_1 及对称棱面平行于圆柱轴线与外圆柱面相交，交线为一直线，"宽相等"量取 y_1 可确定交线在左视图位置，交线可见；棱面 P_2 及对称棱面垂直于圆柱轴线，相贯线在棱面 P_2 及对称棱面积聚性投影上；

3）小正四棱柱与内圆柱面相交，属于截切，左视图内圆柱靠前转向轮廓被截切，截切部分转向轮廓去掉；棱面 P_3 及对称棱面平行于圆柱轴线交线为直线，"宽相等"量取 y_2 可在左视图作出相贯线，不可见；棱面 P_4 及对称棱面垂直于圆柱轴线，相贯线在棱面 P_4 及对称棱面积聚性投影上，小四棱柱为内切，因此积聚性投影不可见。

3.4.2 两回转体相交

一般情况下，两曲面立体的相贯线是闭合的空间曲线；特殊情况下，可能不闭合，也可能是平面曲线或直线。

由于相贯线是两立体表面的交线，故相贯线是两立体表面的共有线，相贯线上的点是两立体表面上的共有点。当相贯线为非圆曲线时，一般先求出能确定相贯线形状和范围的特殊点，如最高、最低、最左、最右、最前、最后点，可见与不可见的分界点等，然后求出若干中间点，最后将这些点连成光滑曲线，并判别可见性。

求共有点的常用方法有表面取点法、辅助平面法和辅助球面法。

1. 表面取点法

表面取点法适用于圆柱体与一回转体相交求相贯线。圆柱体与一回转体相交，相贯线为两回转体共有点，相贯线必定与圆柱面积聚性投影重合。因此，求相贯线可归结为求回转体表面上已知点、线的另外两面投影问题，即表面取点法。

【例 3-8】 如图 3-13 所示，求两相交圆柱面的相贯线。

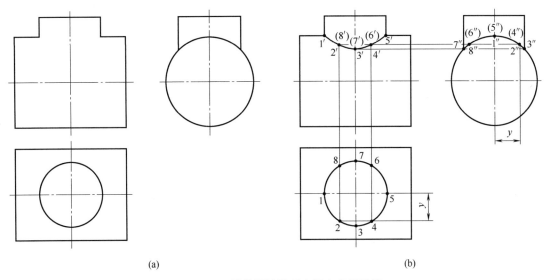

(a)   (b)

图 3-13　两圆柱面轴线垂直相交求相贯线

作图步骤：

1）小圆柱面轴线垂直于 H 面，其水平投影有积聚性；大圆柱面轴线垂直于 W 面，其侧面投影有积聚性；根据相贯线的共有性，在俯视图上相贯线一定在小圆柱面的积聚性投影上，此时可看成在大圆柱面上求这一线框（相贯线）的其余两面投影，"宽相等"可以将相贯线上若干点一一对应的在左视图大圆柱积聚性投影上找出，然后根据"长对正、高平齐"即可补充完成相贯线第三面投影。

2）在水平投影小圆柱积聚性投影上找出若干点，标记为 1、2、3、4、5、6、7、8，这些点前后、左右对称，其中 1、3、5、7 是特殊位置点（相贯线最左、最前、最右、最后点）；"宽相等"可在左视图大圆柱积聚性投影上（大圆柱和小圆柱共有区域）对应找到 $1''$、$2''$、$3''$、$(4'')$、$(5'')$、$(6'')$、$7''$、$8''$；"长对正、高平齐"，通过俯视图 1、2、3、4、5、6、7、8 和左视图 $1''$、$2''$、$3''$、$(4'')$、$(5'')$、$(6'')$、$7''$、$8''$ 找到这些点在主视图的投影 $1'$、$2'$、$3'$、$4'$、$5'$、$(6')$、$(7')$、$(8')$；

3）连线并判别可见性，按水平投影的顺序，将各点的正面投影连成光滑的曲线；由于相贯线是前后对称的，故在正面投影中只需画出可见的前半部 $1'2'3'4'5'$，不可见后半部分 $5'(6')(7')(8')1'$ 与之重影。D 轴线垂直相交的两圆柱，当圆柱直径大小发生变化时将影响相贯线的形状。当轴线垂直于 H 面的圆柱面直径（D_1）不变，轴线垂直于 W 面的圆柱面直径（D_2）逐渐变大时，相贯线的形状变化如表 3-4 所示。

4）轴线垂直相交的两圆柱是零部件上最常见的形体结构，它们通常有两外表面相交、内表面与外表面相交和两内表面相交三种形式出现，它们的形式不同，但相贯线形状是一样的，如表 3-5 所示。

正交两圆柱直径变化对相贯线形状的影响　　　　表 3-4

直径(D_1 不变)	三面投影图	相贯线形状
$D_1 > D_2$	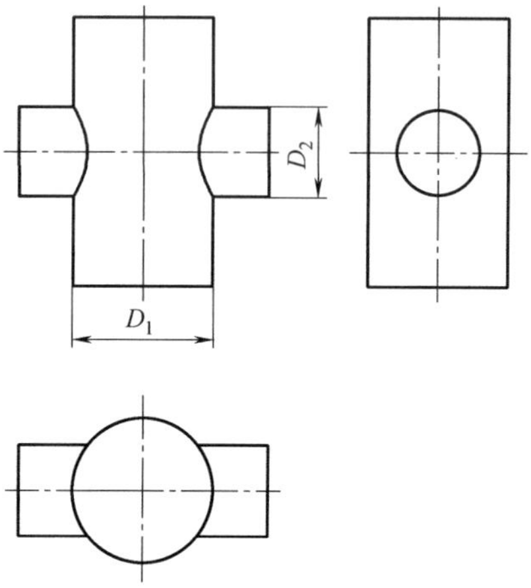	1)空间两分离封闭曲线； 2)三视图中两圆柱重叠部分转向轮廓被覆盖； 3)三视图中相贯线向 D_1 轴线(大圆柱)方向凸出
$D_1 = D_2$	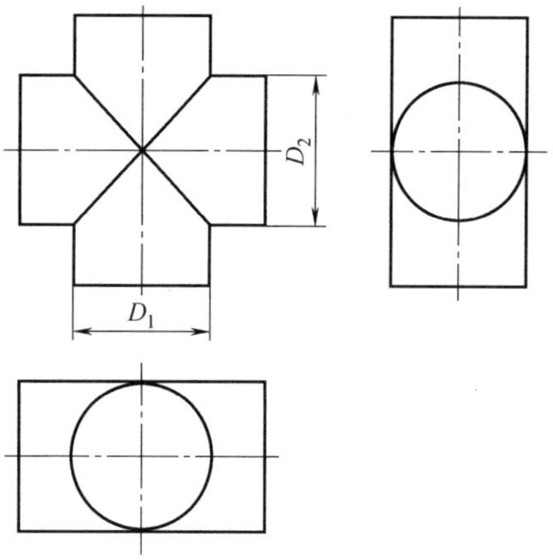	1)空间两相交平面曲线(椭圆)； 2)三视图中两圆柱重叠部分转向轮廓被覆盖； 3)三视图中相贯线相交直线
$D_1 < D_2$	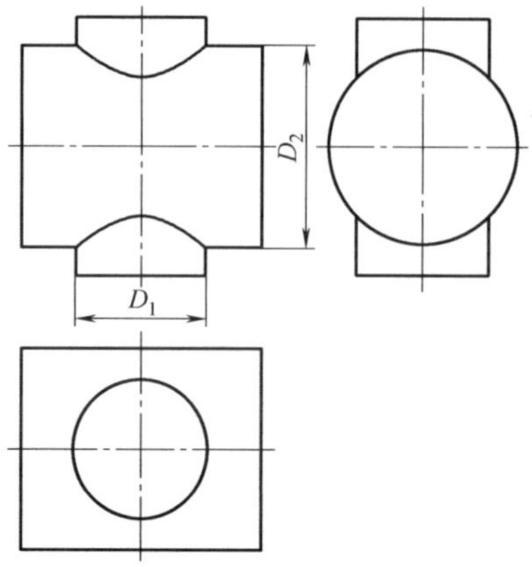	1)空间两分离封闭曲线； 2)三视图中两圆柱重叠部分转向轮廓被覆盖； 3)三视图中相贯线向 D_2 轴线(大圆柱)方向凸出

正交两圆柱相贯线形式

表 3-5

相交形式	三面投影图
两外表面相交	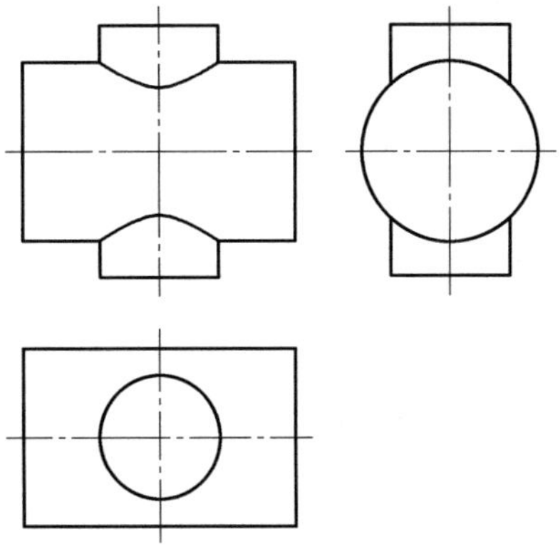
内外表面相交	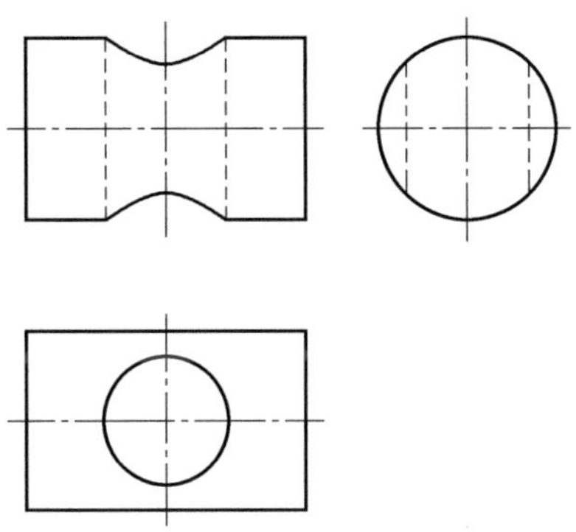
两内表面相交	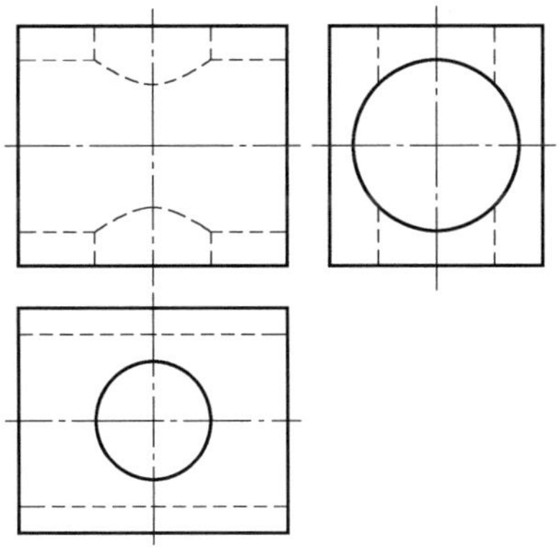

2. 辅助平面法

辅助平面法是利用三面共点的原理求相贯线上一系列的点，即假想用一个辅助平面截切两相贯回转体，得两条截交线，两截交线的交点即为两相贯立体表面共有的点，也是辅助平面上的点。

一圆柱与圆锥相交，可以利用辅助平面求相贯线，如图 3-14 所示。

一辅助平面采用平行于圆柱轴线的水平面 P，它与圆柱的交线是两条直线（素线），

· 69 ·

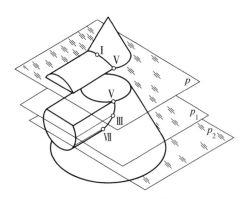

图 3-14　辅助平面法的作图原理

与圆锥的交线是圆（纬圆），素线与纬圆分别交于 V 及对称点，它们是辅助平面、圆柱面及圆锥面的共有点，也就是相贯线上的点。

通过作一系列的辅助平面，可以得到相贯线上一系列点，然后将这些点顺序连接判断可见性即可。

为了能方便地作出相贯线上的点，最好选用特殊位置平面（投影面的平行面或垂直面）作为辅助平面，并使辅助平面与两回转体交线的投影为最简单（为直线或圆）。表 3-6 列出了各种回转体所适用的截平面。

辅助平面的选择　　　　　　　　　　　　　　　　表 3-6

相贯体	可选截平面	截交线形状
圆柱	平行于轴线	两条直线（素线）
	垂直于轴线	圆（纬圆）
圆锥	过锥顶	两相交直线（素线）
	垂直于轴线	圆（纬圆）
圆球	平行于投影面	圆（纬圆）
圆环	垂直于轴线	两同心圆（纬圆）
	过回转轴线且平行于投影面	圆（两特殊位置素线圆）
一般回转体	垂直于轴线	圆（纬圆）

【例 3-9】　如图 3-15 所示，求圆柱与半球的相贯线。

作图步骤：

1）圆柱与圆锥的相贯线为前后对称的空间封闭曲线；由于圆柱的轴线为铅垂线，故俯视图上相贯线的投影重影在圆柱面积聚性投影的圆周上，而相贯线主视图及左视图的投影无积聚性，需求作；

2）圆柱面在俯视图积聚，利用辅助平面法求解，可在俯视图球与圆柱共有区间作一系列辅助平面（与圆柱轴线垂直的平面）；这些辅助平面与球相交产生的纬圆和与圆柱相交产生的纬圆的交点即为相贯线上的点，作出这些点在主视图和左视图上的投影，然后顺序连接，判断可见性即可；

3）这里采用辅助平面法作图；为了使辅助平面与圆柱面及球面的交线的投影为圆，采用水平面作为辅助平面；

4）此形体为前后对称，求作相贯线只需求作前半部分，后半部分对称作图即可；在俯视图找出特殊点和普通点，标记为 1、2、3、4、5、6；

5）1、6 是圆柱面最左和最右轮廓素线与球面主视图转向轮廓线的交点，是相贯线上的最高、最低点，其余两面投影可直接求出 1′、6′和 1″、6″；

6）3 及其对称点是圆柱面最前和最后轮廓素线与球面的交点，是相贯线上的最前最后点，利用辅助平面法（在俯视图以球心为圆心作过 3 的球纬圆，此纬圆与圆柱积聚性投影的圆相交，交点即为相贯线上的点；找出此纬圆在主视图球面的对应位置，即为辅助平面在主视图的位置，"长对正"可在此辅助平面上找到 3′）可求出 3′及其对称点（重合）；

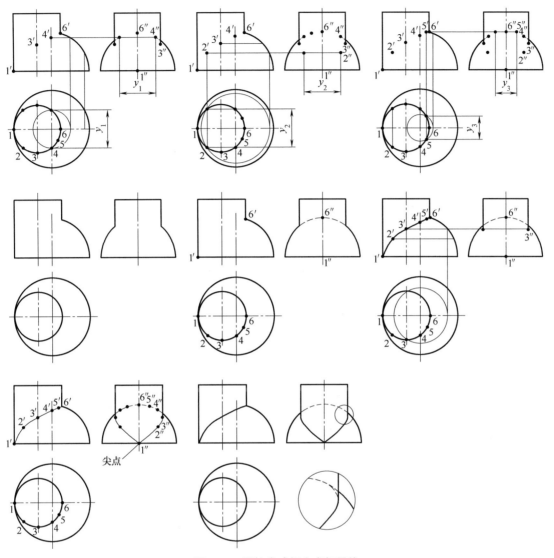

图 3-15 圆柱半球相交求相贯线

"高平齐、宽相等"可在左视图求出 3″ 及其对称点；

7）点 4 及其对称点为相贯线上球的左视图转向轮廓线上的点，在俯视图可求出 4 及其对称点所在辅助平面与球面相交产生的纬圆上，通过此纬圆可确定辅助平面在主视图的位置，"长对正"可确定 4′ 及其对称点（重合）在辅助平面上的位置；"高平齐、宽相等"可在左视图求出 4″ 及其对称点，4″ 及其对称点之间球的转向轮廓线被覆盖（消失）；

8）2 及其对称点和 5 及其对称点为一般点，可用辅助平面法在俯视图求出 2 及其对称点所在辅助平面与球面相交产生的纬圆；并通过此纬圆可在主视图求相应的辅助平面的位置，然后"长对正"可在对应辅助平面上求出 2′ 及其对称点（重合）；求作 5 及其对称点在其余两面的投影方法与 2 及其对称点的方法一致；

9）按相贯线在俯视图中各点的顺序，连接这一系列点在主视图的投影，由于前后对称，所以前半和后半相贯线的正面投影 1′2′3′4′5′6′ 和它们的对称点连线重合，且可见；

按同样的顺序连接各点左视图投影 $1''2''3''4''5''6''$ 和它们的对称点，注意位于圆柱面右半部分的相贯线侧面投影是不可见的，即 $3''4''5''6''$ 及其对称点连线为虚线；

10）整理轮廓线，注意在正面投影中圆柱和球的轮廓素线仅画到 $1'$、$6'$ 为止；在侧面投影中，圆柱轮廓素线画到 $3''$ 及其对称点为止；圆柱遮挡了部分球面，因此球面转向轮廓 $4''$ 向前被遮挡部分轮廓线为虚线，$4''$ 的对称点向后被遮挡部分轮廓线也为虚线。

注：圆柱和球相交时相贯线上有一个特殊点称为尖点。尖点是曲线中的一种奇点，曲线在尖点处若一曲线可以由几组光滑函数表示，几组光滑函数有交点，但曲线只通过此交点一次，此交点即为尖点。此尖点存在于圆柱转向轮廓与球转向轮廓相切处。

总结：圆柱和球相交根据轴线到球心的相对位置不同，相贯线的形状会有所不同（表 3-7）。

圆柱与半球相交相贯线形状　　　　　　　　　　　表 3-7

圆柱轴线到球心距离（距离逐渐变小）			
立体图 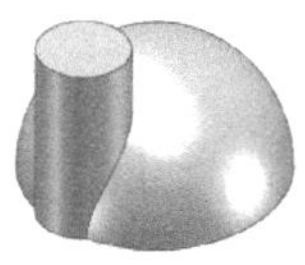 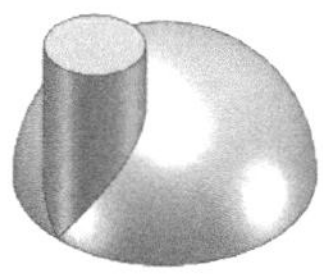 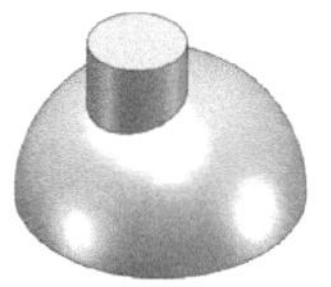 			
三视图 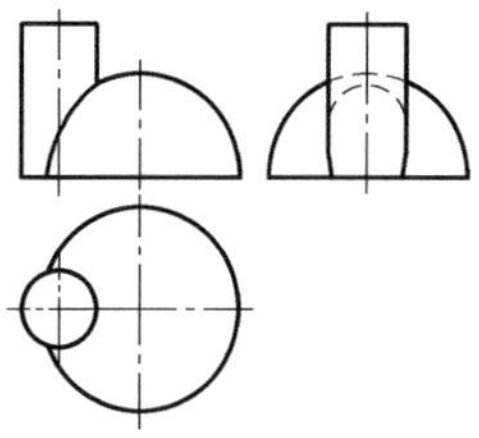 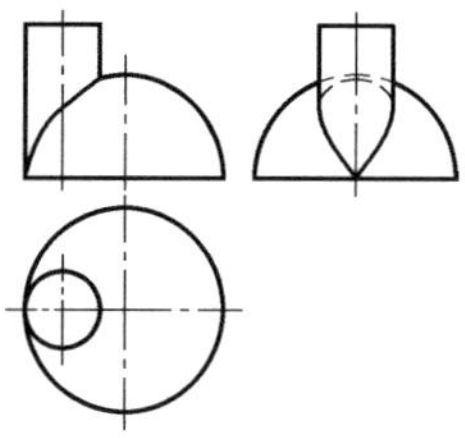 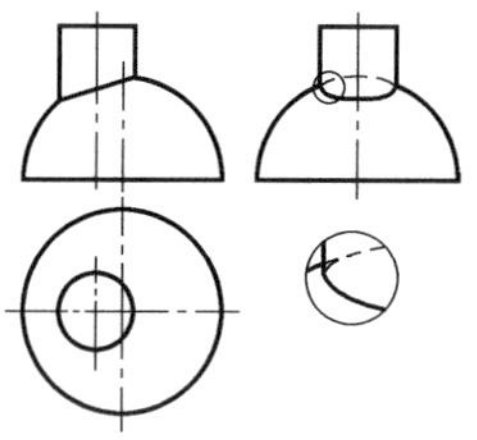 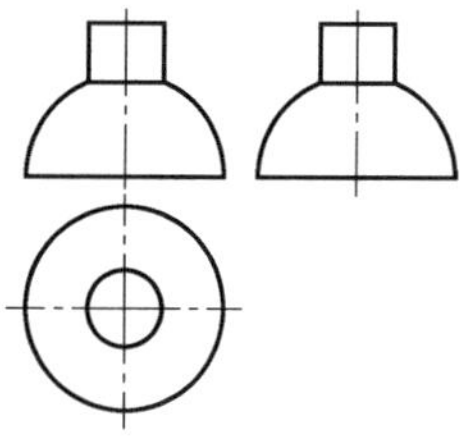			

【例 3-10】 如图 3-16 所示，求轴线垂直相交的圆柱与圆锥的相贯线。

作图步骤，如图 3-16 所示：

1）圆柱与圆锥正交的相贯线为前后对称的空间封闭曲线；由于圆柱的轴线为侧垂线，故在左视图相贯线的投影重影在圆柱积聚性投影的圆周上，而相贯线主视图及俯视图的投影无积聚性，需求作；

2）圆柱面在左视图积聚，利用辅助平面法求解，可在左视图圆锥与圆柱共有区间作一系列辅助平面（与圆锥轴线垂直的平面）；这些辅助平面与圆柱相交产生的素线和与圆锥相交产生的纬圆的交点即为相贯线上的点，作出这些点在主俯视图上的投影，然后顺序连接，判断可见性即可；

3）这里采用辅助平面法作图；为了使辅助平面与圆柱面及圆锥面的交线的投影为直线或圆，采用水平面作为辅助平面；

4）此形体为前后对称，求作相贯线只需求作前半部分，后半部分对称作图即可；在左视图的圆柱积聚性投影上找出特殊点和普通点，标记为 $1''$、$2''$、$3''$、$4''$、$5''$、$6''$；

5）$1''$、$6''$ 是圆柱面最高和最低轮廓素线与圆锥面最左轮廓素线的交点，是相贯线上的最高、最低点，其三个投影可直接求出 $1'$、$6'$ 和 1、6；

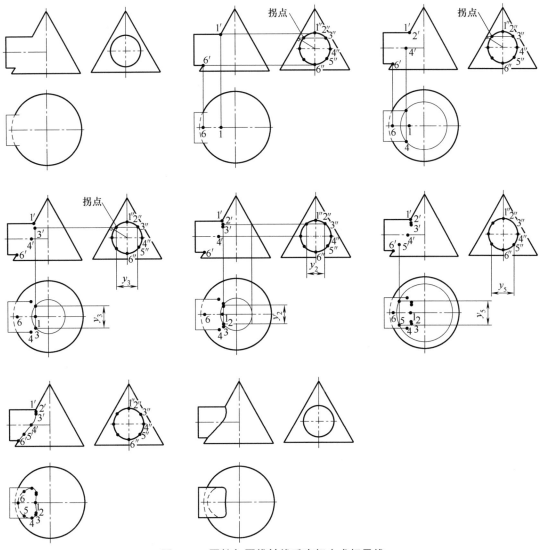

图 3-16 圆柱与圆锥轴线垂直相交求相贯线

6）点 4″及其对称点是圆柱面最前和最后轮廓素线与圆锥面的交点，是相贯线上的最前最后点，利用辅助平面法（在左视图量取 4″所在辅助平面与圆锥面相交的纬圆半径，在俯视图作圆锥纬圆；辅助平面与圆柱面相交的素线在俯视图为圆柱转向轮廓；圆锥纬圆与圆柱转向轮廓交点即为所求）可求出 4 及其对称点；"高平齐、长对正"可在主视图求出 4′及其对称点（重合）；

7）点 3″及其对称点为相贯线上的拐点，在俯视图利用辅助平面法可求出 3 及其对称点；"高平齐、长对正"可在主视图求出 3′及其对称点（重合）；

8）2″和 5″为一般点，可用辅助平面法在俯视图求出 2 及其对称点和 5 及其对称点；"高平齐、长对正"可在主视图求出 2′及其对称点（重合）和 5′及其对称点（重合）；

9）按相贯线在侧面投影中各点的顺序，连接这一系列点在主视图的投影，由于前后对称，所以前半和后半相贯线的正面投影 1′2′3′4′5′6′和它们的对称点连线重合，且可见；按同样的顺序连接各点的水平投影 123456 和它们的对称点，注意位于圆柱面下半部分的相贯线水平投影是不可见的，即456及其对称点连线为虚线；

10）整理轮廓线，注意在正面投影中圆柱和圆锥轮廓素线仅画到1′、6′为止；在水平投影中，圆柱轮廓素线画到4及其对称点为止，圆柱遮挡了圆锥底面，因此圆锥底面被遮挡部分轮廓线为虚线。

注：圆柱和圆锥轴线垂直相交时相贯线上有一个特殊点称为**拐点**。拐点是相贯线形状发生突变的点（相贯线曲率发生突变的点），这个点也是相贯线上离圆锥的最前后轮廓线最近的点。从投影的角度来看，在相贯线的视图中（如在主视图、俯视图或左视图中），这些拐点处的相贯线投影的切线方向也会发生突变。这是因为在三维空间中，相贯线在这些点处的几何特性（如切线、法向量等）发生了改变。

总结：圆柱和圆锥相交根据轴线的相对位置以及它们的尺寸大小不同，相贯线的形状会有所不同（表3-8）。

圆柱与圆锥相交相贯线形状　　　　　　　表3-8

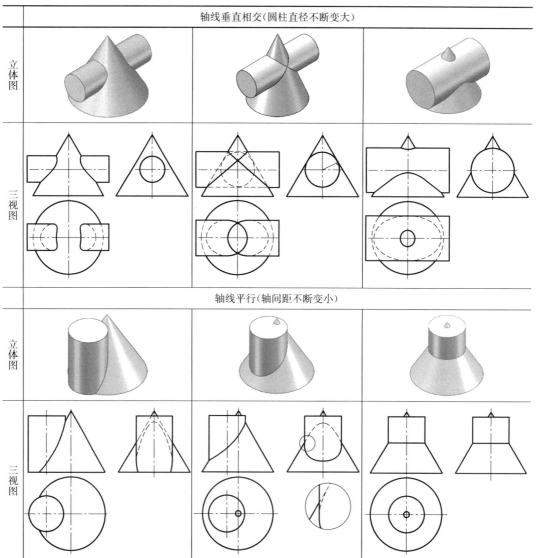

圆柱与球相交、圆柱与圆锥相交求交线即可用表面取点法求作相贯线，又可用辅助平面法求作相贯线，球与圆锥相交求交线求作相贯线只可用辅助平面法求作相贯线。

3. 相贯线的特殊情况

两回转体相交，一般情况下是空间曲线，特殊情况下，也可以是平面曲线或直线，如表 3-9 所示。

两个轴线垂直的圆柱面随轴线距离的改变而相贯线的变化　　　　　表 3-9

曲面相交情况	三面投影图	相贯线形状
两轴线平行的圆柱相交	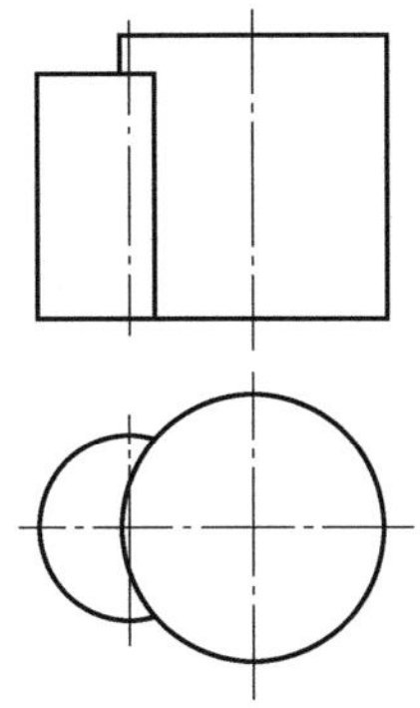	相贯线是与轴线平行的两条直线
两共锥顶的锥面相交	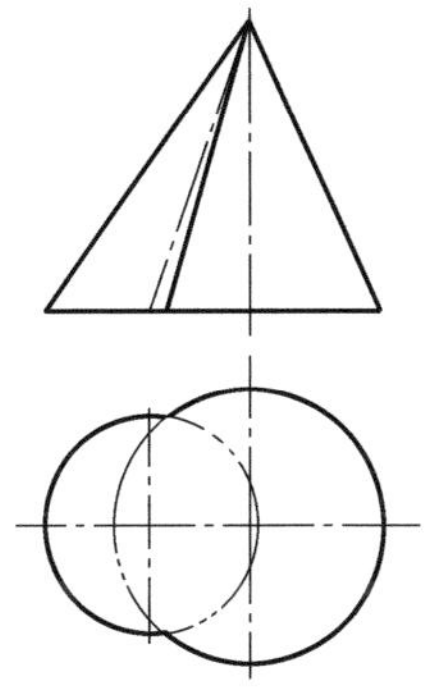	相贯线是过锥顶的一对相交直线
同轴回转体相交	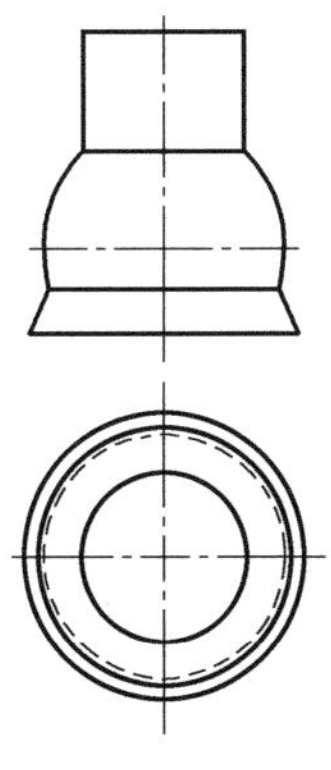	相贯线是垂直于轴线的纬圆

曲面相交情况	三面投影图	相贯线形状
具有公共内切球的 回转体相交	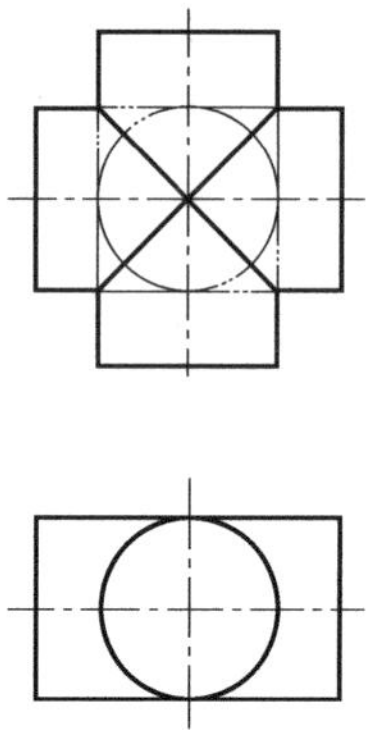	相贯线是两相交椭圆

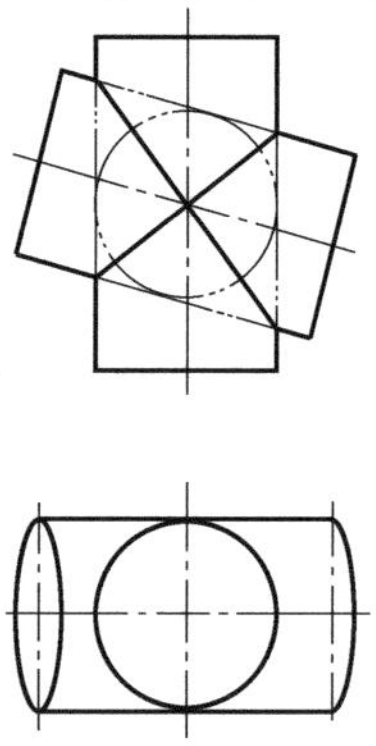

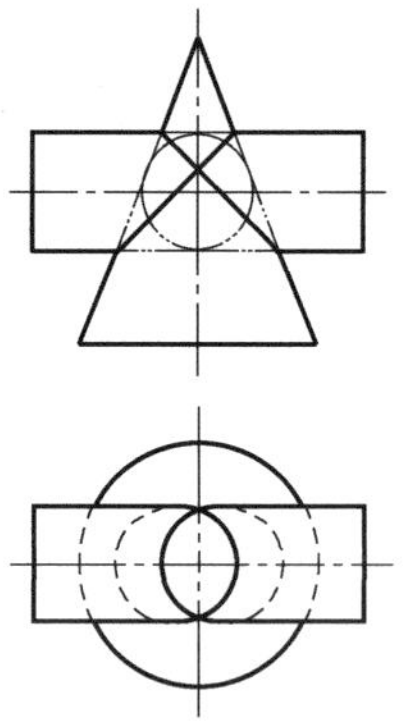

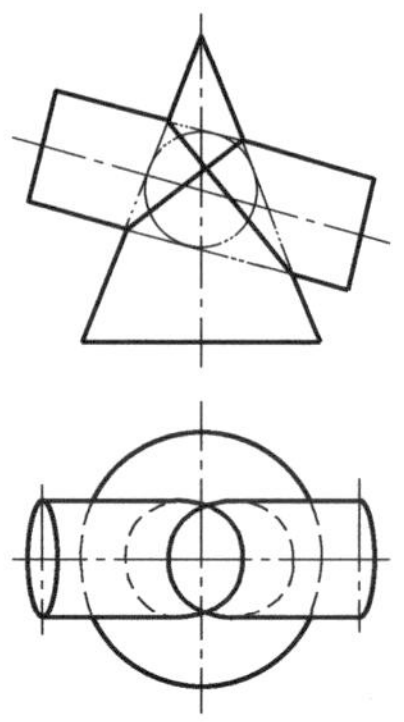

第 4 章
组合体的视图及尺寸标注

4.1 组合体的形体结构分析

任何复杂的机械零件，从几何形体的角度都可以看成是由基本体经过叠加、切割等方式组合而成，这些基本形体经过各种不同方式的组合，其表面会发生各种变化，为了正确绘制组合体的三视图，必须分析组合体在叠加或切割时各基本体之间的相对位置和相邻表面之间的连接关系。在组合体中互相结合的两个基本体相邻表面之间有共面、相切、相交及贴合关系，弄清楚相邻表面之间的关系就能准确绘制两个线框组合后的变化规律。

1. 共面

两个或多个形体当它们相邻的表面同属于一个平面（或曲面）内，称之为共面。如图 4-1 所示。

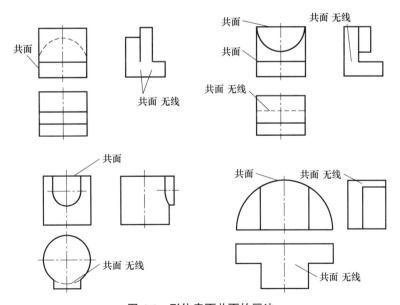

图 4-1　形体表面共面的画法

2. 相切

相切是指两个基本体相邻表面平滑地连接，它们之间没有分界线，即没有棱边或者尖锐的转折。如图 4-2 所示。

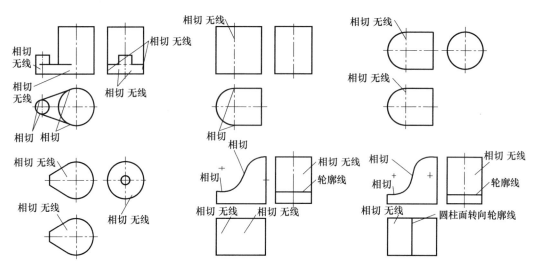

图 4-2　形体表面相切的画法

3. 相交

相交是指两个或多个形体在三维空间中相互接触或者贯穿时，它们的表面会相交，相交形成的交线的形状取决于相交的形体形状、它们的相对位置和相交的方式。如图 4-3 所示。

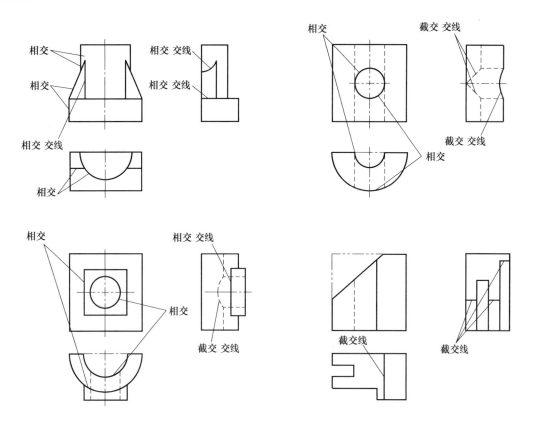

图 4-3　形体表面相交的画法

4. 贴合

贴合是指当基本形体叠加时，面与面贴合在一起，由于材料的阻断有些表面或轮廓无法延伸，绘图时表现为一些表面或轮廓会部分（或全部）消失。如图 4-4 所示。

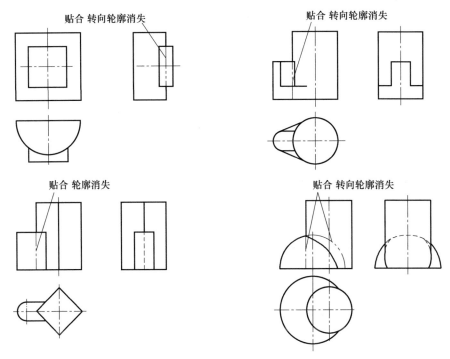

图 4-4 形体表面贴合的画法

4.1.1 组合体的组合形式

形体按形成方式可分为叠加型（以叠加为主的形体）、切割型（以切割为主的形体）和综合型（既有复杂叠加又有复杂切割的形体），如表 4-1 所示。

组合体组合形式

表 4-1

组合形式	图例	说明
叠加型		由两个或两个以上基本体叠加而成形体称为叠加型组合体。如图所示的组合体（拨叉），可看成是由五个基本体叠加而成的

续表

组合形式	图例	说明
切割型	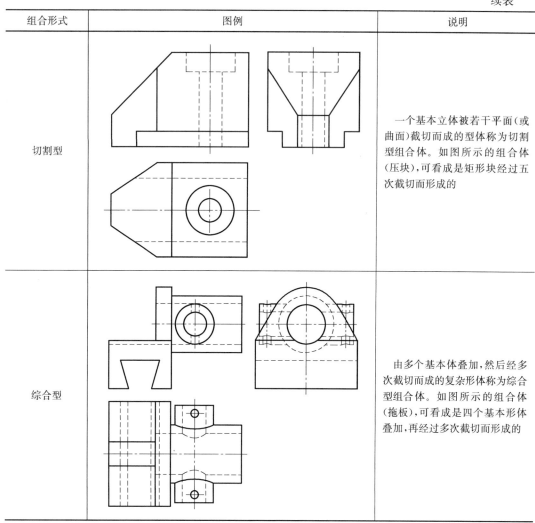	一个基本立体被若干平面(或曲面)截切而成的型体称为切割型组合体。如图所示的组合体(压块),可看成是矩形块经过五次截切而形成的
综合型		由多个基本体叠加,然后经多次截切而成的复杂形体称为综合型组合体。如图所示的组合体(拖板),可看成是四个基本形体叠加,再经过多次截切而形成的

4.1.2 形体分析法与线面分析法的基本概念

组合体的形体分析方法是将机件分解为若干基本形体,分析它们的形状、相对位置以及组合方式(叠加、切割、综合等),帮助我们绘制三视图。将复杂形体化为简单的基本体进行叠加、切割绘图,这种分析方法可以更清晰地了解组合体的结构,便于进行视图绘制、尺寸标注和识读视图等工作。

在复杂的组合体视图中,某些形状或相对位置关系可能不易通过形体分析直接得出,这时就需要运用线面分析。线面分析是在形体分析的基础上,对不易表达或读懂的局部,进一步分析组合体表面的线、面的形状、相对位置以及它们在视图中的投影特性。分析视图中的线条是面积聚性投影,还是两个面交线的投影;分析视图中的封闭线框代表的是平面、曲面还是孔的投影等,这有助于准确地绘制和理解组合体的视图,尤其是在处理一些切割类组合体或者具有复杂表面关系的组合体时非常重要。

在作图时一般先叠加后切割,因为切割时有可能同时切割到几个形体。

如表 4-2 所示，形体既有叠加又有切割，作形体三视图时综合运用形体分析和线面分析进行作图。

综合运用形体分析与线面分析法作图　　　　　　　　表 4-2

立体图与分解图	
第一步	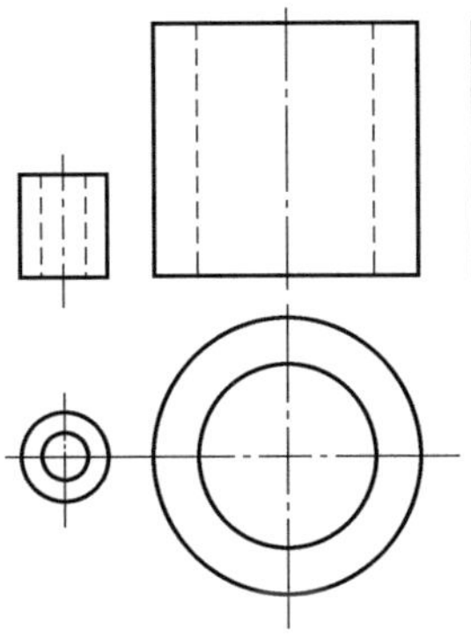 　1)确定中心绘制套筒Ⅰ和小套筒Ⅱ　　　　形体分析
第二步	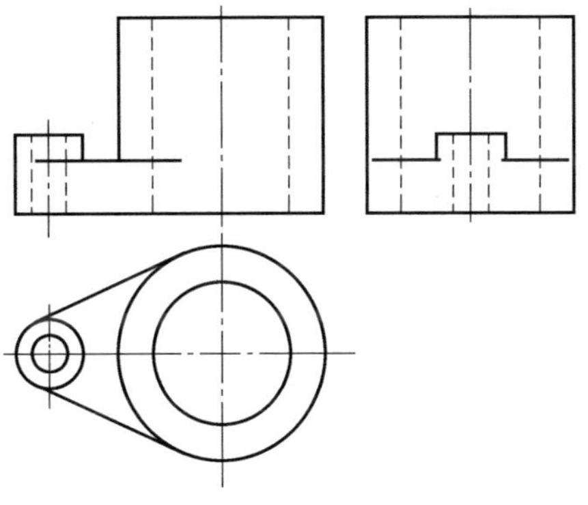 　2)绘制底板Ⅲ,连接套筒Ⅰ和小套筒Ⅱ　　形体分析 3)底板上顶面与套筒和小套筒柱面相交　线面分析 4)底板下底面与套筒和小套筒底面共面　线面分析 5)叠加底板主视图套筒和小套筒转向轮廓被覆盖　线面分析 　6)底板与套筒相切,相切处无线　　　　　线面分析 　7)底板与小套筒相切,相切处无线　　　　线面分析
第三步	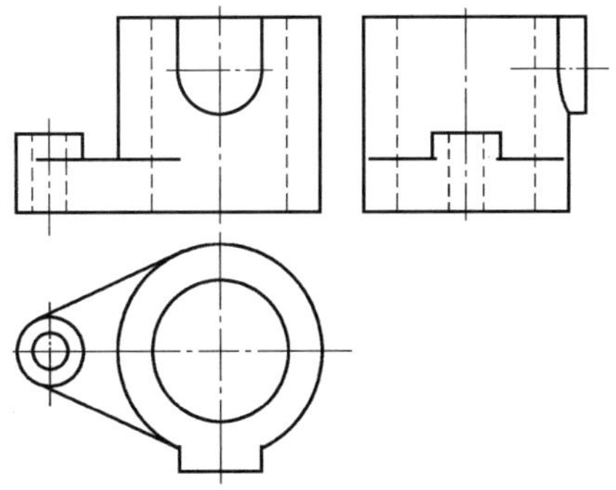 　8)叠加凸块Ⅳ,凸块与套筒相连　　　　　形体分析 9)叠加凸块左视图套筒外圆柱面转向轮廓被覆盖　线面分析 10)凸块上顶面与套筒上顶面共面,无线　线面分析 11)凸块侧面与套筒外圆柱面相交,有相贯线　　　　　　　　　　　　　　　线面分析

续表

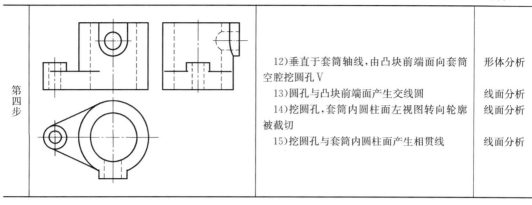

第四步	12)垂直于套筒轴线,由凸块前端面向套筒空腔挖圆孔Ⅴ	形体分析
	13)圆孔与凸块前端面产生交线圆	线面分析
	14)挖圆孔,套筒内圆柱面左视图转向轮廓被截切	线面分析
	15)挖圆孔与套筒内圆柱面产生相贯线	线面分析

4.2 画组合体视图

4.2.1 形体分析法

叠加体一般以形体分析法为主,结合线面分析法处理相邻面之间的关系。

形体分析法作图步骤:将组合体分解为若干基本体→确定各组成部分相对位置→分步绘制各基本→分析组合形式→整理轮廓完成组合体三视图。

1. 分解组合体

将组合体按照其结构特点分解为若干个基本几何体,这些基本体可以是常见的棱柱、棱锥、圆柱、圆锥、圆球等,也可以是箱、套筒、凸块、连接板、肋板、支撑板等常见的零件结构。

2. 确定相对位置

分析各个基本几何体之间的相对位置关系,包括上下、左右、前后的位置关系。

3. 分步绘制各基本体

分步绘制各基本体应做到:同一个基本体应遵循投影定理"高平齐、宽相等、长对正"同步作出三面投影,再作下一基本体。

4. 分析组合形式

组合体的组合形式主要有叠加和切割,无论是叠加还是切割相邻面之间只有三种情况:共面、相切、相交,判断线面关系对作图尤为重要。

5. 整理轮廓完成绘制

在分步绘制各基本体(叠加或切割)时,除考虑相邻面之间的关系外,还应考虑轮廓的完整性和可见性。

【例4-1】 如图4-5所示,以叠加为主的形体,用形体分析法作图。

分析,如图4-5所示:

1)形体主俯视图中线框——对应关系明确,为多个块叠加而成,分离这些块;

2)主俯视图轮廓均可见,说明高的在后,矮的在前;

3)根据投影定理"高平齐、宽相等",按块叠加顺序绘制各个块的左视图;

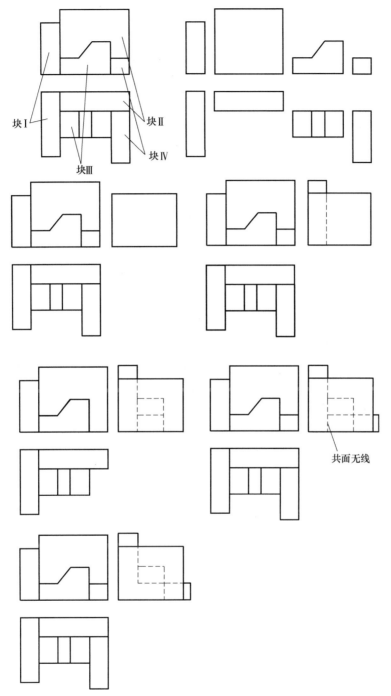

图 4-5 形体分析法绘制组合体三视图

4）分析整理轮廓。

作图步骤，如图 4-5 所示：

1）"高平齐、宽相等" 绘制块Ⅰ左视图；

2）块Ⅱ后端面与块Ⅰ后端面共面，块Ⅱ在块Ⅰ右侧，与块Ⅰ左端面贴合，左视图部分轮廓被块Ⅰ遮挡不可见，绘制块Ⅱ左视图；

3）块Ⅲ在块Ⅰ右侧，与块Ⅰ左端面贴合；块Ⅲ在块Ⅱ前方，与块Ⅱ前端面贴合；块Ⅲ比块Ⅰ矮短，因此左视图完全不可见，绘制块Ⅲ左视图；

4）块Ⅳ在块Ⅲ右侧，与块Ⅲ右端面贴合；块Ⅲ在块Ⅱ前方，与块Ⅱ前端面贴合，与块Ⅱ右端面共面；

5）分析整理轮廓，因为叠加块Ⅳ，块Ⅱ前端面积聚性投影部分被覆盖，且块Ⅱ与块Ⅳ右端面共面，所以如图4-5所示有积聚性投影轮廓没了。

4.2.2 线面分析法

对基本体进行多次截切得到的形体，一般以线面分析法为主作图较为简单，如果截切面形状是基本体（例如挖圆孔，切矩形块）也应结合形体分析法作图。

线面分析法作图步骤：分析形体截切步骤→分析线面关系→判断截交线截交面投影特性→按截切过程分步绘制截交线截交面→整理轮廓完成组合体三视图。

1. 判断截切过程

对于简单基本体进行多次切得到的形体，判断截切过程、优化切割顺序对简化作图起到重要作用。

2. 分析图中线面关系

因为截交线、截交面在视图中一一对应，通过分析切割体上截交线、截交面之间的关系（相交、平行、共面、相切等），可帮助作图。

3. 判断线面空间位置

分析判断形体截交线、截交面的空间位置，通过投影特性对截交线、截交面进行正确绘图。

4. 分步绘制个截断面

在绘制切割体时，一般先绘制未切割之前基本体的三面投影，然后根据切割顺序同步作图，能保证作图过程条理清晰。

5. 整理轮廓完成绘制

在分步切割基本体时，除考虑相邻面之间的关系外，还应考虑轮廓的完整性和可见性。

【例4-2】 如图4-6所示，以切割为主的形体，用线面分析法作图。

分析，如图4-6所示：

1）根据形体左视图和俯视图外形，可判断形体是由矩形块多次切割得到；

2）根据左视图投影特征可判断，侧垂面截切矩形块前方下方；

3）根据俯视图投影特征可判断，铅垂面截切矩形块前方左侧；

4）左视图和俯视图都有一个五边形类似线框，因此还有第三个截断面；

5）综上所述，形体为矩形块三次切割得到。

作图步骤，如图4-6所示：

1）"高平齐，长对正"，补画矩形块未切割前主视图投影；

2）根据左视图截切Ⅰ投影，宽相等在俯视图找到对应截断面，可判断截切Ⅰ得到的截断面为侧垂面，完成截切Ⅰ在主视图的投影，此时矩形块变成五棱柱；

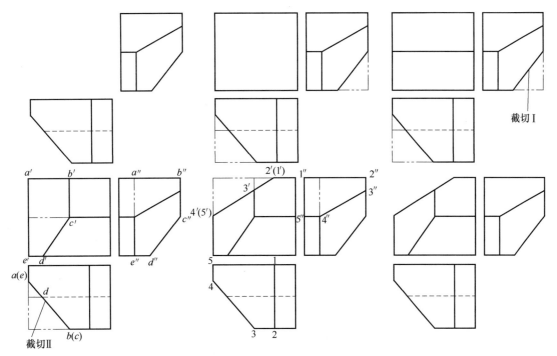

图 4-6　线面分析法绘制组合体三视图

3）截切Ⅱ，可看成铅垂面切割五棱柱，与端面交线 $a(e)$ 对应左视图 $a''e''$，每条棱有一个交点分别为 b''、c''、d''，对应俯视图 b、c、d；"高平齐、长对正"，在主视图找到对应投影 b'、c'、d'，顺序连接即可；

4）根据左视图及俯视图投影，两面投影上都有一个五边形类似线框，应为同一个截断面的两面投影，分别对应标记为 1、2、3、4、5 和 $1''$、$2''$、$3''$、$4''$、$5''$；"高平齐、长对正"，在主视图找到对应投影 $1'$、$2'$、$3'$、$4'$、$5'$，顺序连接即可；

5）整理轮廓，去掉被截切掉的轮廓，加粗空间来看即可。

4.2.3　形体分析法与线面分析法综合应用举例

既有叠加又有切割的形体要综合运用形体分析法和线面分析法作图，而且应该先做叠加后做切割，因为切割时可能同时截切到多个形体，因此需要先做叠加后做切割。

【例 4-3】　如图 4-7 所示，绘制形体三视图。

分析，如图 4-7 所示：

1）形体既有叠加又有切割，通常先做叠加后做切割；

2）按形体分割，由三个基本形体叠加形成，然后做三次截切；

3）主视图套筒Ⅲ前后无凸出轮廓，那么只能是截切矩形缺口和 U 形缺口，也符合俯视图可见轮廓投影；在主视图矩形缺口和 U 形缺口都是可见轮廓线，矩形缺口大，通过矩形缺口才能看见 U 形缺口，所以矩形缺口在前 U 形缺口在后；

4）截切 U 形槽，同时截切到凸块、套筒并切穿底板；

5）综合形体分析法和线面分析法进行作图。

作图步骤，如图 4-7 所示：

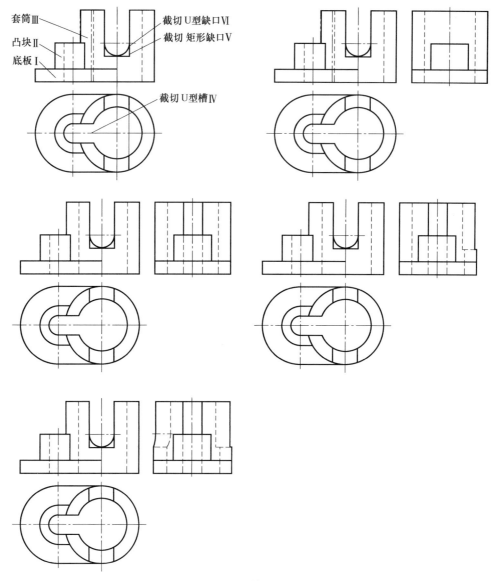

图 4-7　形体三视图

1）底板Ⅰ、套筒Ⅲ与凸块Ⅱ叠加，"高平齐、宽相等"完成叠加左视图；

2）截切 U 形槽Ⅳ，在左视图 U 形槽两侧面积聚为直线，在套筒部分积聚性投影可见（缺口），在凸块和底板上两侧面积聚性投影不可见；

3）截切矩形缺口Ⅴ，矩形缺口在前，与套筒外圆柱面和内圆柱面均相交，左视图内、外圆柱面转向轮廓均被截切；矩形缺口截交面分别平行于轴线或垂直于轴线，得到特殊截交线（直线、圆弧）；外圆柱面上截交线可见，内圆柱面上截交线不可见；截交面积聚或反映实形（进行线框）；截交面积聚性投影凸出部分可见，其余不可见；

4）截切 U 形缺口Ⅵ，U 形缺口在后，与套筒外圆柱面和内圆柱面均相交，左视图内、外圆柱面转向轮廓均被截切；U 形缺口转向轮廓不可见；圆孔与内外圆柱面相交，交线为直线和曲线，曲线需要用描点法绘制；外圆柱面上相贯线可见，内圆柱面上相贯线不可见；

5）整理轮廓即可。

4.3 读组合体视图

4.3.1 读图的技巧

读图是由视图根据点、线、面、体的正投影特性以及多面正投影的投影规律想象出空间形体的形状和结构；正确、迅速地读懂视图，必须掌握读图的基本要领和基本方法，培养空间想象能力和构思能力，通过不断实践，逐步提高读图能力。绘制一张完整的工程图，第一步是能将空间形体用正投影的方法正确表达在平面的图纸上，只有好的读图能力才能正确快速地绘制出形体的正投影图，才可以进行下一步尺寸标注、技术要求标注等。所以读图能力与绘图能力相辅相成。

1. 相关视图要联系起来读图

一个视图只能确定两个方向的尺寸，形体（同轴回转体除外）需要三个方向的尺寸才能确定其结构形状。

从图4-8中可以看出，三个形体主视图相同，如果只有主视图是无法确定形体的结构形状的，必须结合其他视图才能确定其形状结构。

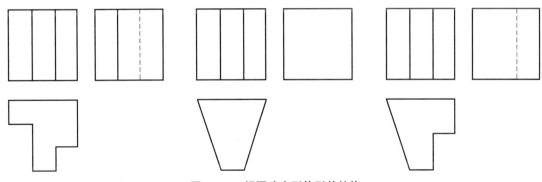

图 4-8 三视图确定形体形状结构

2. 找出反映形体特征的视图（投影特征）

如图4-8所示，三个不同形体的主、俯、左三视图，其实只需主、俯两视图就可以确定形体的形状结构，但是只有主、左视图还不能确定形体的形状结构，说明俯视图最具形体的结构（形状位置）特征。

在作图时，为清楚表达形体的结构特征，需要哪些视图进行共同表达是需要仔细分析的。不同视图反映形体的不同形状结构特征，形状结构复杂的形体需要多个视图同时进行表达，如果视图不够很可能造成读图困难，甚至有可能造成错误理解，所以复杂形体多视图同时表达是必须的。

如图4-9所示：

1）主视图除了反映形体长、高尺寸和基本体间的相对位置，还表达了U形凸块Ⅵ形状特征、小圆柱孔Ⅶ形状位置特征、空腔Ⅲ和半圆柱孔Ⅴ相交特征等信息；

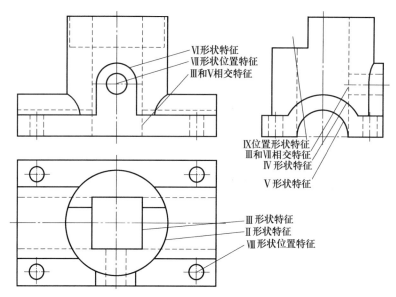

图 4-9　形体三视图对形状结构的表达作用

2）左视图除了反映形体宽、高尺寸和基本体间的相对位置，还表达了切割Ⅸ位置形状特征、空腔Ⅲ和小圆柱通孔Ⅶ相交特征、半圆凸块Ⅳ形状特征、半圆通孔Ⅴ形状特征等信息；

3）俯视图主视图除了反映形体长、宽尺寸和基本体间的相对位置，还表达了空腔Ⅲ的形状特征、大圆柱Ⅱ的形状特征、底板小孔Ⅷ的形状位置特征；

4）如果缺少俯视图，那么空腔Ⅲ的形状信息将丢失，空腔是圆是方便无法确定，会给读图增加困难，所以复杂形体需要多个视图同时进行表达。

3. 善于利用轮廓虚、实信息判断形体位置关系

根据投影规律可知，基本形体在叠加切割的过程中，由于形体长、宽、高三个方向的尺寸不同、形体的摆放位置不同、形体的连接关系不同会在投影的过程中呈现可见、不可见及重合三种情况，在读图时分析利用轮廓虚、实信息对形体位置进行判断。

如图 4-10（a）所示：

1）形体俯视图三个完整矩形线框"长对正"应该分别对应高矩形块Ⅰ、U 形块Ⅱ和矮矩形块Ⅲ；

2）三个块叠加在主视图都可见，说明矮的在前高的在后，可以直接判断三个块的相对位置；其他特征信息可用来检查三个块的前后位置信息是否正确；

3）判断三个块位置是否正确，矩形缺口Ⅴ由最前切割到最后，不可见轮廓不能作为判断三个块前后位置的信息；

4）圆孔Ⅳ为通孔，切割到矮的块Ⅲ上顶面，产生交线在俯视图可见，说明矮的块Ⅲ在最前，如答案所示。

如图 4-10（b）所示：

1）形体俯视图三个完整矩形线框"长对正"应该分别对应高矩形块Ⅰ、U 形块Ⅱ和矮矩形块Ⅲ，三个块叠加；

2）在主视图最矮的块Ⅲ轮廓不可见，高矩形块Ⅰ和U形块Ⅱ可见，只能判断U形块Ⅱ在最前，高矩形块Ⅰ和矮的块Ⅲ的前后位置无法判断；

3）借助其他特征信息判断高矩形块Ⅰ和矮的块Ⅲ的前后位置，矩形缺口Ⅴ由最前截切到最后，不可见轮廓不能作为判断三个块前后位置的信息；

4）圆孔Ⅳ为通孔，截切到矮的块Ⅲ上顶面，产生交线在俯视图可见；在俯视图中间矩形线框内有可见轮廓与圆孔对齐，说明矮的块Ⅲ在中间，如答案所示。

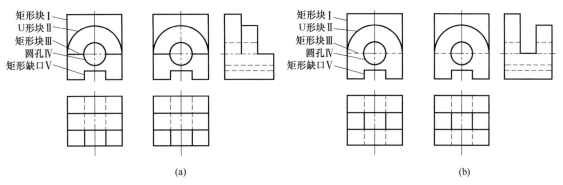

(a)   (b)

图4-10 根据轮廓可见性判断基本体相对位置关系

4. 理解图中线框和线段的含义（拼图）

对于一些复杂的切割体，由于截平面在三维投影体系中空间位置不同和截平面与截平面相对位置不同，截平面会出现相交、平行的不同情况，同时会形成不同形状的截断面，而且截断面投影特征也会不同（积聚、相似、实形、可见、不可见等）；还会形成截交线与截断面积聚性投影纵横交错等情况，造成读图困难。

理解视图中线段和线框的含义，找出视图中线段和线框对应关系，利用线、面的投影特征完成各线框的绘制，即可拼凑出形体的三视图。

作图思路如图4-11所示。

1）找出三个视图中线框的对应关系，一一对应地分步作出它们的三视图，就能拼凑出形体的三视图；

2）由三视图外形可判断形体为矩形块多次截切而成；

3）主视图中矩形块开通槽，底面积聚性投影被切断，通槽"长对正"俯视图两条不可见轮廓，"高平齐"左视图不可见轮廓；

4）主视图八边形线框"高平齐"对应左视图相似八边形线框，"长对正"俯视图积聚性投影，说明八边形线框为铅垂面截切形成；

5）主视图左上角积聚性投影"长对正、高平齐"对应俯视图五边形线框和左视图五边形线框，说明五边形线框为正垂面截切形成；

6）矩形块被正垂面及铅垂面截切后左端面剩余部分"长对正、高平齐、宽相等"对应左视图矩形小线框；

7）矩形块被铅垂面截切后前端面剩余部分"长对正、高平齐、宽相等"对应主视图矩形线框；

8）矩形块被正垂面及铅垂面截切后顶面剩余部分"长对正、高平齐、宽相等"对应俯视图五边形线框；

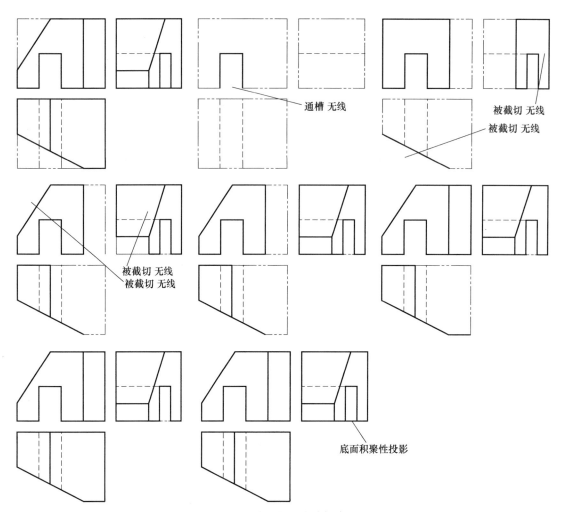

图 4-11　分析视图中线框含义

9）矩形块右端面未被截切；

10）底面被通槽截断成两部分，"高平齐"在左视图积聚性投影前到最后；

11）拼凑画完所有线框即可完成切割体三视图。

5. 善于构思物体的形状结构（构形）

如图 4-8 所示，因为俯视图最具形体的结构特征，所以只需主、俯两视图就可以确定形体的形状结构。如果给出的投影不能完整表达形体的形状结，则需要构思形体的形状结构。如图 4-12 所示，由于主俯视图不能确定形体的结构形状，于是由主、俯视图构思不同形体补画左视图。

构型需要以线、面、基本体的投影特征为基础，理解视图中所给特征信息，发挥丰富三维想象能力才能完成构形。

6. 学会优化切割顺序

对基本体进行多次截切，如果能找对截切顺序，在作截交线截交面时作图思路会更加清晰，能够简化形体三视图的绘制。

如图 4-13 所示的零件压块，优化切割顺序能将每一次切割都看成是对棱柱的一次截

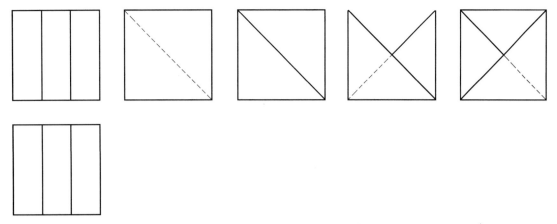

图 4-12 构思形体形状结构特征补画第三视图

切，思路如下：

1）平面截切棱柱，截切棱柱每条棱上都有一个截交点，与端面有一条交线，顺序连接这些点和交线，即得到截断面；分析轮廓，去掉被截切部分的棱和端面，加粗可见轮廓线即可；

2）零件压块是矩形块经多次切割得到，绘制矩形块三视图；矩形块上沉孔与其他截平面都不相交，可先作出，不影响后面的截切；

3）作截切Ⅰ，矩形块变成八棱柱，完成八棱柱三视图；

4）作截切Ⅱ，截平面为铅垂面，前后对称；前方铅垂面切割八棱柱（棱柱的一次截切），与左端面有一条交线，每条棱上有一个截交点，顺序连接截交点和交线，即得前方铅垂截断面；对称作出后方铅垂截断面；

5）作截切Ⅲ，截平面为正垂面，截平面只截切到压块上半部分，与下半部分截切Ⅰ无关，此时可看成正垂面切割六棱柱；正垂面与六棱柱顶面有一条交线，左侧四条棱上各有一个截交点，顺序连接截交点和交线，即得上方正垂截断面；

6）整理轮廓即可。

可以看出，优化切割顺序，将每一次切割都看成是对棱柱的一次截切，可以简化平面立体三视图的绘制。像这样的切割体有很多，需要学会优化切割顺序，简化作图。

4.3.2 读图技巧的综合应用

在读图绘图时综合运用形体分析法和线面分析法，并结合各种读图技巧才能有效解决复杂形体绘图的正确性。

【例 4-4】 如图 4-14 所示，分析主、俯视图，根据图中形体结构特征，完成立体左视图。

分析，如图 4-14 所示：

1）形体左右对称，既有叠加又有切割；主、俯视图寻找投影特征可判断形体由半圆柱Ⅰ、凸块Ⅱ和肋板Ⅲ叠加而成；然后截切圆孔Ⅴ、截切凹槽Ⅳ、截切Ⅵ和截切通槽Ⅶ；

2）根据轮廓虚、实判断凹槽Ⅳ在凸块Ⅱ前方、下方；

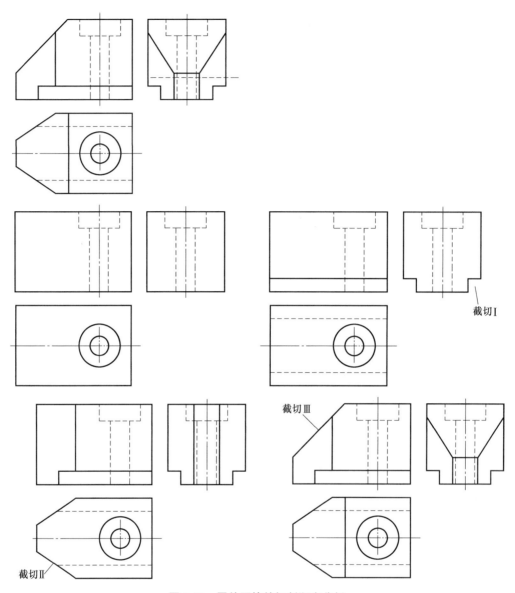

图 4-13　零件压块的切割顺序分析

3）作图应先作叠加，先作半圆柱Ⅰ与凸块Ⅱ叠加，再叠加肋板Ⅲ，因为肋板与凸块相切，先作凸块才能确定切点；

4）作截切，在半圆柱Ⅰ上作截切Ⅵ和通槽Ⅶ，这两个截切都没有与其他截切相交，互不干扰，所以可以放在最前或最后切割，为了方便分析其他截切的截交线与截交面，放在最后作；

5）先截切凹槽Ⅳ再作圆孔Ⅴ，应为圆孔的截切的参照位置为凹槽正平截交面到最后端面，截切顺序为：凹槽Ⅳ→圆孔Ⅴ→通槽Ⅶ→截切Ⅵ；

6）整理轮廓，判断轮廓有无及可见性即可。

作图步骤，如图 4-14 所示：

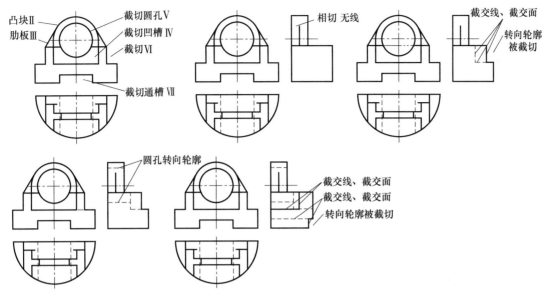

图 4-14 综合应用读图技巧完成三视图绘制

1) 先作叠加，半圆柱Ⅰ与凸块Ⅱ叠加，凸块与半圆柱后端面共面；再叠加肋板Ⅲ，肋板后端面与半圆柱后端面和凸块后端面共面，肋板与凸块圆柱面相切左视图相切处无线；

2) 截切凹槽Ⅳ，在半圆柱上截切凹槽，左视图半圆柱转向轮廓被截切，半圆柱面上截交线为素线，因为内凹，所以截交面轮廓线不可见；

3) 由凹槽Ⅳ正平截交面向后切圆柱孔Ⅴ，因为凸块前端面在凹槽正平截交面之后，所以圆孔端面分别在凸块端面上和凹槽正平截交面上；

4) 截切Ⅵ截切半圆柱面，左右对称，截交面一个为水平面，一个为侧平面，在左视图水平截交面积聚为直线，侧平截交面反映实形为矩形线框；

5) 截切通槽Ⅶ，在半圆柱下方截切通槽，左视图半圆柱转向轮廓被截切，槽口与半圆柱面交线为两段素线（在左视图重合）和一段圆弧（与槽顶面积聚性投影重合）；槽顶面积聚为一直线，由最前一直积聚到最后，凸出部分可见，其余积聚性投影不可见。

6) 整理轮廓即可。

4.4 组合体视图绘制

4.4.1 组合体视图选择分析

在作组合体三视图时，要考虑诸多因素，保证读图绘图的合理性。组合体视图的选择需要考虑多种因素，作图步骤也应合理安排。

1. 分析组合体形状结构特征

1) 叠加型组合体形状结构特征包含的信息是各基本体相对位置关系（包括上下、前后、左右位置关系），各基本体面与面之间的连接关系（包括相切、相交、共面、贴合等），以及叠加的基本体形状特征信息（棱柱、棱锥、圆柱、圆锥等特征信息）；

2）切割型组合体形状结构特征包含的信息是切割顺序、切割位置、切割形状（包含按形体切割还是按面切割）等信息。

2. 考虑组合体在三维投影体系中的安放位置

1）自然稳定性，组合体应放置得像在实际环境中一样稳定，避免出现不合理的"悬空"或"倾倒"的视觉效果。如果组合体是由多个部分组成，各部分之间的连接也应呈现稳定的状态，防止出现某个部分看起来像是要脱离整体而掉落的情况；

2）符合认知习惯，从视觉习惯的角度出发，组合体的摆放应该符合观察者对形体的认知和观察习惯。

3. 确定主视图的投影方向

1）组合体主视图能够最大限度地反映其形状结构特征，将组合体最能反映其形状结构特征的那个方向作为主视图的投影方向；

2）在主视图的投影方向确定后，其他视图尽量减少组合体各部分之间在投影中的相互遮挡，使不可见轮廓线尽可能的少，保证画图读图方便清晰。

4. 遵循便于画图的原则进行作图

1）投影面平行性，尽可能多地将组合体的表面与投影面平行或垂直。这样做的好处是，在进行投影作图时，平行于投影面的表面在该投影面上的投影反映实形，垂直于投影面的表面在该投影面上的投影积聚成直线，大大简化了投影作图的过程；

2）对称位置利用，如果组合体具有对称面，应将对称面放置成平行于投影面的位置。当对称面平行于投影面时，组合体的投影图能够清晰地反映出其对称关系，在画图时可以先画出对称中心线，然后根据对称关系画出组合体的一半，再通过对称复制得到另一半，提高画图的效率和准确性。

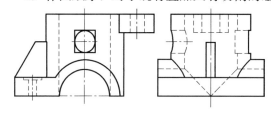

3）作图顺序，对于既有叠加又有切割的组合体应先作叠加后作切割，因为很多切割会同时贯穿不同形体，需要综合分析截交线形状位置；在作叠加时应先作主要形体，再根据相互关系依次叠加其余形体；再作切割时应优化切割顺序，简化作图步骤；

4）作组合体三视图时，遵循"高平齐、宽相等、长对正"的投影规律，按形体或线框在三个视图中的对应关系同步作图，避免作图混乱和线面遗漏。

如图 4-15 所示组合体，要综合考虑以上因素，才能更完整、正确、快速地完成三视图的绘制。

首先，应进行形体分析：

1）形体由五个部分叠加而成，套筒

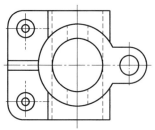

图 4-15　组合体作图分析

Ⅰ、凸块Ⅱ、底板Ⅲ、肋板Ⅳ、搭子Ⅴ；

2）组合体经过五次切割，半圆孔Ⅵ、方孔Ⅶ、圆孔Ⅷ、沉孔Ⅸ、通孔Ⅹ；

3）按照自然安放原则，将主体套筒Ⅰ的轴线垂直于水平面进行摆放，那么凸块Ⅱ、底板Ⅲ、肋板Ⅳ、搭子Ⅴ的端面就会平行于投影面，作图将更为简单；

4）将A方向作为主视图投影方向，因为组成该形体的各基本体方孔Ⅶ、圆孔Ⅷ、凸块Ⅱ、肋板Ⅳ的形状以及它们与套筒Ⅰ间的位置关系及它们的相对位置关系在此方向表达最为清晰，且最能反映该组合体各部分形状特征；

5）选取B方向作为左视投影方向，虽然搭子Ⅴ不可见，但是底板Ⅲ、肋板Ⅳ在左视图可见，大大减少了不可见轮廓的数量；

6）组合体既有叠加又有切割，为综合型形体，作图时应先作叠加后作切割；

7）组合体为一个方向对称的形体，作图时应充分利用对称性简化作图。

其次，作图步骤分析：

1）确定各形体之间相对位置关系，先作出中心（回转中心、对称中心）三个视图的投影；

2）按由主到次的关系进行叠加（先作套筒Ⅰ，依次叠加凸块Ⅱ、底板Ⅲ、肋板Ⅳ、搭子Ⅴ），每作一个形体，就应同步完成这个形体的三视图，并分析与之叠加形体之间的线面关系（相切、相交、共面、贴合）；

3）叠加完成后再作切割，在作切割时也应该每作一次切割，三个视图同步作出切割产生的截交线和截交面，并分析原形体轮廓的截切情况，并判断切割产生的线面的可见性。

4.4.2　画图步骤

在绘制组合体三视图时综合考虑组合体形状结构特征、安放位置及各视图投影方向，然后才能进行作图步骤分析，开始绘图。

【例4-5】　如图4-16所示，分析组合体形状结构特征，确定安放位置，选择各视图投影方向，然后完成组合体三视图的绘制。

分析，如图4-16所示：

1）形体由四个部分叠加而成，套筒Ⅰ、底板Ⅱ、肋板Ⅲ、凸块Ⅳ叠加而成；切割圆孔Ⅴ、底槽Ⅵ；

2）按照自然安放原则，将主体套筒Ⅰ的轴线垂直于水平面进行摆放，那么底板Ⅱ、肋板Ⅲ、凸块Ⅳ的端面就会平行于投影面；

3）将A方向作为主视图投影方向，最能反映各基本体间位置关系及各基本体形状特征；B方向作为左视图投影方向，底板Ⅱ、肋板Ⅲ在左视图可见，可以减少不可见轮廓投影；

4）形体前后基本对称，可利用对称性简化作图。

作图步骤，如图4-16所示：

1）作组合体中心线（回转中心、对称中心）三个视图的投影；

2）作套筒Ⅰ三视图；

3）叠加底板Ⅱ，底板与套筒外圆柱面贴合，主视图套筒外圆柱面转向轮廓部分消失；底板前端面与套筒外圆柱面相切，主视图及左视图相切处无线；前后对称；

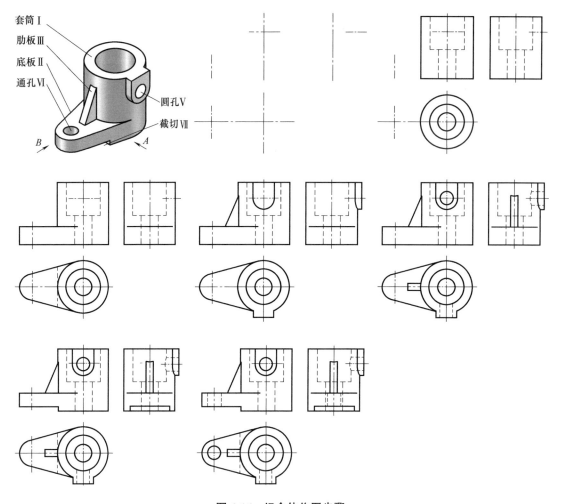

套筒Ⅰ
肋板Ⅲ
底板Ⅱ
通孔Ⅵ
圆孔Ⅴ
截切Ⅶ
B
A

图 4-16　组合体作图步骤

4）叠加肋板Ⅲ，肋板与套筒外圆柱面贴合，主视图套筒外圆柱面转向轮廓部分消失；肋板前端面与套筒外圆柱面相交，主视图相交处有交线；前后对称；

5）叠加凸块Ⅳ，凸块顶面与套筒顶面共面，俯视图凸块顶面与套筒顶面共面无线；凸块与套筒外圆柱面贴合，左视图套筒外圆柱面转向轮廓部分消失；凸块表面与套筒外表面相交，绘制左视图凸块与套筒叠加相交的相贯线；

6）切割圆孔Ⅴ，圆孔与套筒空腔相通，转向轮廓在俯视图及左视图不可见；圆孔与凸块前端面相交，俯视图及左视图交线与凸块前端面积聚性投影重合；圆孔与套筒沉孔内圆柱面相交，左视图沉孔转向轮廓被截切，产生不可见相贯线；

7）切底槽Ⅶ，底板下方切割底槽，截断面分别为水平面和侧平面；侧平截断面在俯视图积聚为一直线，不可见，在左视图为一矩形线框；水平截断面在俯视图反映实形，在左视图积聚为一直线；

8）切通孔Ⅵ，底板上切通孔，通孔主视图及左视图转向轮廓不可见；

9）整理轮廓即可。

4.5　组合体尺寸标注

机件图样除了用视图表达它的形状以外，还要标注尺寸，确定机件的真实大小。尺寸也是机件加工时的依据。一般要求做到：

1. 尺寸标注要正确

所注尺寸应符合机械制图国家标准中有关尺寸注法的规定。

2. 尺寸标注要完整

所注尺寸必须完全能确定组成机件的各形体的大小及相对位置；不允许遗漏尺寸，一般不要有重复尺寸。

3. 尺寸标注要清晰

尺寸布置要整齐、适当集中，便于看图、寻找相关尺寸和使图面清晰；字迹清晰、规范。

4. 尺寸标注要合理

尺寸标注应尽量考虑设计、工艺和测量上的要求。

本节主要叙述如何使尺寸标注正确、完整和清晰，尺寸标注的合理性将在后面的章节中介绍。

4.5.1　基本体尺寸标注

基本几何体是组成组合体的基本形体，因此正确地标注基本形体的尺寸是标注组合体尺寸的基础。基本形体一般要标注长、宽、高三个方向的尺寸，如图 4-17（a）所示矩形块的标注；如图 4-17（b）所示的正六棱柱只需两个尺寸即可，带括号的尺寸是表示参考用的，也可不标注；如图 4-17（c）所示的正五棱锥底面为圆内截正五边形，可以通过标

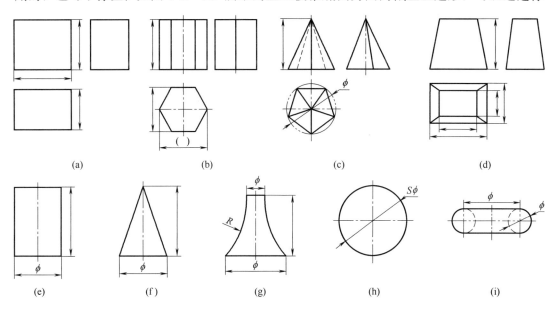

| (a) | (b) | (c) | (d) |

| (e) | (f) | (g) | (h) | (i) |

图 4-17　基本体的尺寸标注

注圆的直径和高两个尺寸即可；如图 4-17（d）所示的四棱台需要标注顶面和底面的长宽及高度才能确定其形状；有些基本体只需要两个尺寸或一个尺寸，并且可通过尺寸信息减少视图数量，如图 4-17（e）（f）（g）（h）（i）所示的回转体。

对具有斜截面和缺口的基本形体，除了标注出基本形体的尺寸外，还要标注出确定截平面位置的尺寸，如图 4-18 所示。截平面对于基本形体的相对位置确定以后，主体表面的截交线也就完全确定了，因此不必标注截交线的尺寸。

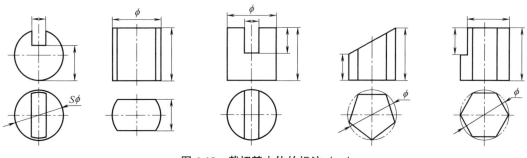

图 4-18　截切基本体的标注（一）

图 4-19 中列举了一些常见的、不同形状的板的尺寸注法，应注意它们的总体尺寸注法上的区别。一般来说，尺寸两端若有圆柱面或交线，则不直接标注总体尺寸。

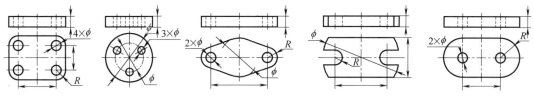

图 4-19　截切基本体的标注（二）

4.5.2　组合体尺寸分析

组合体在标注尺寸时首先要确定形体长宽高三个方向**尺寸基准**，其次根据形体组合形式标注各部分结构的**形状尺寸**和**定位尺寸**，然后确定形体长宽高三个方向**总体尺寸**，注意**尺寸链**不能封闭，最后检查所标注尺寸是否规范。

1. 尺寸基准

尺寸基准是指标注尺寸的起始点。组合体在长、宽、高各方向上都应有相应的尺寸基准，而且在同一方向上根据需要可以有若干个基准，其中只有一个为主要基准，其余皆为辅助基准。

1）不对称组合体通常以底面和端面作为尺寸基准。如图 4-20 所示，形体长、宽、高三个方向都不对称；底面作为一个稳定的平面，可以很好地描述形体之间高度位置关系，底面为高度方向主基准；组合体底板左端面与凸块左端面共面，与 U 形缺口和圆孔的长度距离关系明确，左端面为长度方向主基准；组合体底板后端面与凸块左端面共面，与圆孔的宽度距离关系明确，后端面为宽度方向主基准。

2）对称物体以物体的对称中心作为尺寸基准。如图 4-21 所示，形体前后、左右对称，上下不对称；长度方向和宽度方向以对称中心为主基准，这样可以保证尺寸的准确性和对称性；高度方向底面作为一个稳定的平面，可以很好地描述形体之间高度位置关系，底面为高度方向主基准。

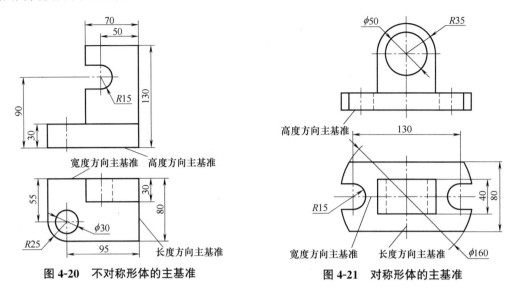

图 4-20 不对称形体的主基准　　　　图 4-21 对称形体的主基准

3）回转体通常只有径向主基准和轴向主基准。如图 4-22 所示，形体为多段同轴回转体叠加形成，轴线作为径向主基准有利于绘图及尺寸标注的准确性；形体左端面与各段回转体轴向距离明确，所以左端面为轴向主基准。

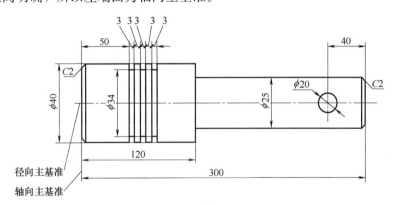

图 4-22 回转体的主基准

2. 尺寸分类

图样上一般要标注三类尺寸：定形尺寸、定位尺寸和总体尺寸，如图 4-23 所示。

1）定形尺寸是确定组合体中各基本几何体形状和大小的尺寸。如图 4-23（b）所示，定形尺寸在标注时需要注意以下几点：

标注在特征明显的视图上，例如图 4-23（b）中 $4 \times \phi 12$、$\phi 50$、$\phi 80$、$\phi 20$、$R20$ 均标注在具有投影特征的那个视图上；

避免在虚线或其延长线上标注，例如图 4-23（b）中套筒内圆柱面 $\phi 50$ 不能标注在主视图对应不可见轮廓线上；

不标注在不反映实形的投影上；

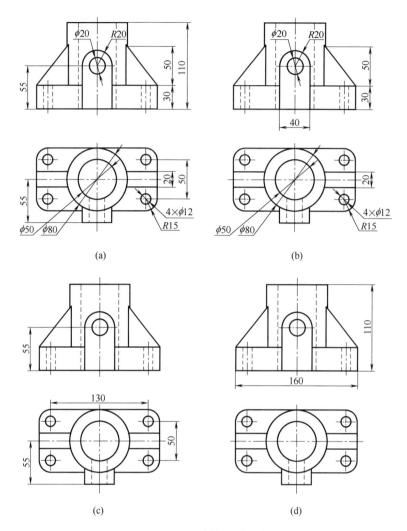

图 4-23　组合体尺寸分类

截交线、相贯线的形状不需要标注尺寸；

当基本体在标注其中轮廓的一个定形尺寸时，紧邻轮廓也就确定，这时不能重复标注，例如图 4-23（b）中凸块的上半部分为半圆柱面（轴线垂直于正面），两侧面（侧平面）与半圆柱面相切，标注了半圆柱半径 R20 就不能再标注 40，否则属于尺寸重复标注。

2）定位尺寸是确定组合体中各基本几何体之间相对位置的尺寸。如图 4-23（c）所示，定位尺寸在标注时需要注意以下几点：

在标注定位尺寸时，当基本几何体位于公共对称中心、共轴线的多个回转体、基本几何体间某方向上相邻的平面平齐时定位尺寸就可以不标注，例如图 4-23（c）肋板不需标注定位尺寸，因为肋板位于公共对称中心；

选择合适的尺寸基准作为定位尺寸的起始位置，例如图 4-23（c）中宽度方向和长度方向定位尺寸以对称中心为基准进行标注，高度方向定位尺寸由底面作为定位尺寸的起始位置。

3）总体尺寸是反映组合体总长、总宽、总高的尺寸。如图 4-23（d）所示，在标注总体尺寸时，通常需要注意以下问题：

避免重复标注，有时总体尺寸可能与定形或定位尺寸重合，这种情况下注意不要重复标注。例如图 4-23（a）中底板长度方向，四个通孔的中心距 130 和圆角半径 $R15$ 相加即为总长，这时就不能再标注组合体总长尺寸，避免尺寸冗余。

特殊结构的标注，当形体某方向的一端为回转面时，一般由回转面轴线的定位尺寸加上回转面的最大半径作为这一方向的总体尺寸。

3. 尺寸链不能封闭

尺寸链是由相互连接的尺寸形成的尺寸组，尺寸链不能封闭是尺寸标注的一个重要原则。组合体尺寸标注时尺寸链不能封闭，主要是零件尺寸标注时尺寸链不能封闭，原因是考虑零件在设计、加工及测量过程中的可行性，此内容将在以后的章节中详细介绍。

如图 4-24 所示，轴向尺寸标注了 100 和 $S\phi72$，如果再标注总长 136，就形成封闭尺寸链，需要去掉一个尺寸，$S\phi72$ 显然不能去掉，100 确定了球心到端面距离也应保留，尺寸 100 加球半径 $SR36$ 即可得到总长 136，因此不必再标。

如图 4-24 所示，轴向局部尺寸 42 和 20，如果再标注 22，也会形成封闭尺寸链，42 是切削面长度不能去掉，20 是

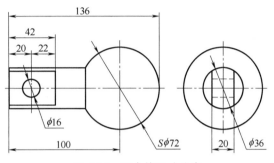

图 4-24　组合体尺寸分类

圆孔到左端面的定位尺寸也不能去掉，所以只能去掉最不重要的尺寸 22。

4.5.3　组合体尺寸标注的步骤和方法

组合体进行尺寸标注时首先进行形体分析，再选定尺寸基准，逐个标注基本几何体的定位定形尺寸，然后标注总体尺寸，最后整理校核尺寸标注是否完整、清晰。

【例 4-6】 如图 4-25（a）所示，完成组合体尺寸标注。

分析，如图 4-25 所示：

1）形体分析，初步考虑各基本形体的定形尺寸，如图 4-25（b）所示；

2）选定尺寸基准，从组合体结构来看，套筒为主体结构，故该组合体长度方向的尺寸基准为大圆柱的轴线，高度方向的尺寸基准为套筒与底板的公共底面，而宽度方向尺寸基准即为该组合体的前后基本对称面；

3）根据各基本形体间的位置关系确定定位尺寸，如图 4-25（c）所示。

标注步骤，如图 4-25 所示：

1）标注各基本几何体形状尺寸，如图 4-25（d）所示；

2）图 4-25（d）主视图，套筒上切割 U 形缺口半径 $R25$ 和圆孔直径 $\phi50$，两形体共轴，在主视图圆和圆弧重合，U 形缺口两侧面与圆弧相切距离 50，尺寸信息重复，标注其中一个即可（习惯标注 U 形缺口两侧面距离 50）；

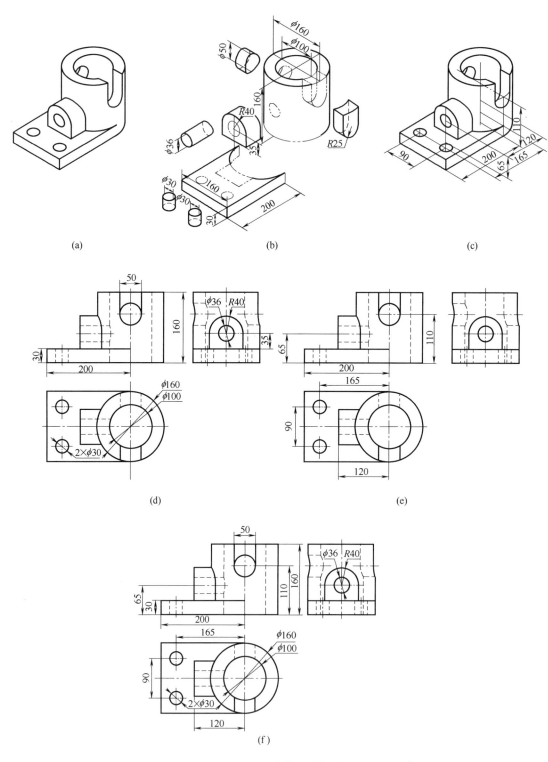

图 4-25 组合体尺寸标注

3）图 4-25（d）俯视图，套筒外圆柱面直径 ϕ160，底板宽 160，两侧面与套筒外表面相切，尺寸信息重复，标注其中一个即可（因为套筒为主体结构，所以标注套筒外圆柱面直径 ϕ160）；

4）标注各基本几何体形状相对位置尺寸，如图 4-25（d）所示；

5）形体前后基本对称，以对称中心为宽度方向主基准；套筒为主体结构，以套筒中心为长度方向主基准；以组合体最下端面为高度方向主基准；

6）套筒上切割 U 形缺口半径 R25 和圆孔直径 ϕ50，两形体共轴，所以只标注一个定位尺寸 110；

7）底板两圆孔 2×ϕ30 对称分布，所以按对称形体的标注方法进行定位标注 90；

8）校核所标注尺寸，如图 4-25（f）所示；

9）凸块定形尺寸 R40 和 35 与高度方向定位尺寸 65 形成局部封闭尺寸链，尺寸标注不合理，所以去掉一个不重要尺寸 35。

第 5 章
机件的常用表达方法

5.1 视图

5.1.1 基本视图

在对复杂形体进行表达时，仅用主、俯、左三视图进行表达有可能表达不清楚，因此，国家标准图样画法规定，将形体放置在正六面体内（正六面体的六个面分别为六个投影面），用正投影法将形体向六个投影面进行投影，如图 5-1（a）所示；然后将六个投影面按规定方向进行翻转放平，如图 5-1（b）所示，即得到六个基本视图，如图 5-1（c）所示。

如图 5-1（c）所示，需要注意的是：

1）六个基本视图的配置仍然要遵循"长对正、高平齐、宽相等"的投影规律，即主、俯、仰、后视图应长对正，主、左、右、后视图应高平齐，左、右、俯、仰视图应宽相等；

2）六个基本视图的配置，也反映了机件的上下、左右和前后的位置关系；应特别注意，左、右视图和俯、仰视图靠近主视图的一侧都反映机件的后面，而远离主视图的外侧，都反映机件的前面；后视图经过两次翻转放平，左右位置和直观感觉的左右位置正好相反；

3）六个基本视图规定位置配置时，不需要标注视图的名称；

4）在表达机件的形状时，不必画出六个基本视图，只要能清楚表达机件的结构，应尽量减少视图数量；

5）为了便于看图，视图一般只画出机件的可见部分，如果视图中的可见轮廓无法表达不可见部分时，允许绘制不可见部分的轮廓。

5.1.2 向视图

按照规定位置配置的视图叫作基本视图；如果给出投影方向及名称按需要另选位置摆放，这样的视图称为向视图。

如图 5-2（a）所示，按规定位置摆放，六个视图都是基本视图，不需要标注名称。如图 5-2（b）所示，保持主、俯、左三个基本视图的位置不变，在基本视图上给出仰视图的投影方向和名称 A、右视图的投影方向和名称 B、后视图的投影方向和名称 C，然后按

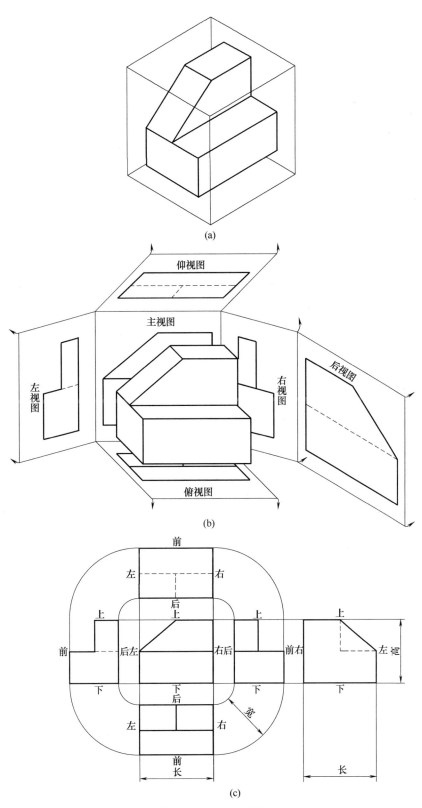

(a)

(b)

(c)

图 5-1　六个基本视图

需要摆放在其他位置，这时仰视图叫作"A 向视图"，右视图叫作"B 向视图"，后视图叫作"C 向视图"。

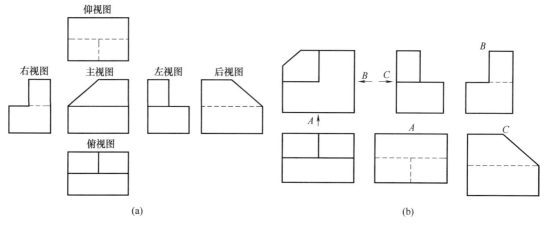

图 5-2　向视图

绘制向视图时，需要注意的是：

1）要用带字母的箭头明确指明要表达的部位和投射方向，并在相应视图中间上方位置注明视图名称；

2）在绘制向视图时，名称用大写字母表示，无论投影方向和视图位置大写字母一律按读图方向水平标注，且字母不能重复使用；

3）在表达机件结构时（除回转结构机件）至少要保证两个基本视图；优先选择主、俯、左三个视图；在基本视图无法清楚表达结构形状时，根据需要选择向视图进行补充表达；

4）在绘制向视图时，投影方向的箭头应尽可能配置在基本视图上，优先主视图；

5）为确保各个部分之间的比例关系正确，在绘制向视图时一般不改变绘图比例，若某个视图需要采用不同的比例，必须另行标注。

5.1.3　局部视图

将机件的某一部分向基本投影面投射所得的视图称为局部视图。当采用一定数量的基本视图对机件进行表达时，机件仍有部分结构形状未能表达清楚，但是又没有必要完整画出投影，就可以采用局部视图，以减少作图量。

如图 5-3（a）所示，机件主、俯视图已能将机件的大部分形状结构表达清楚，但是叠加在两侧的几何体形状未表达清楚，如果再画一个完整的左视图和右视图，就会重复绘制套筒、底板及套筒开孔结构，虽然结构形状表达清楚了，但是绘图工作量明显增大，图纸看上去繁琐不简洁。因此，只需画出表达该部分的局部左视图和局部右视图，省去其余部分不绘制；为了节约图纸空间，给出局部右视图投影方向和名称 A，并放置在局部左视图下方，此时局部右视图称为"A 向局部视图"，如图 5-3（b）所示。

绘制局部视图时需要注意：

1）局部视图可按基本视图配置，也可以按向视图配置和标注；

2）画局部视图时断裂处边界应以波浪线表示；当所表示的局部结构是完整的，且外

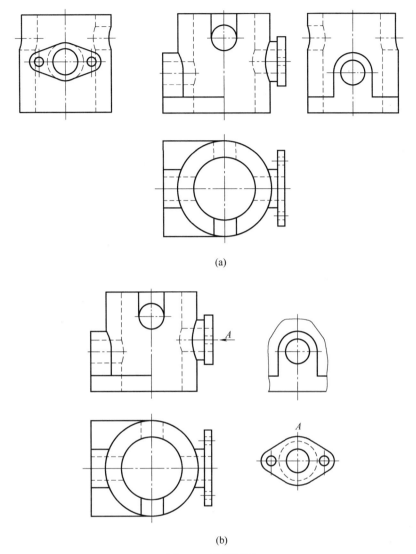

(a)

(b)

图 5-3　局部视图

轮廓线又成封闭时，波浪线可省略不画，如图 5-3（b）所示 A 向局部视图；

3）用波浪线作为断裂线时，波浪线应画在机件的实体上，不可画在中空处；如图 5-4 所示局部视图断裂线的正确画法。

5.1.4　斜视图

斜视图是将机件向不平行于任何基本投影面（但垂直于某一基本投影面）的平面投射所得的视图。

斜视图通常用来表达机件倾斜结构的形状。当机件上某部分倾斜结构不平行于基本投影面时，在基本视图中不能反映该部分的实形，并且标注该倾斜结构的尺寸也不方便，这时就可以使用斜视图。为了绘制出倾斜表面的真实形状，设置一新投影面平行于零件的倾斜表面，然后用正投影法将该表面的投影绘制在新投影面上（换面法），就得到反映零件

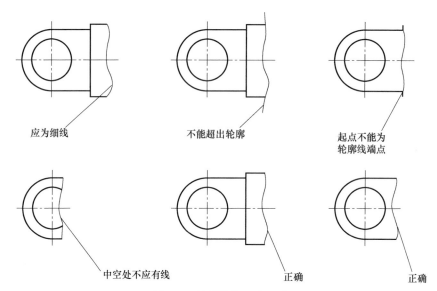

应为细线　　　　　　　不能超出轮廓　　　　　　起点不能为
　　　　　　　　　　　　　　　　　　　　　　　轮廓线端点

中空处不应有线　　　　　　　正确　　　　　　　　正确

图 5-4　断裂线的正确画法

倾斜表面真形的斜视图。

如图 5-5（a）所示，机件斜板在俯视图和左视图的投影都不反映真实形状。如图 5-5（b）所示，为了表达斜板真实形状，用斜视图表达斜板的实形。

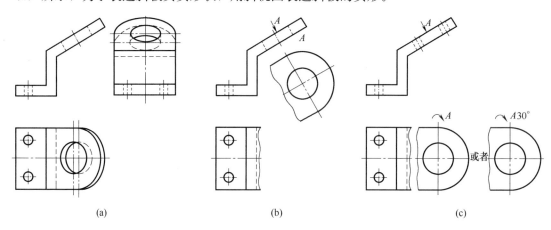

(a)　　　　　　　　　　　　(b)　　　　　　　　　　　　(c)

图 5-5　机件的斜视图和局部视图

在绘制斜视图时需注意：

1）如图 5-5（b）所示，机件底板、支撑板、肋板在主视图和俯视图中已清楚表达，但斜板结构在俯视图中不反映实形，可以断开不绘制斜板结构（具有局部视图的特征）；得到的俯视图称为局部俯视图；

2）为了表达斜板结构，需增加斜视图；在绘制斜视图时必须标注投影方向和名称，投影方向垂直于斜板表面（这样绘制出来的斜视图才能反映实形），名称为 A；

3）在绘制斜视图时用波浪线断开只绘制斜板部分形状结构（具有局部视图的特征），并在斜视图中间上方标注名称 A；

4）斜视图通常按投影方向翻转配置，必要时也可配置在其他适当位置；这时斜视图

叫作"A 向局部斜视图";

5）在不致引起误解时，允许将图形旋转，这时用旋转符号表示旋转方向（要求旋转符号方向与视图旋转方向一致），旋转符号一般放在名称之前，如图 5-5（c）所示；需给出旋转角度时，角度应置于名称之后。

5.2 剖视图

5.2.1 剖视图的概念及画法

1. 剖视图的概念

视图中，机件内部空腔不可见轮廓用虚线表示，当零件空腔形状较为复杂时，视图上就出现较多虚线，给读图、画图、标注尺寸、标注技术要求带来困难，如图 5-6 所示，因此制图标准规定可采用剖视的方法来表达零件内部的形状轮廓。

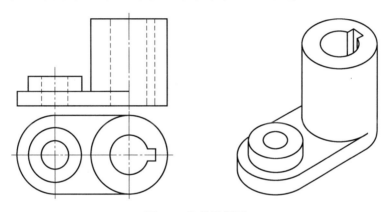

图 5-6 机件的视图

假想用一个平面将机件剖开（这个平面叫作剖切面），将处在观察者和剖切面之间的部分移去，而将其余部分向投影面投射所得的图形称为剖视图（可简称剖视），如图 5-7 所示。采用剖视后，零件内部不可见轮廓成为可见，用粗实线画出腔体轮廓，这样就便于读图和画图了。

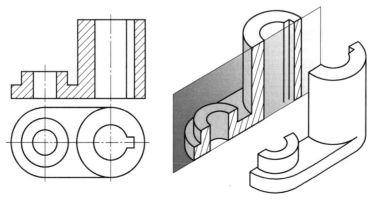

图 5-7 机件的剖视图

2. 剖视图的画法

如图 5-8 所示，根据制图标准规定，绘制机件剖视图应遵循以下原则：

1）剖切面的位置，为了清晰地表示零件内部真实形状，一般剖切面应平行于相应的投影面，并通过零件孔、槽的轴线或与零件的对称平面相重合；剖切位置符号用一对粗线短划表示，长约 5mm，符号不应与轮廓线相交；当形体较为简单，剖切位置明显，可省略剖切位置符号不画；

2）剖视图的投影方向，将机件假想地剖切后，将处在观察者和剖切面之间的部分移去，将剩余部分向投影面投射，此时应在剖切位置符号两端标注投影方向；当剖视图按投影规定方向配置，中间又无其他图形隔开，可省略投影方向不画；

3）剖视图的名称，为了看图时便于找出剖视图与其他视图的投影关系，一般应在剖切位置符号两侧标注字母，并在对应剖视图正上方中间位置标注名称，字母"×—×"；当剖视图按投影关系配置，剖视图数量较少，中间又没有其他图形隔开时，可省略名称不标注；

4）剖视图的配置，剖视图可按基本视图的规定配置，必要时允许配置在其他适当位置，这时剖切位置符号、投影方向及名称不能省略；

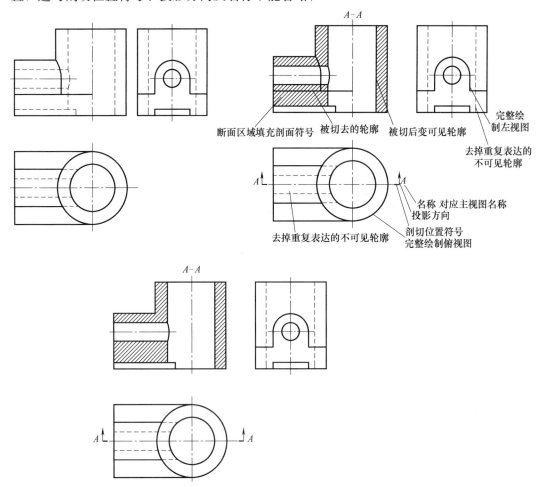

图 5-8　剖视图画法

5）画剖视图，机件被剖后去掉视图中被切去的可见轮廓，用粗实线画出零件实体被剖切后的所有可见轮廓；剖视图应省略不必要的虚线，只对尚未表示清楚的零件结构形状才画出虚线；

6）断面填充剖面符号，剖视图中剖切面与零件实体相交的截断面区域称为断面，断面应按规定填充剖面符号；机械制图中在未具体说明机件材料时采用金属材料符号（45°细实线）填充剖面，符号见表5-1；规定同一零件的各个剖面区域其剖面符号应保持一致；规定最小断面至少两条剖面符号；

7）由于零件的剖切是假想的，当一个视图取剖视后，其他视图仍按完整零件的表达需要绘制。

3. 剖面区域的表达

剖视图中断面应按规定填充剖面符号，常见材质的零件剖面符号见表5-1。

剖面符号 表5-1

材质		符号	材质	符号
金属材料(已有规定剖面符号者除外)			砖	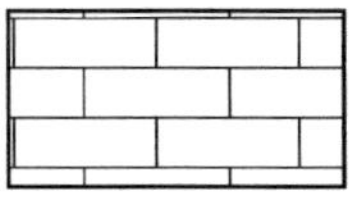
线圈绕组元件			混凝土	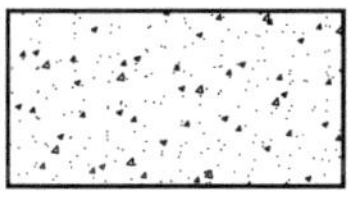
转子、电枢、变压器、电抗器等的叠钢片			钢筋混凝土	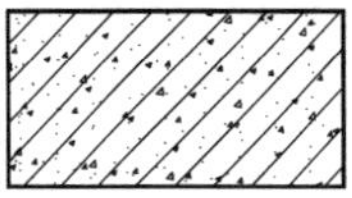
非金属材料(已有规定剖面符号者除外)			固体材料	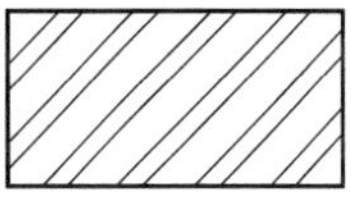
玻璃及观察用的其他透明材料			液体材料	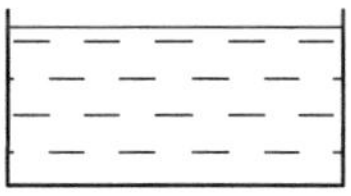
木材	纵剖面	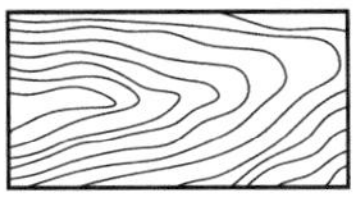	气体材料	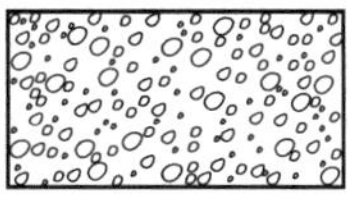
	横剖面		型砂、填砂、粉末冶金、砂轮、陶瓷刀片、硬质合金刀片等	

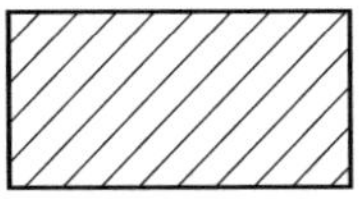

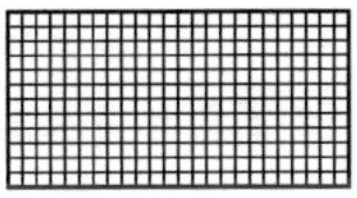

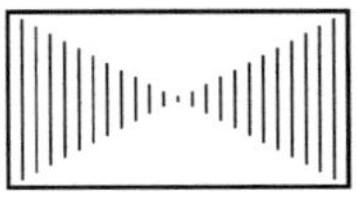

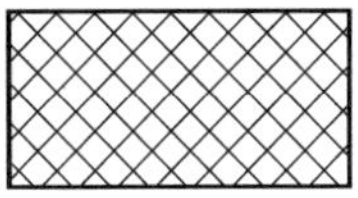

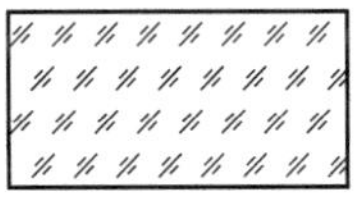

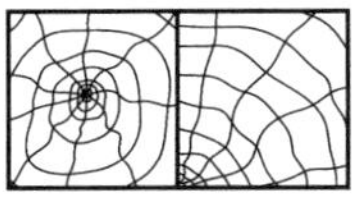

在机械制图中，如果没有明确规定机件材料，在绘制剖视图时，断面填充金属材料剖面符号45°细实线。如图5-9所示，断面表示需注意以下几点：

1）当图形的主要轮廓线或剖面区域的对称线与水平线成45°或接近45°时，该图形的剖面线可画成与主要轮廓线或剖面区域的对称线成30°或60°的平行线，其倾斜的方向仍与其他图形的剖面线一致，如图 5-9（a）所示。

2）大面积剖面区域，可使用沿周线的等长剖面线表示；剖面内可以标注尺寸，如图 5-9（b）所示。

3）狭小剖面区域用完全黑色表示，这种方法表示实际的几何形状，如图 5-9（c）所示。

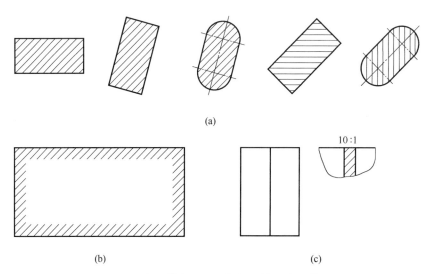

(a)

(b)   (c)

图 5-9　断面填充金属材料剖面符号特殊情况

4. 剖视图作图步骤

【例 5-1】　如图 5-10 所示，根据所给视图，综合应用视图及剖视图完成机件的绘制。

分析，如图 5-10 所示：

1）由所给视图分析可知，机件由四个基本几何体叠加而成，然后作简单切割；所给视图由主、俯、左、右四个基本视图进行表达；其中主、俯视图已表达机件大部分结构形状，左、右视图仅用来表达左右两个凸块形状，主体结构重复表达，可用局部视图表达两个凸块形状，减少绘图量；

2）空腔不可见轮廓较多，需进行剖切表达；机件前后对称，可选俯视图对称中心（机件对称面位置）为剖切位置。

作图步骤：

1）分别作 A 向局部视图和 B 向局部视图确定两个凸块形状；

2）以俯视图中心为剖切位置，标记剖切位置符号、投影方向及 C-C，主视图即为 C-C 剖视图；

3）假想将前半部分机件切去，分析外表面可见轮廓线被切去部分，擦去剖掉的轮廓线；

4）假想移除切去的前半部分，原本不可见空腔轮廓变为可见，虚线改为实线；

5）分析剖切后所得断面区域，断面画上 45°剖面线进行表示，区分断面和空腔；

6）分析主、俯视图中不可见轮廓，去掉不影响表达结构形状的虚线轮廓；

7）整理轮廓即可。

注：底板上的三个小圆孔为重复结构，且均匀分布，像这种重复结构剖切到其中一个即可。

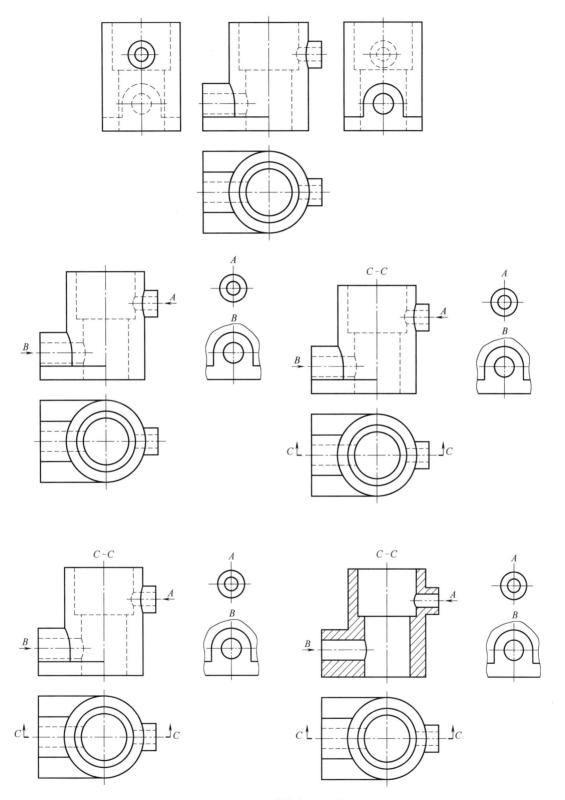

图 5-10 机件剖视图表达

5.2.2 剖视图分类

画剖视图时，根据表达的需要，既可以将机件切开，将遮挡部分完全移除，按照剖视绘制；也可切开后保留一部分（保留一部分外形），移除一部分，再进行剖视绘制。国家标准规定了三种剖视图：全剖视图、半剖视图、局部剖视图

1. 全剖视图

用剖切面将机件剖开后，移除全部被剖切掉的部分，然后进行剖视绘制，得到的视图称为全剖视图。

在上一节中图 5-7 主视图为全剖视图，图 5-8 主视图为全剖视图，图 5-10 主视图为全剖视图，总结以上机件结构形状，全剖视图适用于外形简单，被剖切掉的部分完全移除后不会有轮廓信息丢失，这时可选择全剖视图进行表达。在绘制全剖视图时需要注意：

1）剖切位置，并通过零件孔、槽的轴线或与零件的对称平面相重合；

2）要注意剖切以后被切去的轮廓线应去除，剖切后空腔不可见轮廓变可见轮廓虚线变粗实线，分析剖切后仍然不可见轮廓是否需要保留；

3）断面填充剖面线要遵循 5.2.1 节中的第 2 点（6）和第 3 点，用剖面线区分实体和空腔；

4）由于零件的剖切是假想的，当一个视图取剖视后，其他视图仍按完整零件的表达需要绘制。

2. 半剖视图

当机件具有对称平面时，向垂直于对称平面的投影面上投射所得的图形，以对称中心线为界，一半画成视图（表达外形轮廓），另一半画成剖视图（表达空腔轮廓），这样的组合图形称为半剖视图。

半剖视图的剖切方法与全剖相同，如图 5-11 所示，仅是画图时只移除一半进行绘制。

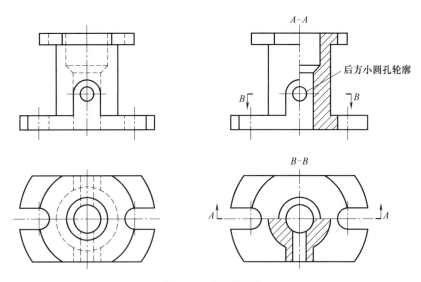

图 5-11 半剖视图

半剖视图既充分表达了机件的内部形状，又保留了机件的外部形状，所以常被用于表

达内外部形状都比较复杂的对称机件。画半剖视图时需要注意：

1) 半剖视图中，半个剖视和半个视图的分界线规定画成点画线，而不是画成粗实线；

2) 半剖视图中，零件的空腔形状已由半个剖视表达清楚，所以另外半个视图中表示内部形状的虚线不必画出；

3) 半剖视图的位置和标注方法与全剖视图完全相同，如图 5-11 中的 A-A 剖可以省略不标，但是 B-B 剖不能省略，因为剖切位置不是对称中心这类的明显位置；

4) 机件对称，但是对称中心有轮廓线时不宜采用半剖视图；

5) 俯视图前后对称，左右也对称，但是最好前后半剖，这样能完整表达一个小孔和空腔相通的情况。

若零件的形状接近于对称，且不对称部分已由其他视图表示清楚，也可画成半剖视图。如图 5-12 所示，机件前后对称，左右基本对称，顶部凸块形状位置特征已在俯视图清楚表达，主视图及左视图均作成半剖视图。由于剖切位置明显（在对称中心处），又无其他视图穿插在中间，所以可以省略标注。

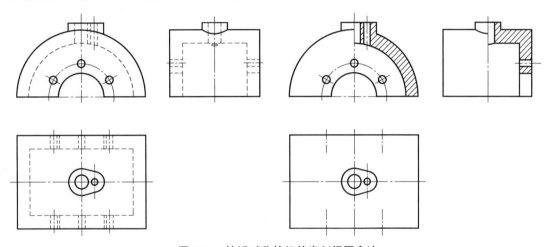

图 5-12　接近对称的机件半剖视图表达

3. 局部剖视图

局部剖视图是用剖切平面局部地剖开机件所得的视图。当机件内外形状都需要表达，且不对称，向垂直于剖切平面的投影面上投射所得的图形，以细波浪线为界（假想断裂），一侧画成视图（表达外形轮廓），另一侧画成剖视图（表达空腔轮廓），这样的组合图形称为局部剖视图。

局部剖视图的剖切方法与全剖相同，如图 5-13 所示，仅是画图时按假想断裂只移除一部分进行绘制。

局部剖视图既充分表达了机件的内部形状，又保留了机件的外部形状，所以常被用于表达内外部形状都比较复杂的不对称机件。画局部剖视图时需要注意：

1) 机件内外形状都较复杂，但不具有对称平面时，应采用局部剖视图；或者机件的对称中心线上有轮廓线不宜采用半剖视图时，应采用局部剖视图，如图 5-14 所示；

2) 剖切范围可根据实际需要灵活确定，一般要求保留重要外形轮廓的大部分，又要充分展示空腔结构的特征信息；

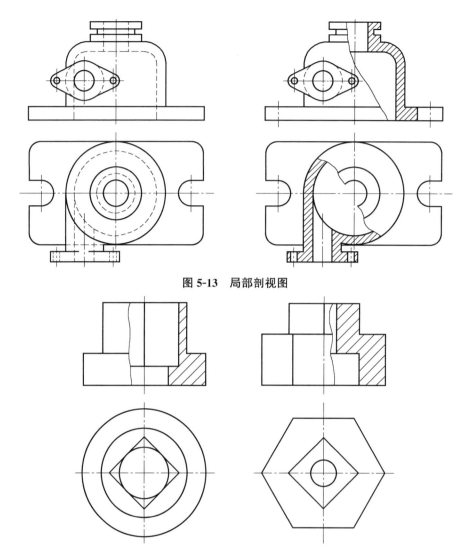

图 5-13　局部剖视图

图 5-14　对称机件采用局部剖视图

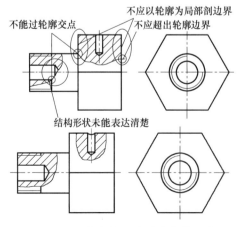

图 5-15　局部剖视图中波浪线的画法

3）用波浪线作为视图与剖视图的分界线，波浪线应画在机件的实体上，不能超出实体轮廓线，也不能画在机件的中空处，且不应与轮廓线重合或在轮廓的延长线上，也不用轮廓线代替，或与图样上其他图线重合，如图 5-15 所示；

4）局部剖视图运用的情况较广，但在同一视图中不宜多处采用局部剖视图，这样会使图形显得凌乱；

5）当被剖切的局部结构为回转体时，允许将该结构的中心线作为局部剖视与视图的分界线，如图 5-16 所示；

6）若为单一剖切面，且剖切位置明显，局部剖视图的标注一般可省略；但是当剖切位置不明显时应进行标注；局部剖的标注方法，如图 5-17 所示的 A-A 局部剖视。

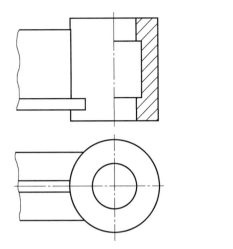

图 5-16 机件中的回转体结构局部剖以中心线为界　　图 5-17 局部剖必须标注的情况

局部剖视图能在清晰展示机件内部结构的同时，保留机件的大部分外形特征，是机械制图中一种常用的表达方法。

4. 应用举例

很多机件内外结构形状都较为复杂，需要综合应用全剖视图、半剖视图、局部剖视图才能清楚表达机件内外结构形状。

【例 5-2】 如图 5-18 所示，根据所给视图，综合应用视图及剖视图表达机件内外结构形状。

分析，如图 5-18 所示：

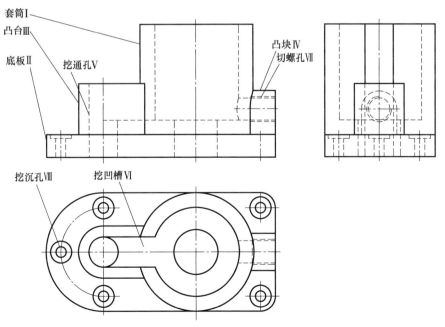

图 5-18 局部视图、全剖及局部剖表达机件内外结构形状（一）

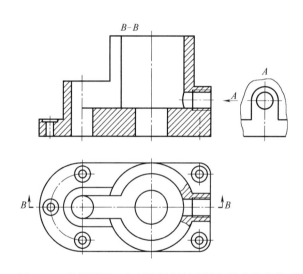

图 5-18　局部视图、全剖及局部剖表达机件内外结构形状（二）

1）机件由套筒Ⅰ、底板Ⅱ、凸台Ⅲ和凸块Ⅳ叠加而成；凸台Ⅲ挖切通孔Ⅴ，挖切凹槽Ⅵ连通通孔Ⅴ和套筒Ⅰ空腔，凸块挖切螺孔Ⅶ与套筒空腔相通，底板挖切沉孔Ⅷ；

2）俯视图表达了大部分基本几何体的形状特征，主视图表达了各基本几何体的位置特征，左视图补充凸块Ⅳ的形状特征；

3）形体上下、左右不对称，所以主视图不能采用半剖视图，外形特征只能在俯视图表达，因此主视图可以用全剖视图表达空腔形状位置特征；

4）俯视图只有螺孔Ⅷ轮廓不可见，可以局部剖进行表达（螺孔轮廓在主视图已表达，俯视图也可以不用再画局部剖视图进行重复表达，可省略俯视图局部剖）；

5）左视图空腔不可见轮廓复杂，但已在主、俯视图充分表达，仅补充表达了凸块Ⅳ的形状特征。

作图步骤，如图 5-18 所示：

1）左视图有用信息为凸块Ⅳ形状特征，用 A 向局部视图表达凸块形状特征，去掉左视图，简化作图；

2）主视图不表达各基本几何体形状特征，且上下、左右不对称，因此沿对称中心剖切，作 B-B 全剖视图；去掉被切割掉的外形轮廓，被剖切到的空腔轮廓变为可见轮廓（虚线变为实线），底板五个沉孔剖切到其中一个（重复结构剖切到其中一个）即可；判断截断面，对截断面填充 45°剖面线；

3）俯视图螺孔Ⅷ不可见轮廓可用局部剖视图进行表达（也可省略，因为主视图已表达）；

4）主视 B-B 剖，剖切位置明显且中间无其他视图，可省略剖切位置符号、投影方向及名称不标注；A 向局部视图的投影方向及名称不能省略，应为未按投影方向位置摆放。

5.2.3 剖切方法

由于零件的结构形状不同，画剖视图时可采用不同的剖切方法。制图标准规定了不同的剖切方法，可用单一剖切面剖开零件，也可用多个剖切面剖开零件；剖切面可以是平面，也可以是曲面；多个剖切面之间可以是相交，可以是平行，也可以既有平行又有相交；剖切面一般平行于基本投影面，也可以倾斜于基本投影面。

1. 单一剖切面

1）平行于基本投影面的单一剖切面

上一节已介绍了用单一剖切平面剖开零件的方法，全剖、半剖、局部剖都是以单一剖切面进行剖切举例说明的，此处不再重复讲解。

2）不平行于任何基本投影面的单一剖切面

剖切面为不平行于任何基本投影面，但垂直于一个基本投影面（即投影面垂直面）的平面，用这样一个剖切面剖开零件，并将剖切以后的机件向垂直于剖切平面的投影面上投射所得的图形称为斜剖视图。即用剖视图加斜视图的方法来表达零件倾斜部分的内形，可以是全剖、半剖或局部剖。

如图 5-19 所示，用斜剖的全剖视图来表达机件上半部分的空腔结构。

斜剖获得的剖视图，一般按投影关系配置，并加以标注，在不致引起误解时允许将图形旋转，这时用旋转符号表示旋转方向，表示视图名称的"×-×"写在旋转符号箭头端，允许将旋转角度注写在字母之后。

3）垂直于投影面的单一剖切柱面

用一个垂直于基本投影面的柱面对机件进行剖切，然后按展开绘制剖视图。用单一剖切柱面剖开机件也可获得全剖视图、半剖视图、局部剖视图，达到表达机件内外结构形状的目的。

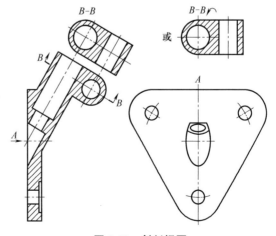

图 5-19 斜剖视图

如图 5-20 所示的机件，主视图采用一次剖切的全剖视图未能清楚表达内部结构，增加了 A-A 局部剖视图对内部结构进行补

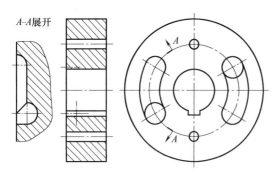

图 5-20　柱面单一剖切机件凹槽结构

充表达。A-A 局部剖视图的剖切面为一个垂直于水平投影面的柱面，剖切后按展开绘制凹槽结构，并且只绘制了局部。

4）剖面上二次剖切

当机件经过一次剖切后仍然有不可见空腔结构存在，且位置处于剖切面之后，可对此处再次剖切进行表达。

如图 5-21 所示，机件主视图采用了一次剖切的局部剖视图表达空腔结构，但是 A-A 剖切面未能剖到顶面的两个小螺纹孔，因此采用 B-B 局部剖对小螺纹孔进行表达。

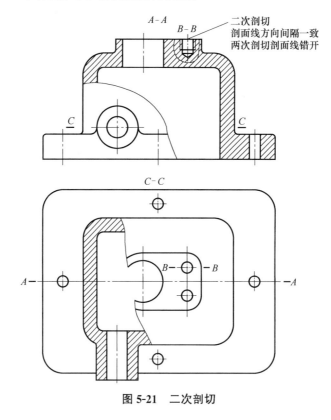

图 5-21　二次剖切

二次剖切必须进行标注，二次剖切面填充的 45°剖面线必须与机件其他断面填充的剖面线方向一致和间隔一致，但是必须与上一次剖面线错开。

2. 多个剖切面

1）几个平行的剖切平面（阶梯剖）

用几个平行的剖切平面剖开零件的方法称为阶梯剖，用来表达零件在几个平行平面不同层次上的内形。用几个平行剖切面剖开机件也可获得全剖视图、半剖视图、局部剖视图，达到表达机件内外结构形状的目的。

如图 5-22 所示，主视图用两个平行剖切平面剖开零件画出局部剖视图，俯视图用两个平行剖切平面剖开零件画出半剖视图。

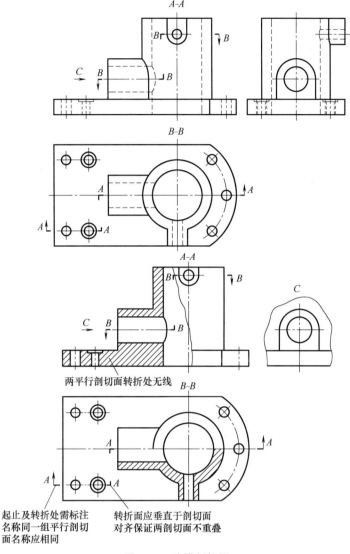

图 5-22 阶梯剖视图

画阶梯剖时应该注意以下几点：

① 剖切平面的转折处，不允许与零件上的轮廓线重合；

② 在剖视图上，不应画出两个平行剖切平面转折处的投影；

③ 相互平行的剖切面不得相互重叠，彼此之间的转折面应垂直于剖切面，剖切面转折处不应与图上的轮廓线重合；

④ 用几个相互平行的剖切面剖切时，剖切面的起、止和转折处均应画出剖切符号，并标注名称，同一组阶梯剖剖面名称应一致；

⑤ 在起、止处，剖切符号外端用箭头（垂直于剖切符号）表示投射方向；

⑥ 当转折处的位置有限且不会引起误解时，允许省略字母；按投影关系配置，而中间又没有其他图形隔开时，可以省略箭头；

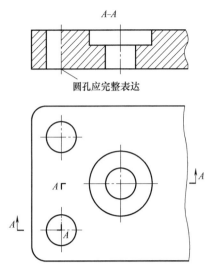

图 5-23　阶梯剖错误表达

⑦ 在剖视图内不应出现不完整的要素，一个基本几何体的要素应完整表达，如图 5-23 所示；

⑧ 采用几个相互平行的剖切面剖切，当两个要素在剖视图上具有公共对称中心线或轴线时，可各画一半，此时应以对称中心线和轴线为界，如图 5-24 所示。

2）几个相交的剖切面（旋转剖）

当机件的内部结构形状用单一剖切面剖切不能完整表达，这个机件又具有公共回转中心时，用两个相交的剖切面（交线垂直于某一基本投影面）剖开机件的方法称为旋转剖。用旋转剖也可选择用全剖视图、半视图、局部剖视图来表达机件内外结构形状。

机件上具有不同的孔、槽等结构绕一公共轴线呈放射状分布在不同的平面，可用旋转剖视图进行表达，如图 5-25 所示。

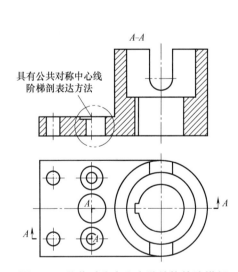

图 5-24　公共对称中心空腔结构的阶梯剖

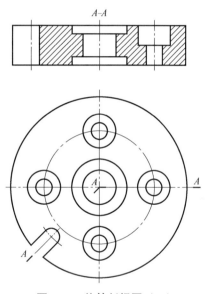

图 5-25　旋转剖视图（一）

机件具有明显的回转轴线，分布在两相交平面上的空腔轮廓可用旋转剖视图进行表达，如图 5-26 所示。

作图时应该注意以下几点：

① 两个剖切面交线与主回转中心线重合；

② 剖切位置及名称必须进行标注，如图 5-25 所示 A-A-A，及如图 5-26 所示 B-B-B；

③ 平行于投影面的平面剖切后的结构按原来的位置投影，倾斜于投影面的剖切平面剖开的结构及其有关部分旋转到水平位置后进行投射，如图 5-26 所示；

④ 不在剖切面上的结构仍按原来位置投影，如图 5-26 所示，小圆孔在主视图中用局部剖视图进行表达，在俯视图中"长对正"按原来位置投影。

3）组合的剖切面（复合剖）

除旋转剖、阶梯剖以外，用组合的剖切平面剖开零件的方法习惯称为复合剖。它用来表达内形较为复杂，且又不能用上述办法简单集中地表达内形的零件。

如图 5-27 所示，机件槽、孔结构有公共回转中心，综合应用了柱面剖切和旋转剖切对机件槽、孔结构进行表达。

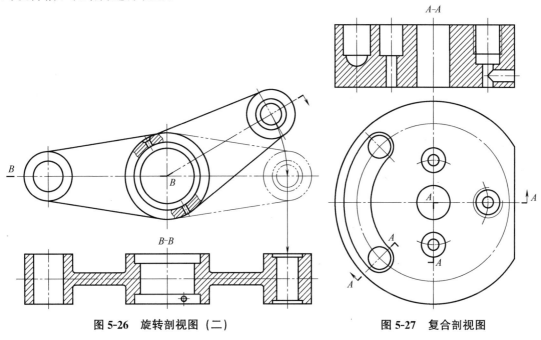

图 5-26 旋转剖视图（二）　　　　　图 5-27 复合剖视图

5.3 断面图

5.3.1 断面图的概念

假想用剖切平面将机件某处切断，仅画出断面的图形称为断面图（简称断面）。断面用来表达机件上某一局部的断面形状，如图 5-28 所示，用 A-A 断面图及 B-B 断面图表示轴上槽、孔处的断面形状。

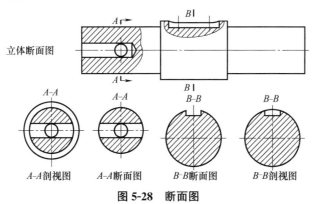

立体断面图

A-A 剖视图　　A-A 断面图　　B-B 断面图　　B-B 剖视图

图 5-28 断面图

在画断面图时应注意：

1）为了表示截断面的实形，剖切平面一般应垂直于所要表达机件结构的轴线或轮廓线；

2）断面图中应画出与机件材料相应的规定剖面符号；

将断面图与剖视图进行比较可知，对仅需要表达断面形状的结构，采用断面图表达比剖视图更为简洁、方便。断面图常用于表达轴、杆类机件、变截面机件局部的断面形状，以及机件上肋板、轮辐的断面形状等。

5.3.2 断面图的种类、画法及标注

断面图分为移出断面图和重合断面图两种（表 5-2），重合断面图多用于表达板块的断面形状，移出断面图适用范围较广。

1. 重合断面图

画在视图轮廓线内的断面称为重合断面，只有当断面形状简单，且不影响图形清晰的情况下才采用重合断面，重合断面的轮廓线用细实线绘制。

2. 移出断面图画法

在视图轮廓线之外的断面称为移出断面，移出断面图适用范围较广，在绘图空间允许的情况下，所有重合断面图都可以移出绘制成移出断面图，移出断面的轮廓线用粗实线绘制。

断面图的画法及标注　　　　　　　　　　　　　　　　　　　　　　　表 5-2

分类	断面位置	画法及标注示例	标注说明	画法注意事项	备注
重合断面	断面形状对称	配置在剖切线上（省略波浪线）	不必标注	1）重合断面的轮廓线用细实线绘制；2）当视图中的轮廓线与重合断面的图形重叠时，视图中的轮廓线仍应连续画出，不可间断	重合断面画成局部时，习惯上不画波浪线
		配置在剖切线上	不必标注		
	断面形状不对称	配置在剖切线上	需要标注投影方向，在不致引起误解时可省略标注		

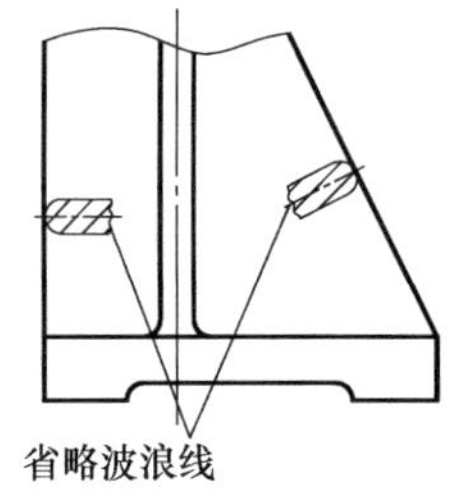

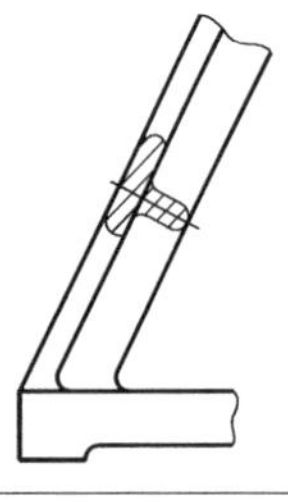

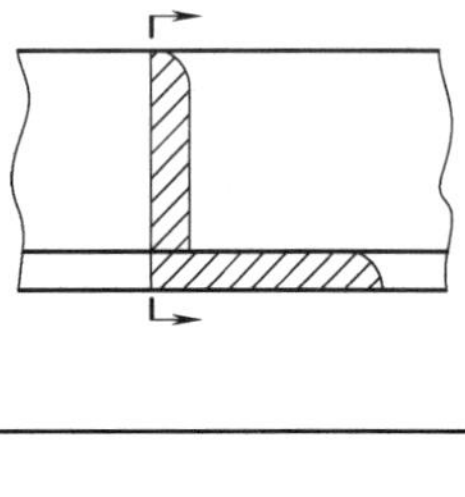

续表

分类	断面位置	画法及标注示例	标注说明	画法注意事项	备注
移出断面	断面形状不对称	剖切符号延长线上	可省略名称及投影方向,但规定了投影方向时,就必须按投影方向绘制	1)移出断面一般用剖切符号表示剖切位置,用箭头表示投射方向,并标注上字母(一律水平书写),在断面的上方应用相同的字母标出相应的名称"×-×"; 2)移出断面的轮廓线用粗实线绘制; 3)移出断面应尽量配置在剖切位置线的延长线上,在不致引起误解时,允许将图形摆放在其他位置,但是必须标注; 4)由两个或多个相交剖切平面剖切得出的移出断面,中间一般应断开; 5)对称的移出断面也可画在视图的中断处	
	断面形状对称		可省略标注		
		配置在其他位置	必须标注名称及投影方向		与表中最后一行断面图对比分析
		配置在中断处	可省略标注		
		按投影关系配置	必须标注名称及投影方向(类似于斜剖视图)	断面按剖视绘制: 1)当剖切平面通过回转面形成的孔或凹坑的轴线时,这些结构按剖视绘制; 2)当剖切平面通过非圆孔,会导致出现完全分离的两个断面时,则这些结构也应按剖视绘制	不致引起误解时,允许将图形旋转
			可省略投影方向,但必须标注名称		

分类		断面位置	画法及标注示例	标注说明	画法注意事项	备注
移出断面	断面形状对称	配置在其他位置		必须标注名称及投影方向（向右视图方向投影只画断面）	断面按剖视绘制： 1）当剖切平面通过回转面形成的孔或凹坑的轴线时，这些结构按剖视绘制； 2）当剖切平面通过非圆孔，会导致出现完全分离的两个断面时，则这些结构也应按剖视绘制	只画断面或是断面按剖视绘制跟投影方向相关
		配置在其他位置		必须标注名称及投影方向		

5.4　局部放大图和简化画法

5.4.1　局部放大图画法

将机件的部分结构用大于原图形所采用的比例画出的图形称为局部放大图。它用来表达视图中不易表示清楚或不便标注尺寸的机件细小结构，如图 5-29 所示。

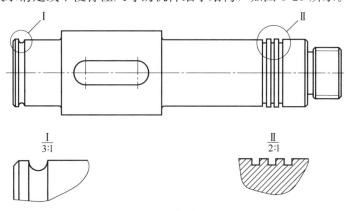

图 5-29　局部放大视图

绘制局部放大图时应注意以下几点：

1) 应用细实线圈出被放大的部位，并尽量配置在被放大部位的附近；

2) 当机件上有几个被放大的部位时，必须用罗马数字依次标明被放大的部位，并在局部放大图上方标注出相应的罗马数字和所采用的比例（实际比例，不是与原图的相对比例）；

3) 当机件上被局部放大的部位仅有一处时，在局部放大图的上方只需标明所采用的比例。

5.4.2 简化画法

简化画法是对机件某些结构图形表达方法进行简化，使图形既清晰又简单易画。下面介绍国家标准规定的一些常用简化画法和其他规定画法，如表 5-3 所示。

简化画法和其他规定画法 表 5-3

内容	图例	说明
重复结构的简化画法	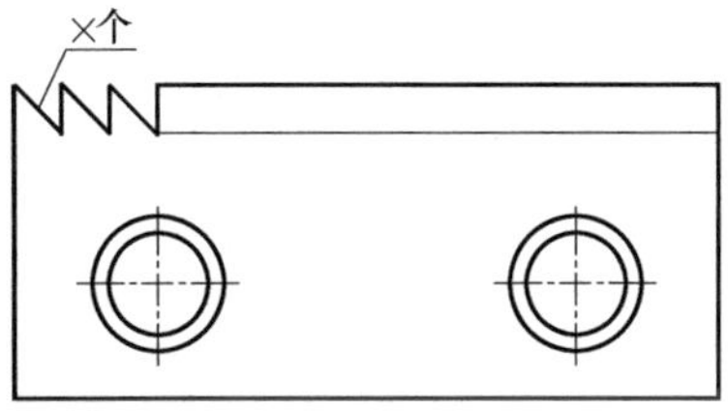 ×个	当零件上具有若干相同结构，如齿、槽等，并按一定规律分布时，只要画出几个完整的结构，其余用细实线连接，但在图中必须注明该结构的总数
	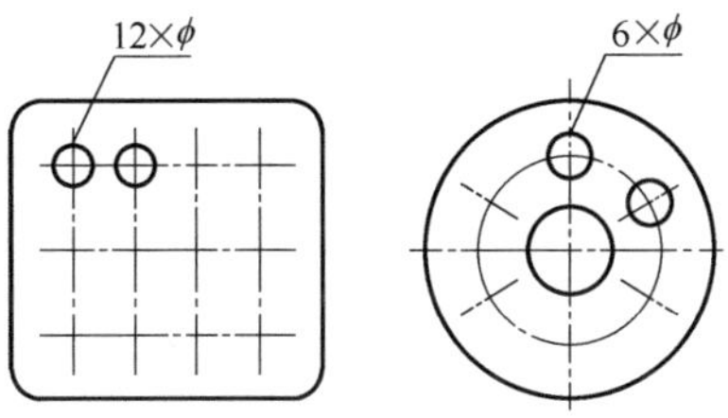 12×φ 6×φ	当零件上具有若干直径相同且成规律分布的孔时，可以仅画出一个或几个，其余用点画线表示其中心位置，但在图中必须注明孔的总数
法兰盘上均匀分布的孔的画法	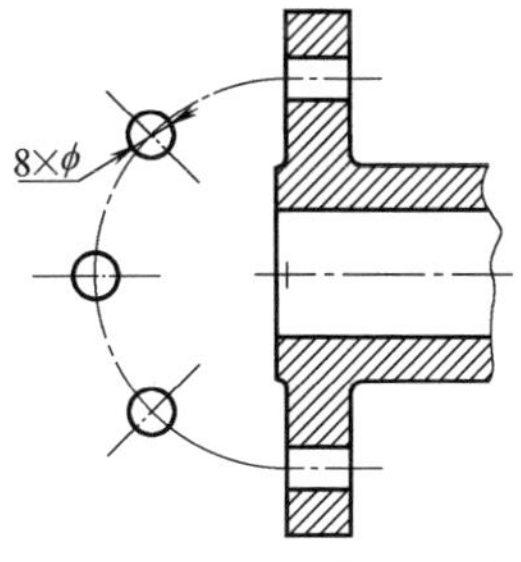 8×φ	圆柱形和类似零件上均匀分布在圆周上直径相同的孔可按图示方法表示
肋板剖切的规定画法	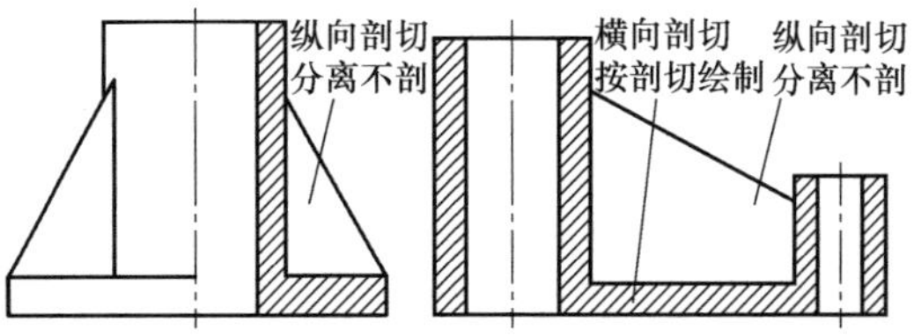 纵向剖切分离不剖 横向剖切按剖切绘制 纵向剖切分离不剖	对于零件上的肋及薄壁结构，当剖切平面沿纵向剖切时，这些结构按不剖绘制，沿相邻形体最外轮廓将其分开，肋板按不剖绘制

内容	图例	说明
均匀分布的肋、轮辐、孔等的剖切图形的简化画法	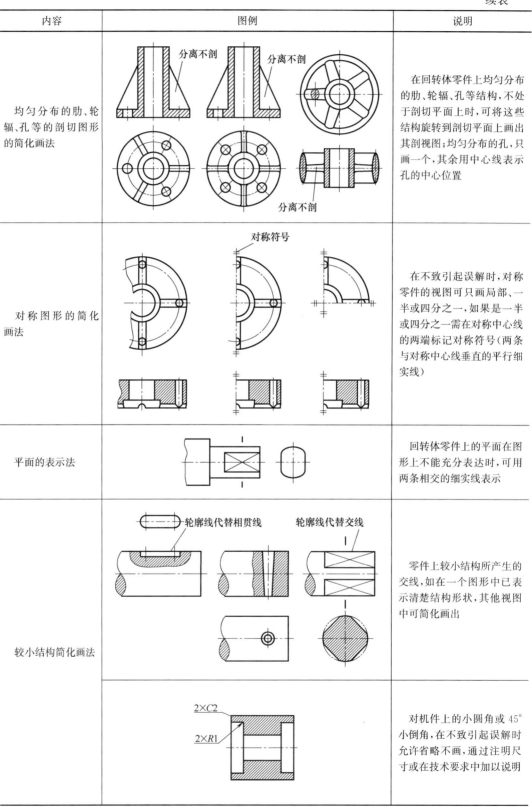	在回转体零件上均匀分布的肋、轮辐、孔等结构,不处于剖切平面上时,可将这些结构旋转到剖切平面上画出其剖视图;均匀分布的孔,只画一个,其余用中心线表示孔的中心位置
对称图形的简化画法		在不致引起误解时,对称零件的视图可只画局部、一半或四分之一,如果是一半或四分之一需在对称中心线的两端标记对称符号(两条与对称中心线垂直的平行细实线)
平面的表示法		回转体零件上的平面在图形上不能充分表达时,可用两条相交的细实线表示
较小结构简化画法		零件上较小结构所产生的交线,如在一个图形中已表示清楚结构形状,其他视图中可简化画出
		对机件上的小圆角或45°小倒角,在不致引起误解时允许省略不画,通过注明尺寸或在技术要求中加以说明

内容	图例	说明
斜度不大的结构简化画法	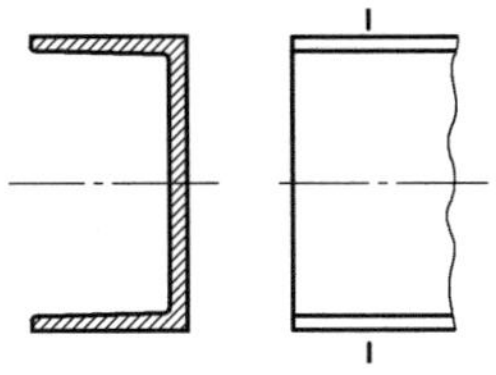	零件上斜度不大的结构，其投影可按小端画出
剖面符号的简化画法	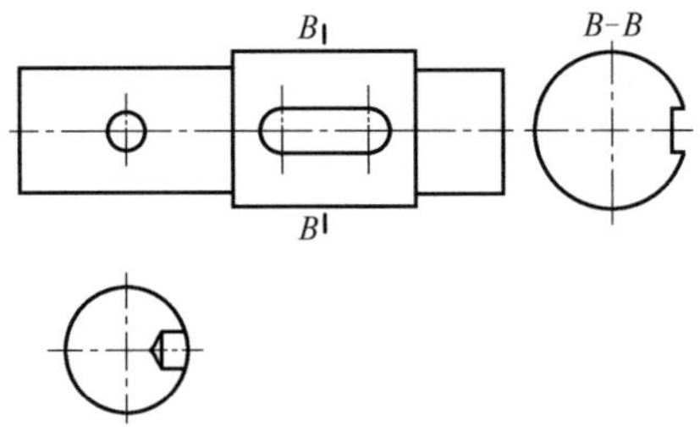 *B-B*	在不致引起误解的情况下，剖面符号可省略
倾角小于 30° 的圆的简化画法	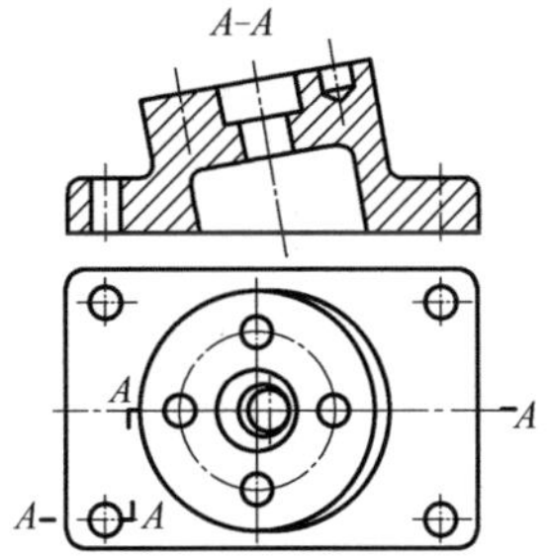 *A-A*	与投影面倾斜角度小于或等于 30° 的圆或圆弧，其投影可用圆或圆弧代替
剖切平面前的结构	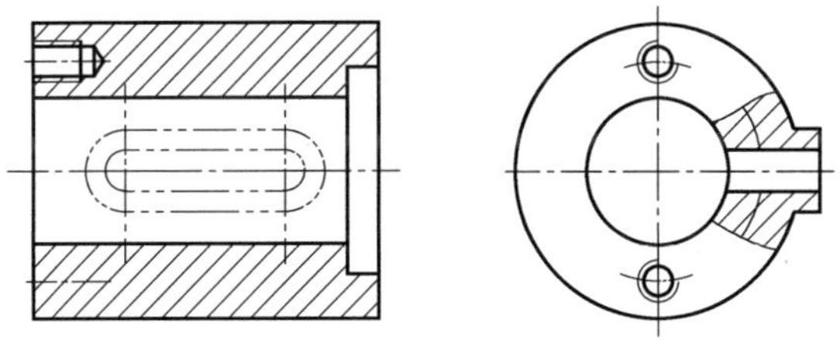	在需要表示位于剖切平面前的结构时，用细双点画线表示
滚花、网状等结构简化画法	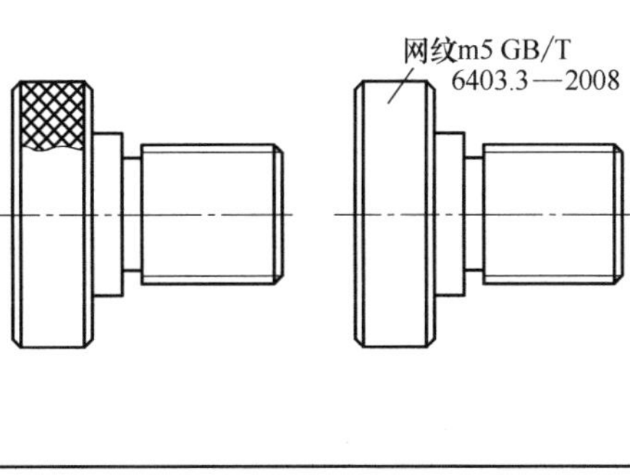 网纹m5 GB/T 6403.3—2008	机件上的滚花、槽沟等网状结构应用粗实线完全或部分地表示出来，或以标注的形式在机件图上注明其具体要求

续表

内容	图例	说明
较长杆件折断画法	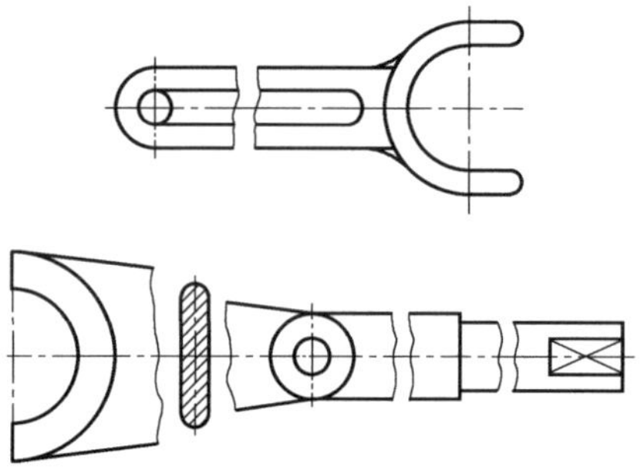	较长的零件,如轴、连杆等,沿长度方向形状一致或按一定规律变化时,可断开后缩短绘制,但仍按实际长度标注尺寸
相贯线的简化画法	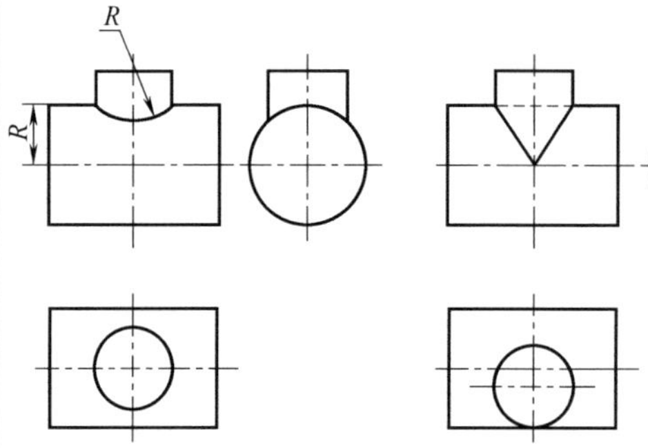	图形中的相贯线不致引起误解时,允许用圆弧或直线替代非圆曲线
过渡线的规定画法	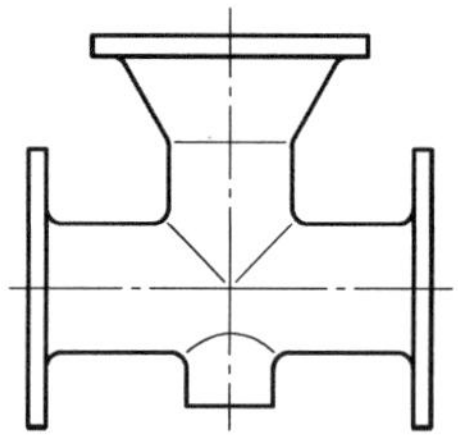	过渡线应用细实线绘制,且不宜与轮廓线相连

5.5　机件的表达

在绘制机械图样时,应根据机件的具体情况,综合运用视图、剖视和断面等各种表达方法。一个机件往往可以有几种不同的表达方案。选择表达方案的原则是:用较少的视图,完整、清晰地表达机件的内外形状。要求每一个视图都有一个表达重点,各视图之间应相互补充,使绘图简单,看图方便。

表达方法综合应用举例:

【例5-3】　选取适当的画法,表达如图5-30所示机件的内外结构。

分析,如图5-30所示:

1) 机件是一壳体,它的内、外形状都比较复杂;

2) 在绘制机件时,可以看成由多个基本体叠加而成,然后挖切空腔、孔、槽结构;

3) 孔槽结构中心前后、上下不在同一平面上,因此考虑阶梯剖进行剖切表达;

4) 且机件不对称,不考虑半剖视图;

5) 机件外形尤为复杂,剖切时应优先考虑局部剖视图,如果有外形轮廓特征被剖掉,

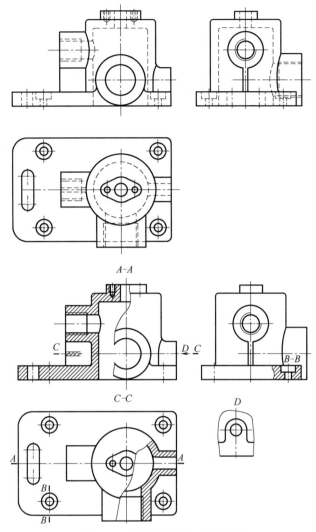

图 5-30 表达方法综合应用举例

应考虑用视图的方式补充表达；

6）机件中还有肋板，所以考虑用断面图对肋板进行断面形状表达。

如图 5-30 所示：

1）主视图一次剖切局部剖视图，保留了前端凸台外形，剖出了顶端圆孔与空腔的形状结构及左端凸台螺纹孔与空腔的形状结构，同时肋板重合断面图表达了肋板板厚；

2）俯视图一次剖切局部剖视图，补充表达了前端凸台圆孔与空腔的形状结构及前端凸台上螺纹小孔的不可见结构，表达了右端凸台圆孔与空腔的结构形状，同时保留了顶面凸台形状；

3）左视 B-B 局部剖视图，补充表达底板沉孔形状，去掉不可见轮廓，表达外形结构形状，丢失的右端小凸台形状轮廓用 D 向视图进行表达；

4）内外空腔均完整表达，各部分外形结构特征直观，整体感较好。

第 6 章
标准件及常用件

机械设备由零件组装而成，零件被视为最小单位；零件分为标准件、常用件及非标准件。本章重点介绍标准件及常用件。

标准件是机械设备中被广泛使用的一类零件，标准件是指结构、尺寸、画法、标记等各个方面已经完全标准化，并由专业厂生产的常用的零（部）件。广义的标准件包括标准化的紧固件、连结件、传动件、密封件、液压元件、气动元件、轴承、弹簧等机械零件。

常用件是机械设备中常用的一类零件，常用件是国家标准对其部分结构及尺寸参数进行了标准化的零件，虽然它们的部分结构和参数已经标准化，但由于使用条件的多样性，其具体参数和形状可能会有所不同。常用件包括齿轮、弹簧等。

标准件及常用件的特点：

1）标准化：其型式、结构、材料、尺寸、精度及画法等均按照国家统一规定的标准进行，具有很高的标准化程度。

2）通用性强：能通用在各种机器、仪器、设备、建筑物上，并具有互换性，可在不同的场景和设备中通用。

3）批量生产：由专门厂家进行大批量生产，成本相对较低，质量也更有保障。

6.1 螺纹

6.1.1 螺纹的形式和要素

1. 螺纹的形成

螺纹是一平面图形（如三角形、矩形或梯形等）绕一圆柱（圆锥）作螺旋运动所形成的具有连续凸起和沟槽的螺旋体。在圆柱或圆锥外表面上的螺纹称为外螺纹；在圆柱或圆锥内表面上的螺纹称为内螺纹。内、外螺纹一般成对使用，成对使用的内外螺纹要素必须一致，否则无法旋合。螺纹分为连接螺纹和传动螺纹两大类，常见的螺钉连接、螺栓连接、双头螺柱连接中的连接件为连接螺纹，通常为三角形螺纹；螺旋千斤顶、螺旋测微器、滚珠丝杠传动中的螺纹件属于传动螺纹，通常为梯形螺纹、锯齿形螺纹、矩形螺纹等。

螺纹的加工方法有很多，如表 6-1 所示。

常见的螺纹加工方法　　　　　　　　　　　　　　　　　　　　　表 6-1

加工方法	说明
攻丝	攻丝是一种通过丝锥在孔壁上切削出内螺纹的方法。首先使用钻头在工件上打出相应规格的孔,然后将丝锥插入孔中,通过旋转丝锥或工件切削出螺纹。攻丝适用于各种材料和规格的内螺纹加工,具有高精度和较高的效率
套丝	套丝是使用板牙在工件上加工出外螺纹的方法。套丝时,板牙与工件做相对旋转运动,并由先形成的螺纹沟槽引导着板牙做轴向移动
车螺纹	车螺纹主要通过车床实现,使用车刀切削出螺纹。在车螺纹之前,需要先安装好刀具和工件,调整好车床参数。车螺纹可以加工出不同规格和材料的螺纹,且精度和效率都很高。普通车床车削梯形螺纹的螺距精度一般只能达到 8～9 级,但在专门的螺纹车床上加工螺纹,生产率和精度可显著提高
滚压螺纹	滚压螺纹是一种新的螺纹加工方法,通过滚压轮的滚动来挤压工件表面,形成螺纹形状。这种方法适用于大批量生产,具有高效、高精度和表面质量好的特点
旋风铣削	旋风铣削是一种特殊的螺纹加工方法,通过旋转铣刀和工件的相对运动来切削出螺纹。其优点在于可以加工出高精度的螺纹,切削速度较快,适用于大批量生产。但旋风铣削需要使用特殊的铣刀和夹具,成本较高
磨削螺纹	磨削螺纹是通过砂轮等磨具对工件进行磨削,以达到所需的螺纹精度和表面质量。磨削螺纹适用于高精度和表面质量要求的螺纹加工,但效率相对较低
研磨螺纹	研磨螺纹是通过研磨工具对工件进行精细磨削,以达到更高的精度和表面质量;研磨螺纹通常用于对螺纹进行最后精加工

2. 螺纹的基本要素

1) 牙型:在通过螺纹轴线的剖面上,螺纹的轮廓形状称为螺纹牙型。常见的牙型有三角形、梯形、锯齿形、矩形等。螺纹的牙型不同,其用途就不同,种类也就不一样;每一种螺纹都有相应的螺纹种类代号,如表 6-2 所示。

常用的标准螺纹牙型　　　　　　　　　　　　　　　　　　　　　表 6-2

螺纹种类			牙型图例	代号	用途
连接螺纹	粗牙普通螺纹			M	是最常用的连接螺纹;细牙螺纹的螺距较粗牙为小,切深较浅,用于细小精密零件或薄壁零件上
	细牙普通螺纹				
	非螺纹密封管螺纹			G	本身无密封能力,常用于电线管等不需要密封的管路系统;非螺纹密封的管螺纹如另加密封结构后,密封性能很可靠
	用螺纹密封的管螺纹	圆锥内螺纹		R_c	可以是圆锥内螺纹(代号为 R_c,锥度 1:16)与圆锥外螺纹(代号为 R)配对连接;
		圆锥外螺纹		R	可以是圆柱内螺纹(代号为 R_p)与圆锥外螺纹(代号为R)配对连接;
		圆柱内螺纹		R_p	其内外螺纹旋合后有密封能力

续表

螺纹种类		牙型图例	代号	用途
传动螺纹	梯形螺纹		Tr	可双向传递运动及动力，常用于承受双向力的丝杆传动
	锯齿形螺纹		B	只能传递单向动力，如螺旋压力机的传动丝杆就采用这种螺纹

2）公称直径：代表螺纹尺寸的直径称为公称直径，一般指螺纹大径。如图 6-1 所示，与外螺纹牙顶或内螺纹牙底相重合的假想圆柱面的直径称为大径，代号用 d（外螺纹）或 D（内螺纹）表示；与外螺纹牙底或内螺纹牙顶相重合的假想圆柱面的直径，称为螺纹的小径，代号用 d_1（外螺纹）或 D_1（内螺纹）表示；当假想圆柱的母线通过牙型上沟槽和凸起宽度相等之处时，此假想圆柱称为中径圆柱，其母线称为中径线，其直径称为螺纹的中径，用 d_2（外螺纹）或 D_2（内螺纹）表示。

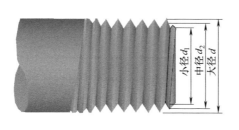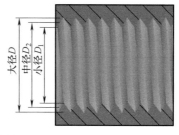

图 6-1　公称直径

3）线数 n：螺纹有单线和多线之分，沿一条螺旋线形成的螺纹称为单线螺纹；沿两条或两条以上螺旋线形成的螺纹称为多线螺纹，如图 6-2 所示。

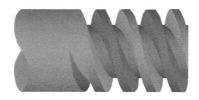

单线螺纹　　　　　　　　　　　　　　双线螺纹

图 6-2　线数

4）螺距 P 和导程 P_h：螺纹相邻两牙在中径线上对应两点间的轴向距离称为螺距，同一条螺旋线上相邻两牙在中径线上对应点之间的轴向距离称为导程。单线螺纹的螺距等于导程；多线螺纹的螺距乘以线数等于导程，如图 6-3 所示。

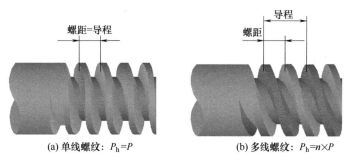

(a) 单线螺纹：$P_\mathrm{h}=P$ (b) 多线螺纹：$P_\mathrm{h}=n×P$

图 6-3　螺距和导程

5）旋向：螺纹有右旋和左旋之分，顺时针旋转时旋入的螺纹，称为右旋螺纹；逆时针旋入的螺纹，称为左旋螺纹，如图 6-4 所示。判别螺纹的旋向时，可将螺纹轴线竖起来。螺纹可见部分，由左向上升的为右旋，反之为左旋。常用的螺纹是右旋螺纹。

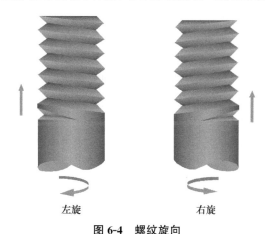

左旋　　　　　右旋

图 6-4　螺纹旋向

内外螺纹总是成对使用，只有当五个要素（牙型、大径、螺距、线数、旋向）都相同时，内、外螺纹才能旋合在一起。

6.1.2　螺纹的种类

1. 按螺纹要素分类

按螺纹要素是否标准，可将螺纹分为标准螺纹、特殊螺纹和非标准螺纹三种。

1）标准螺纹牙型、大径和螺距均符合国家标准的螺纹称为标准螺纹。

2）特殊螺纹牙型符合标准、大径或螺距不符合标准的螺纹称为特殊螺纹。

3）非标准螺纹牙型不符合标准的螺纹称为非标准螺纹，如方牙螺纹。

2. 按螺纹的用途分类

按螺纹的用途将螺纹分为连接螺纹和传动螺纹两大类。

1）连接螺纹：连接螺纹的共同特点是牙型皆为三角形，其中普通螺纹的牙型角为 $60°$，管螺纹的牙型角为 $55°$。同一种大径的普通螺纹一般有几种螺距，螺距最大的一种称为粗牙普通螺纹，其余称为细牙普通螺纹。

2）传动螺纹：传动螺纹是用来传递动力和运动的，常用的是梯形螺纹，其牙型为等腰梯形；有时也用锯齿形螺纹，其牙型为不等腰梯形。

其具体分类详见表 6-2。

6.1.3 螺纹的规定画法

国家标准《机械制图　螺纹及螺纹紧固件表示法》GB/T 4459.1-1995 中规定的螺纹画法如下：

1. 外螺纹规定画法

1）实心杆件上外螺纹的规定画法（不剖），如图 6-5（a）所示：

大径：主视图用粗实线绘制，左视图用粗实线圆绘制；

小径：主视图用细实线绘制，左视图用 3/4 细实线圆绘制（开口位置左下）；

螺纹终止线：主视图螺纹终止线用粗实线绘制；

端部倒角：主视图完整绘制倒角轮廓（去掉被切去的大径小径轮廓），左视图省略切倒角产生的端面圆不画。

2）空心杆件上的外螺纹剖切后的规定画法（剖切），如图 6-5（b）所示：

大径：主视图用粗实线绘制，左视图用粗实线圆绘制；

小径：主视图用细实线绘制，左视图用 3/4 细实线圆绘制（开口位置左下）；

螺纹终止线：主视图未被剖切部分的螺纹终止线用粗实线绘制；被剖切部分只绘制牙高部分螺纹终止线，粗实线绘制；

端部倒角：主视图按局部剖绘制倒角轮廓，左视图省略切倒角产生的端面圆不画；

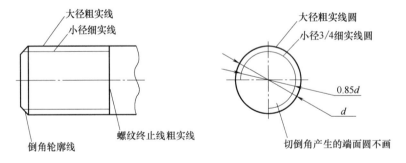

(a) 实心不剖外螺纹

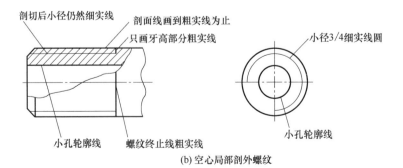

(b) 空心局部剖外螺纹

图 6-5　外螺纹规定画法

小孔轮廓：主、左视图按局部剖绘制小孔轮廓；

剖面线：主视图局部剖断面填充 45°细实线（剖面线）画到粗实线（大径为止）。

注：近似画法螺纹小径＝0.85 大径，及 $d_1＝0.85d$。

2. 内螺纹画法

1）内螺纹不剖时的规定画法，如图 6-6（a）所示：

大径：主视图不剖不可见用虚线绘制，左视图用 3/4 细实线圆绘制（开口位置左下）；

小径：主视图不剖不可见用虚线绘制，左视图用粗实线圆绘制；

螺纹终止线：主视图螺纹终止线不剖不可见用虚线绘制；

端部倒角：主视图不剖不可见，用虚线绘制端部倒角轮廓，左视图省略切倒角产生的端面圆不画。

2）内螺纹剖切后的规定画法，如图 6-6（b）所示：

大径：剖切后主视图大径可见用细实线绘制，左视图用 3/4 细实线圆绘制（开口位置左下）；

小径：剖切后主视图小径可见用粗实线绘制，左视图用粗实线圆绘制；

螺纹终止线：剖切后主视图螺纹终止线可见用粗实线绘制；

端部倒角：剖切后主视图倒角轮廓可见，用粗实线绘制可见倒角轮廓；左视图省略切倒角产生的端面圆不画；

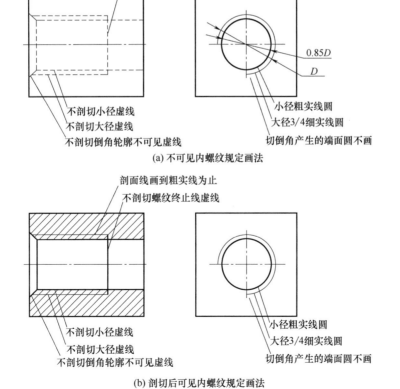

(a) 不可见内螺纹规定画法

(b) 剖切后可见内螺纹规定画法

图 6-6　内螺纹规定画法

剖面线：主视图全剖断面填充 45°细实线（剖面线），画到粗实线（小径为止）。

注：近似画法螺纹小径＝0.85 大径，及 $D_1=0.85D$。

3. 内外螺纹旋合的规定画法

螺纹要素全部相同的内、外螺纹才能旋合在一起。内、外螺纹的旋合时，应用剖视图表示其旋合的规定画法。画法规定旋合部分应按外螺纹绘制，其余部分仍按各自的画法表示，如图 6-7 所示。

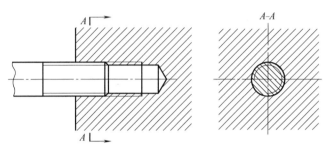

图 6-7　内外螺纹旋合规定画法

4. 其他规定画法

1）盲孔内螺纹

在较厚零件上加工内螺纹，由于不易加工通孔，应先钻孔加工盲孔，由于钻头端部为 120°圆锥面，因此孔底部也应为 120°圆锥面；然后用丝锥攻内螺纹；由加工方法可知，转孔直径等于内螺纹小径；丝锥攻内螺纹得到大径（相当于扩孔）；规定画法如图 6-8 所示。

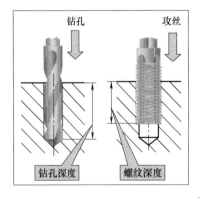
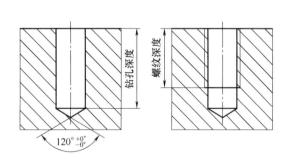

图 6-8　盲孔内螺纹

2）螺纹孔相贯线的画法

螺纹孔与圆孔相交有相贯线，螺纹孔与螺纹孔相交也有相贯线，其规定画法如图 6-9 所示。

3）非标准螺纹规定画法

对于标准螺纹，在一般的机械制图中，通常不需要绘制螺纹牙形，只需要按照规定的画法用粗实线和细实线分别表示螺纹的牙顶、牙底、螺纹终止线等即可；但是非标准螺纹通常需要绘制螺纹牙型（一般绘制 2～3 个牙型），并对牙型进行尺寸标注，如图 6-10（a）

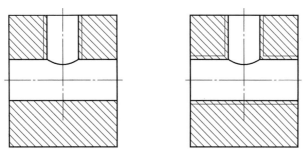

图 6-9 螺纹孔相贯线规定画法

所示；如果牙型尺寸较小，可以选择用局部放大剖视图进行表达，便于尺寸标注，如图 6-10（b）所示。

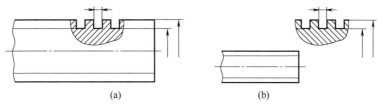

(a)   (b)

图 6-10 非标准螺纹规定画法

画图时应注意：表示大、小径的粗实线和细实线必须对齐，而与倒角的大小无关。

6.1.4 螺纹代号及标注

1. 螺纹代号应按下列顺序进行标注

1）普通螺纹

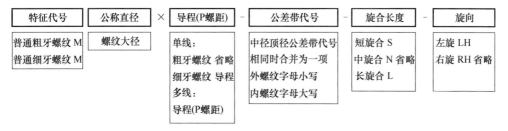

特征代号	公称直径	×	导程(P螺距)	-	公差带代号		旋合长度	-	旋向
普通粗牙螺纹 M 普通细牙螺纹 M	螺纹大径		单线： 粗牙螺纹 省略 细牙螺纹 导程 多线： 导程(P螺距)		中径顶径公差带代号 相同时合并为一项 外螺纹字母小写 内螺纹字母大写		短旋合 S 中旋合 N 省略 长旋合 L		左旋 LH 右旋 RH 省略

2）管螺纹代号

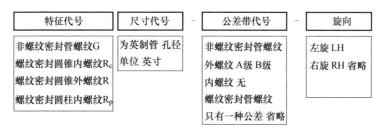

特征代号	尺寸代号	-	公差带代号		旋向
非螺纹密封管螺纹G 螺纹密封圆锥内螺纹Rc 螺纹密封圆锥外螺纹R 螺纹密封圆柱内螺纹Rp	为英制管 孔径 单位 英寸		非螺纹密封管螺纹 外螺纹 A级 B级 内螺纹 无 螺纹密封管螺纹 只有一种公差 省略		左旋 LH 右旋 RH 省略

3）传动螺纹代号

特征代号	公称直径	×	导程(P螺距)	旋向	-	公差带代号	-	旋合长度
梯形螺纹Tr 锯齿形螺纹B	螺纹大径		单线: 导程 多线: 导程(P螺距)	左旋 LH 右旋 RH 省略		中径顶径公差带代号 相同时合并为一项 外螺纹字母小写 内螺纹字母大写		短旋合 S 中旋合 N 省略 长旋合 L

【例 6-1】 说明 M20-5G、M20×1.5-S、M20×4（P2)-5g6g、G1/2-A、R1/2-LH、T$_r$40×14(P7)-7e、B40×7-7E 的含义。

说明：

1)M20-5G 普通粗牙内螺纹 公称直径 20 单线 中径顶径公差带代号 5G5G 中等旋合长度 右旋（注:内螺纹公差带代号字母大写）

2)M20×1.5-S 普通细牙螺纹 公称直径 20 螺距 1.5 单线 短旋合长度 右旋

3)M20×4(P2)-5g6g 普通细牙外螺纹 公称直径 20 导程 4 螺距 2 双线 中径顶径公差带代号 5g6g 中等旋合长度 右旋 (注：外螺纹公差带代号字母小写)

4) G1/2-A 非螺纹密封 1/2 英寸外管螺纹 公差等级 A 级 右旋（注：非螺纹密封内管螺纹无公差等级）

5) R1/2-LH 螺纹密封 1/2 英寸圆锥外管螺纹 左旋

6) T$_r$40×14（P7) -7e 梯形外螺纹 公称直径 40 导程 14 螺距 7 双线 中径顶径公差带代号 7e7e 中等旋合长度 右旋

7) B40×7-7E 锯齿形内螺纹 公称直径 40 螺距 7 单线 中径顶径公差带代号 7E7E 中等旋合长度 右旋

2. 螺纹标注

不同螺纹的标注形式如表 6-3 所示。

螺纹标注 表 6-3

举例	标注形式	说明	旋合标注形式
普通细牙外螺纹 M20×1.5-5G	M20×1.5-5g	普通螺纹采用从大径处引出尺寸界线,将螺纹代号按标注尺寸的形式标注在尺寸界线上； 梯形（锯齿形）螺纹同上	M20×1.5-5G/5g
普通细牙内螺纹 M20×1.5-5G	M20×1.5-5G		
非螺纹密封外管螺纹 G1 A	G1A	管螺纹必须采用从大径轮廓线上引出斜线标注螺纹代号； 非螺纹密封外管螺纹有公差等级； 非螺纹密封内管螺纹没有公差等级	G1/G/A
非螺纹密封内管螺纹 G1	G1		

续表

举例	标注形式	说明	旋合标注形式
特殊三角形外螺纹 特 M24×1.25-LH	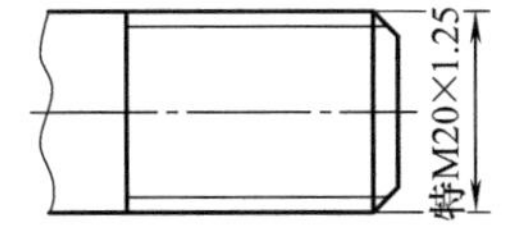 特M20×1.25	特殊螺纹从大径处引出尺寸界线，将螺纹代号按标注尺寸的形式标注在尺寸界线上； 尺寸代号必须在牙型符号前加"特"字，在牙型符号后加大径和螺距	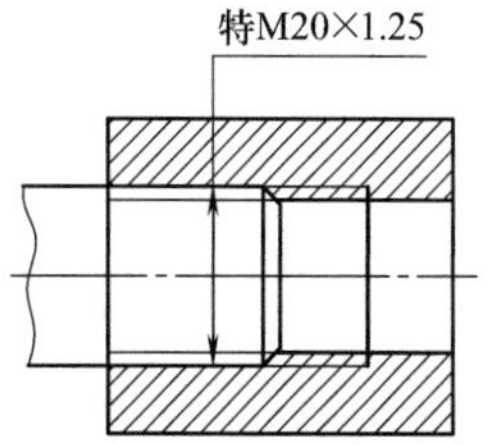 特M20×1.25
特殊三角形内螺纹 特 M24×1.25-LH	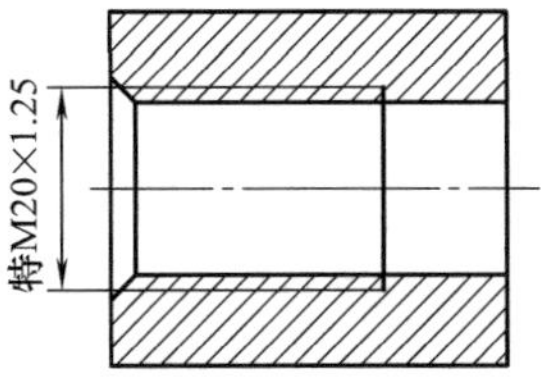 特M20×1.25		
非标准(矩形)外螺纹 大径□32 小径□26 螺距6　牙宽3	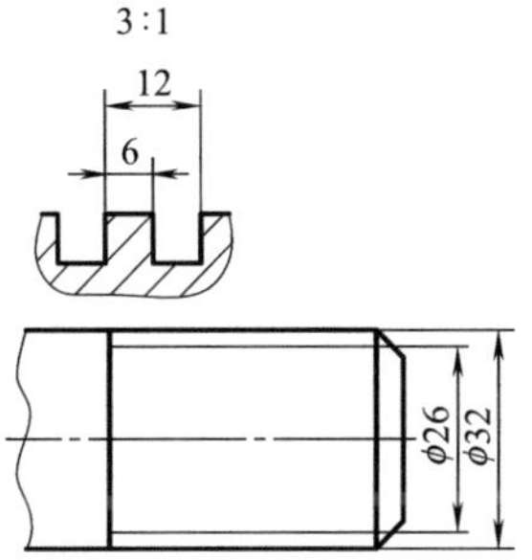 3:1 12 6 φ26 φ32	非标准螺纹应标注出螺纹的大径、小径、螺距和牙型	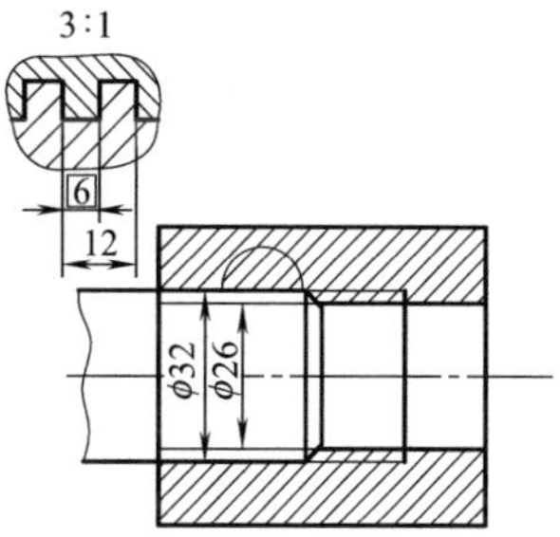 3:1 6 12 φ32 φ26
非标准(矩形)内螺纹 大径□32 小径□26 螺距6　牙宽3	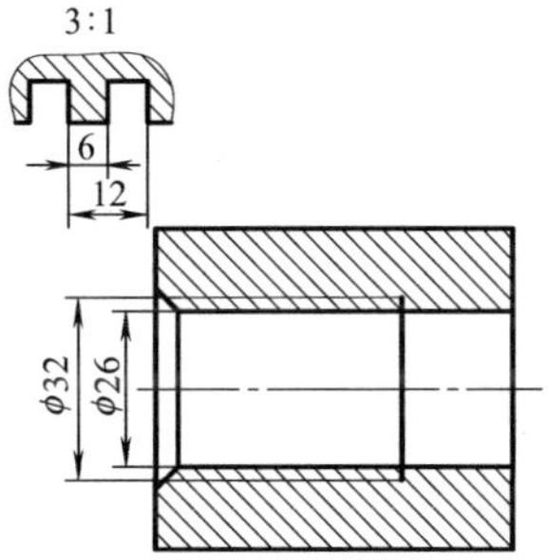 3:1 6 12 φ32 φ26		

6.2　螺纹紧固件

　　螺纹紧固件是一种通过螺纹结构实现连接或紧固的机械零件，螺纹紧固件具有结构简单、连接可靠、拆卸方便等优点，因此被广泛应用于各种机械和设备中。它们的主要作用是将两个或多个部件牢固地连接在一起，并确保其在工作过程中不松动或移位。

6.2.1　螺纹紧固件的种类及规定标记

　　常见的螺纹紧固件包括螺栓、螺母、螺钉、螺柱、垫圈等，如表6-4所示。

常见的螺纹紧固件 表 6-4

名称	形状	规定标记
六角头螺栓	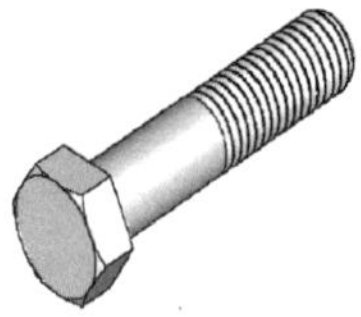	螺栓 GB/T 5782-2016 M12×50
双头螺柱		螺柱 GB/T 899-1988 M12×50
盘头螺钉		螺钉 GB/T 67-2016 M10×40
沉头螺钉	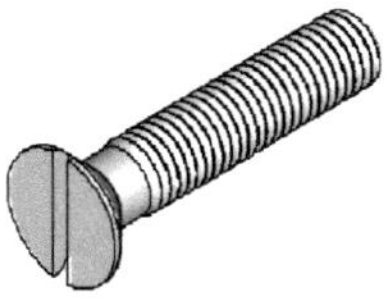	螺钉 GB/T 68-2016 M10×40
内六角头螺钉	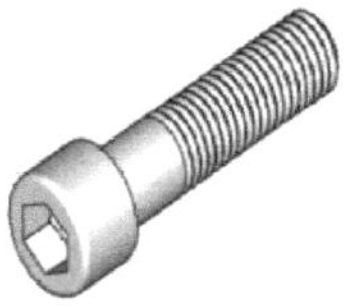	螺钉 GB/T 70.1-2008 M10×40
十字沉头螺钉	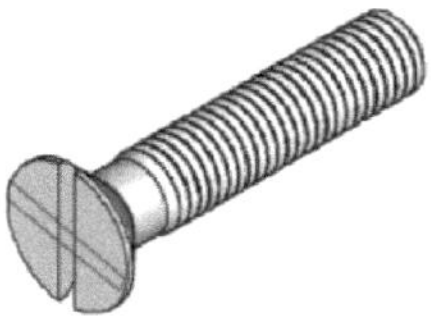	螺钉 GB/T 819.1-2016 M10×40
锥端紧固螺钉		螺钉 GB/T 71-2018 M10×40
普通垫圈	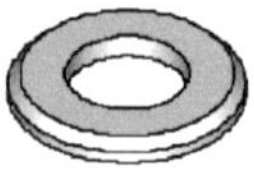	垫圈 GB/T 97.1-2002 12
弹簧垫圈		垫圈 GB 93-1987 12
圆螺母用止动垫圈	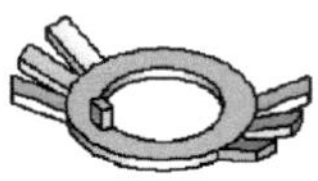	垫圈 GB/T 858-1988 12

续表

名称	形状	规定标记
圆螺母	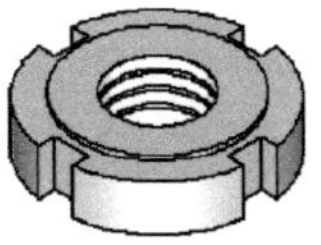	螺母 GB/T 812-1988 M12
六角槽形螺母		螺母 GB/T 6178-1986 M12
六角螺母	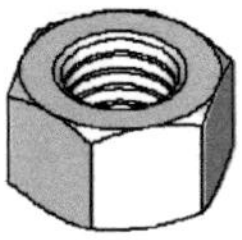	螺母 GB/T 6170-2015 M12

6.2.2 螺纹紧固件的比例画法

常用螺纹紧固件比例画法：

螺纹紧固件各部分尺寸可以从相应国家标准中查出，但在绘图时为了提高效率，大多不必查表而是采用比例画法。

所谓比例画法就是当螺纹大径选定后，除了螺栓、螺柱和螺钉等紧固件的有效长度要根据被连接件的实际情况确定外，紧固件的其他各部分尺寸都取与紧固件的螺纹大径成一定比例的数值来作图的方法，如表 6-5 所示。

常见的螺纹紧固件画法   表 6-5

名称	比例画法	备注
六角螺母	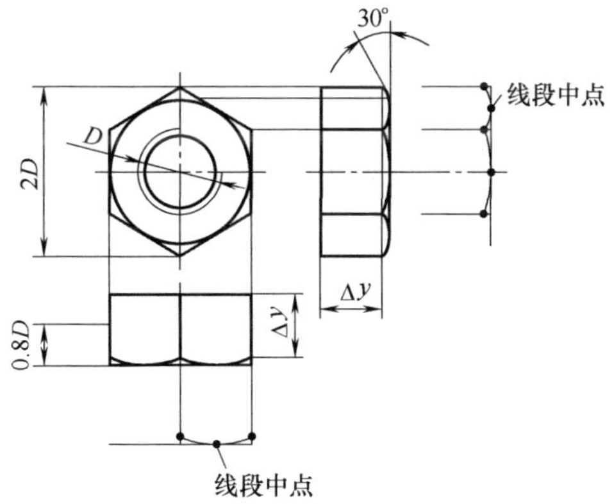	按不剖绘制
普通垫圈	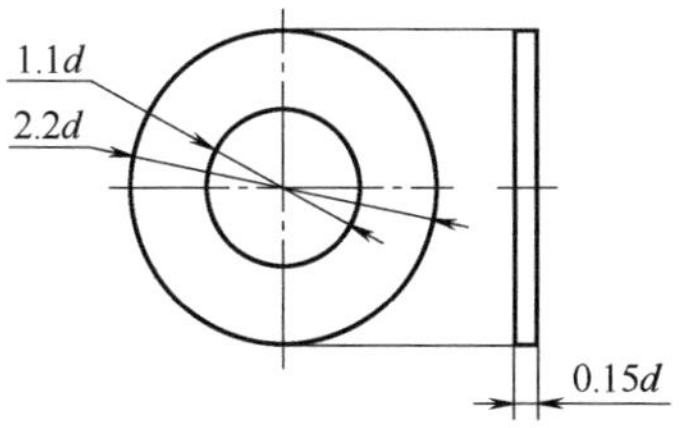	按不剖绘制

名称	比例画法	备注
弹簧垫圈	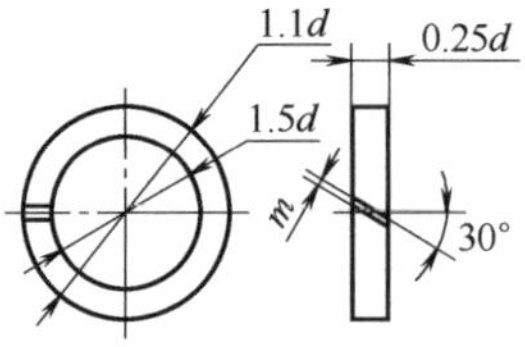	按不剖绘制 压平后的画法 $m=(0.125\sim0.15)d$
六角头螺栓	 螺栓头部作图方法与螺母相同	L 长＝被连接件厚度$(\delta_1+\delta_2)$＋垫圈厚度＋螺母厚度＋螺纹余量 $a=(0.25-0.3)d$
双头螺柱	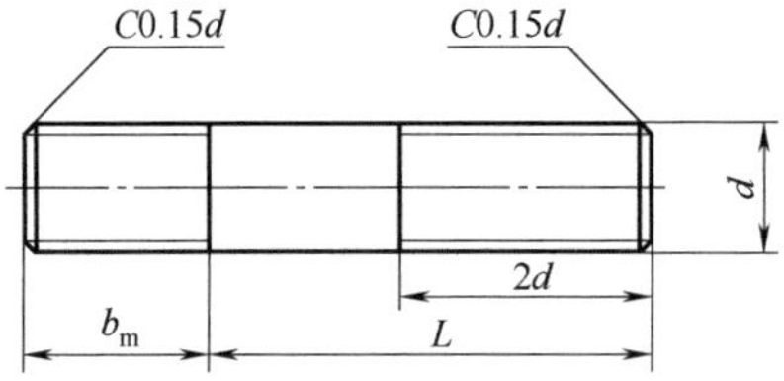	L 长＝被连接件厚度 δ＋垫圈厚度＋螺母厚度＋螺纹余量 a
圆柱头螺钉		盘头螺钉与圆柱头螺钉头部尺寸略有不同 L 长＝δ 被连接件厚度 δ＋旋入深度 b_m	b_m 为旋入深度 被连接件为青铜、铸铁等较硬材料时 $b_m=d$；被连接件为塑料、铝等较软材料时 $b_m=2d$；被连接件为其他金属材料时 $b_m=1.5d$
沉头螺钉	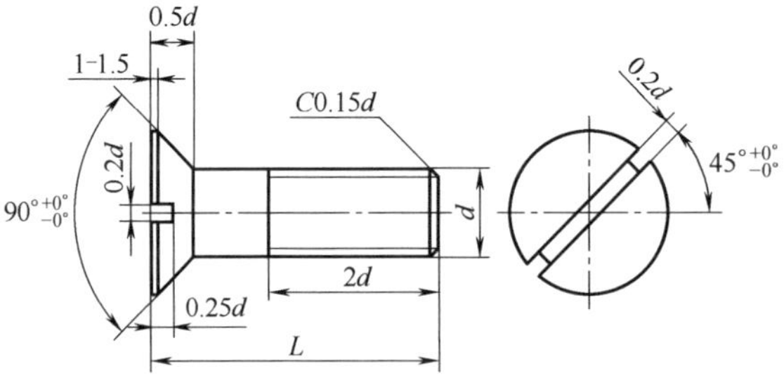	L 长＝被连接件厚度 δ＋旋入深度 b_m	
锥端紧固螺钉	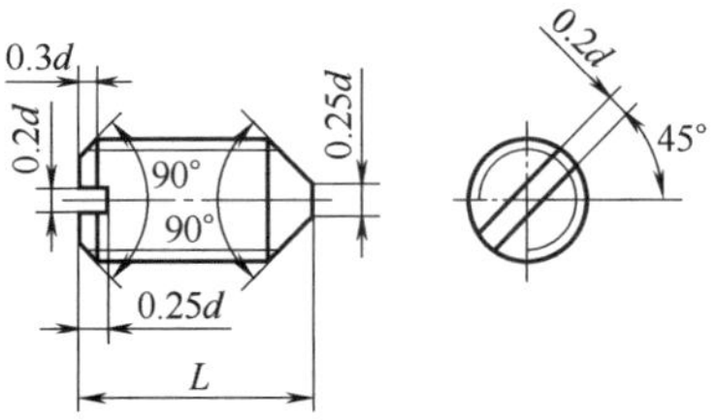	L 为公称长度 与被连接件厚度及材料相关	

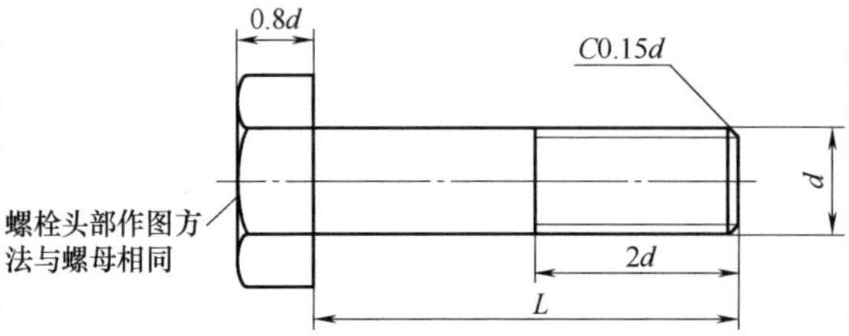

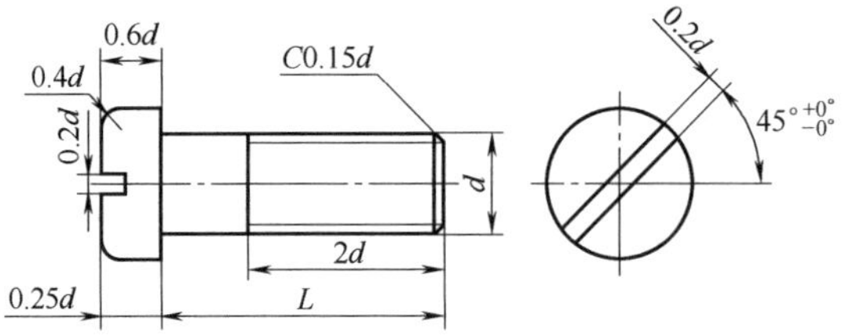

2. 螺纹紧固件的装配画法 (表6-6)

螺纹紧固件连接画法   表6-6

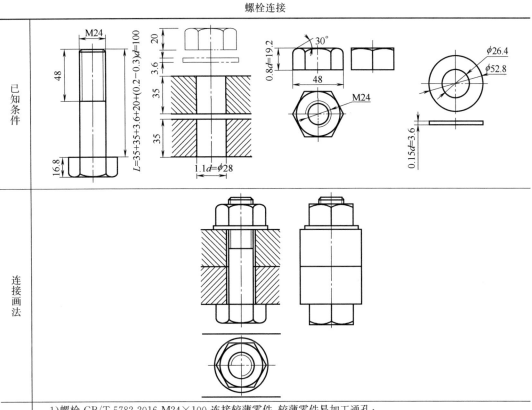

螺栓连接

说明

1) 螺栓 GB/T 5782-2016 M24×100 连接较薄零件,较薄零件易加工通孔;

2) 配对 螺母 GB/T 6170-2015 M24,垫圈 GB/T 97.1-2002 24;

3) 较薄零件加工通孔,通孔应配做,通孔直径应大于螺栓公称直径,孔径 $1.1d = 26.4$;

4) 两个被连接件加工通孔,需剖切,规定不同零件剖面线必须不同;

5) L＝被连接件 δ_1＋被连接件 δ_2＋垫片厚 h＋螺母厚 m＋螺纹余量 a;L＝35＋35＋3.6＋20＋6≈100;两个零件的接触表面画一条线,不接触表面画两条线,若两线距离较近可用夸大画法;

6) 为画图方便,近似计算出的结果可取整进行绘图;

7) 一般螺栓、螺母、垫圈按不剖绘制,必要时可采用局部剖视

双头螺柱连接

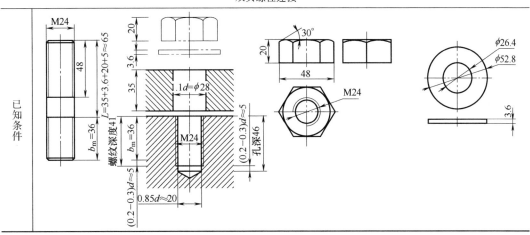

	双头螺柱连接
连接画法	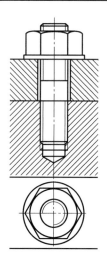
说明	1)螺柱 螺柱 GB/T 899-1988　M24×65 连接一个较薄零件和一个较厚零件,较厚零件不易加工通孔,较薄零件易加工通孔,且需要经常拆装; 2)配对 螺母 GB/T 6170-2015 M24,垫圈 GB/T 97.1-2002 24; 3)较薄零件加工通孔,通孔直径应大于螺栓公称直径,孔径 $1.1d=26.4$; 4)较厚零件加工盲孔内螺纹,钻头打孔,丝锥攻内螺纹;孔径为螺纹小径,孔深 = 螺纹深度 + 孔深余量 $(0.25-0.3)d$;螺纹深度 = 旋合长度 b_m + 内螺纹余量 $(0.25-0.3)d$;取 $b_m=1.5d$; 5)螺柱 L = 较薄被连接件厚度 δ + 垫片厚 h + 螺母厚 m + 螺纹余量 a;$L=35+3.6+20+6\approx65$; 6)被连接件需剖切,规定不同零件剖面线必须不同; 7)为画图方便,近似计算出的结果可取整进行绘图; 8)两个零件的接触表面画一条线,不接触表面画两条线,若两线距离较近可用夸大画法; 9)一般螺柱、螺母、垫圈按不剖绘制,必要时可采用局部剖视
	沉头螺钉连接
已知条件	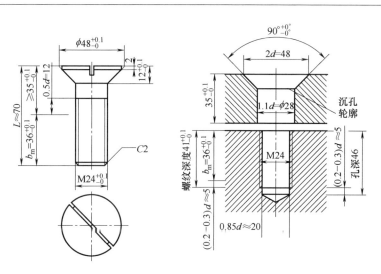

续表

<table>
<tr><td colspan="2" align="center">沉头螺钉连接</td></tr>
<tr><td>连接画法</td><td>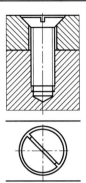</td></tr>
<tr><td>说明</td><td>

1)螺钉 GB/T 68-2016 M24×70 连接一个较薄零件和一个较厚零件,较厚零件不易加工通孔,较薄零件易加工通孔,且不需要经常拆装,同时要求机件表面平整,受力不大的零件;

2)较薄零件加工通孔,通孔直径应大于螺栓公称直径,孔径 $1.1d=26.4$,然后加工锥面沉孔,锥面沉孔锥度必须与螺钉头部锥面锥度一致;

3)较厚零件加工盲孔内螺纹,钻头打孔,丝锥攻内螺纹;孔径为螺纹小径,孔深=螺纹深度+孔深余量$(0.25-0.3)d$;螺纹深度=旋合长度 b_m+内螺纹余量$(0.25-0.3)d$;取 $b_m=1.5d$;

4)螺钉 $L=$较薄被连接件厚度 δ+旋合长度 b_m;$L=35+36\approx70$;

5)为画图方便,近似计算出的结果可取整进行绘图;

6)被连接件需剖切,规定不同零件剖面线必须不同;

7)两个零件的接触表面画一条线,不接触表面画两条线,若两线距离较近可用夸大画法;

8)确保拧紧(螺钉头部锥面与沉孔锥面贴合)后被连接件紧密接触(无松动),要求拧紧后螺钉螺纹终止线必须在结合面之上,螺纹孔螺纹长度必须大于旋合长度(内螺纹余量);

9)一般螺钉按不剖绘制
</td></tr>
<tr><td colspan="2" align="center">圆柱头螺钉连接</td></tr>
<tr><td>已知条件</td><td>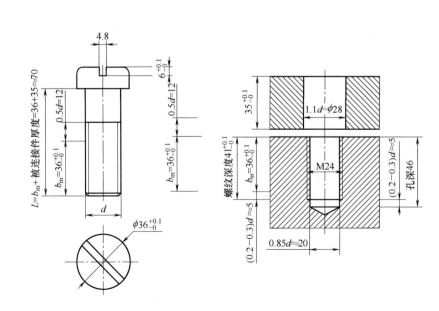</td></tr>
</table>

<table>
<tr><td align="center" colspan="2">圆柱头螺钉连接</td></tr>
<tr><td>连接画法</td><td>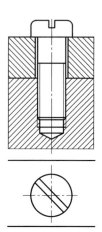</td></tr>
<tr><td>说明</td><td>

  1）螺钉 GB/T 65-2016 M24×70 连接一个较薄零件和一个较厚零件，较厚零件不易加工通孔，较薄零件易加工通孔，且不需要经常拆装，受力不大的零件；

  2）较薄零件加工通孔，通孔直径应大于螺栓公称直径，孔径 $1.1d = 26.4$；

  3）较厚零件加工盲孔内螺纹，钻头打孔，丝锥攻内螺纹；孔径为螺纹小径，孔深＝螺纹深度＋孔深余量 $(0.25-0.3)d$；螺纹深度＝旋合长度 b_m＋内螺纹余量 $(0.25-0.3)d$；取 $b_m = 1.5d$；

  4）螺钉 L＝较薄被连接件厚度 δ＋旋合长度 b_m；$L = 35+36 \approx 70$；

  5）为画图方便，近似计算出的结果可取整进行绘图；

  6）被连接件需剖切，规定不同零件剖面线必须不同；

  7）两个零件的接触表面画一条线，不接触表面画两条线，若两线距离较近可用夸大画法；

  8）一般螺钉按不剖绘制

</td></tr>
</table>

6.3　键和花键

  键是在机器上用来连接轴与轴上的传动件（齿轮、皮带轮等）的一种连接件，起到传递扭矩的作用。它的一部分被安装在轴的键槽内，另一凸出部分则嵌入轮毂槽内，使两个零件一起转动。

6.3.1　键

1. 键的种类及标注

  键是标准件，其种类很多，常用的有普通平键、半圆键、钩头楔键等。使用时可按有关标准选用，普通平键和半圆键见本书附录。

  最常用的普通平键按形状的不同可分为 A 型（圆头）、B 型（方头）和 C 型（单圆头）三种，其形状如表 6-7 所示。

键的画法和标注示例

表 6-7

名称		图例	标记示例
普通平键	A 型		GB/T 1096 键 A $b \times h \times L$ 注:A 可省 $b=18$　$h=11$　$L=100$ GB/T 1096 键 $18 \times 11 \times 100$
	B 型		GB/T 1096 键 B $b \times h \times L$ $b=18$　$h=11$　$L=100$ GB/T 1096 键 B$18 \times 11 \times 100$
	C 型		GB/T 1096 键 C $b \times h \times L$ $b=18$　$h=11$　$L=100$ GB/T 1096 键 C$18 \times 11 \times 100$
半圆键			GB/T 1099 键 $b \times h \times D$ $b=6$　$h=10$　$D=25$ GB/T 1099 键 $6 \times 10 \times 25$
钩头楔键			GB/T 1565-2003 键 $b \times L$ $b=18$　$h=11$　$h_1=18$　$L=70$ GB/T 1565-2003 键 18×70

2. 键连接画法

画键连接时，已知轴、毂直径及键的规格尺寸，可查表获取键、键槽断面尺寸，然后按规定画法进行键连接的绘制，如表 6-8 所示。

键连接画法   表 6-8

名称	普通平键连接画法
已知 条件	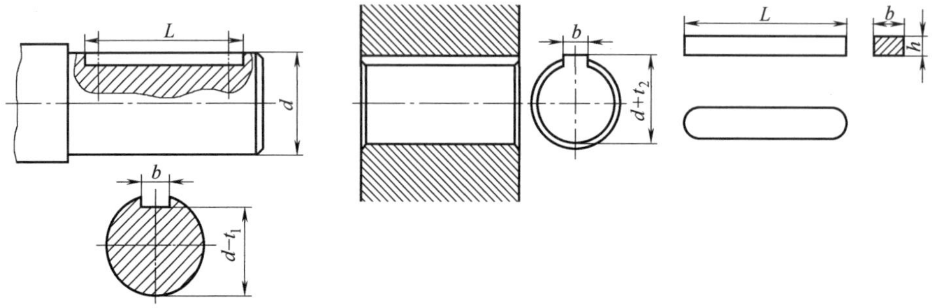
连接 画法	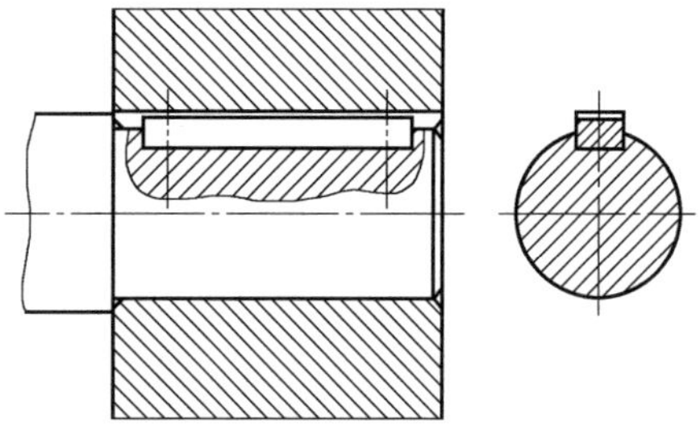
说明	普通平键因为其结构简单、拆装方便、对中性好、适合高速、承受变载、冲击的场合。 1）轴径 $d=\phi60$，毂 $D=\phi60$，键 GB/T 1096 键 $18\times11\times100$； 2）GB/T 1096 键 $18\times11\times100$　键的尺寸：$b=18$，$h=11$，$L=100$； 3）查表得到轴上槽深 $t_1=7.0$，宽 $b=18$，长 $L=100$；毂槽深 $t_2=4.4$，宽 $b=18$，通槽； 4）不接触相邻表面，若间隙过小，可用夸大画法，绘制出间隙； 5）接触面只画一条线； 6）简化画法，较小倒角和圆角省略不画； 7）板块类结构零件纵向剖切按不剖绘制
名称	半圆键连接画法
已知 条件	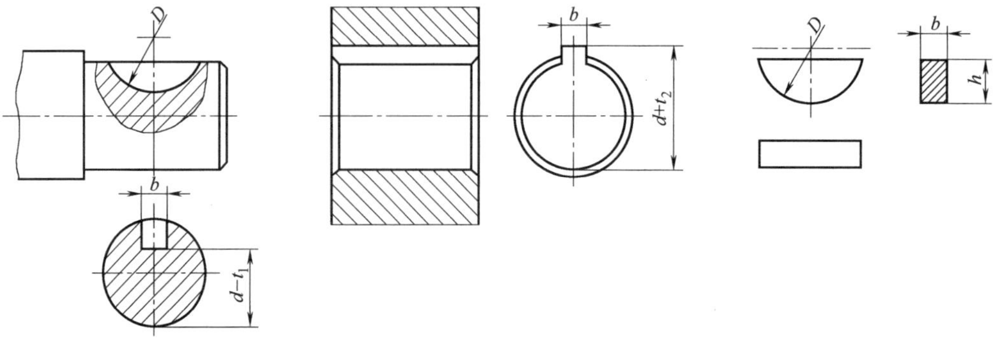

名称	半圆键连接画法		
连接画法			

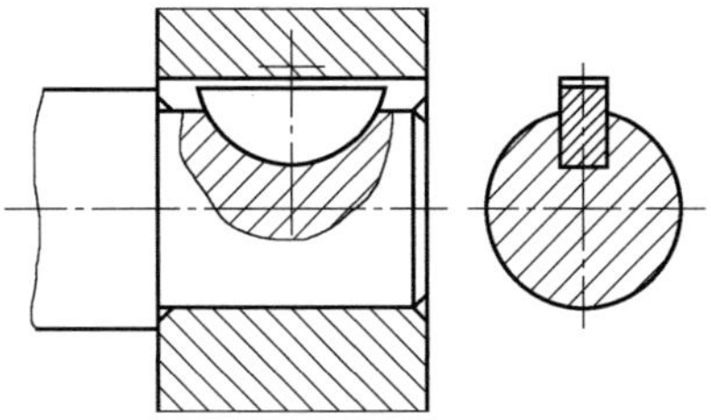

说明

半圆键形似半圆,可以在键槽中摆动,以适应轮毂键槽底面形状,常用于锥形轴端的连接,且连接工作负荷不大的场合。

1)轴径 $d=\phi 25$,毂直径 $D=25$,半圆键 GB/T 1099 键 $6 \times 10 \times 25$;

2)GB/T 1099 键 $6 \times 10 \times 25$　键的尺寸:$b=6$,$h=10$,$D=25$;

3)查表得到轴上槽深 $t_1=7.5$,宽 $b=6$;毂槽深 $t_2=2.8$,宽 $b=6$,通槽;

4)不接触相邻表面,若间隙过小,可用夸大画法,绘制出间隙;

5)接触面只画一条线;

6)简化画法,较小倒角和圆角省略不画;

7)板块类结构零件纵向剖切按不剖绘制

名称	钩头楔键连接画法		
已知条件			
连接画法			

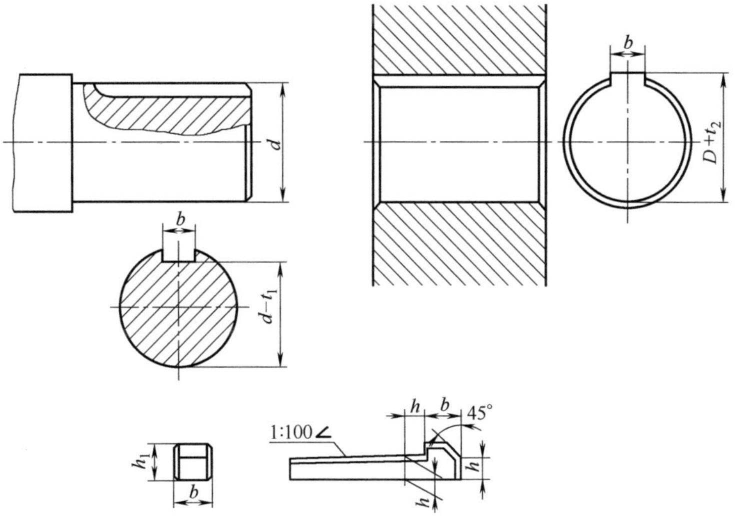

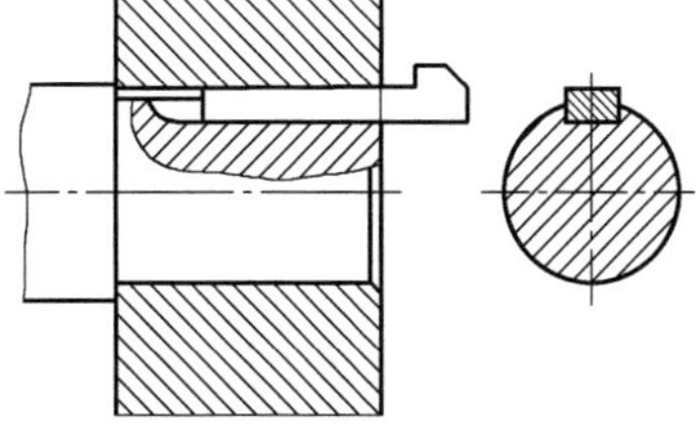

续表

名称	钩头楔键连接画法
说明	钩头楔键主要用作紧键连接。在装配后,因斜度影响,使轴与轴上的零件产生偏斜和偏心,所以不适合精度要求高的连接。 1)轴径 $d=\phi 60$,毂直径 $D=60$,钩头楔键 GB/T 1565-2003 键 18×60; 2)GB/T 1565-2003 键 18×60 键的尺寸:$b=18,h=11,h_1=18,L=60$; 3)查表得到轴上槽深 $t_1=7$,宽 $b=18$;毂槽深 $t_2=3.3$,宽 $b=18$,通槽; 4)接触面只画一条线; 5)简化画法,较小倒角和圆角省略不画; 6)板块类结构零件纵向剖切按不剖绘制

6.3.2 花键

花键是把键直接做在轴上,与轮毂上的花键槽孔连接。这种连接比较可靠,能传递较大的扭矩。

1. 花键的规定画法

花键的齿形有矩形、三角形和渐开线形等,其中矩形花键应用最广,它的结构和尺寸都已标准化,下面以矩形花键轴及孔的画法进行讲解,如表 6-9 所示。

花键的规定画法 　　　　　　　　　　　　　　　　　表 6-9

名称	图例	说明
矩形花键轴外花键	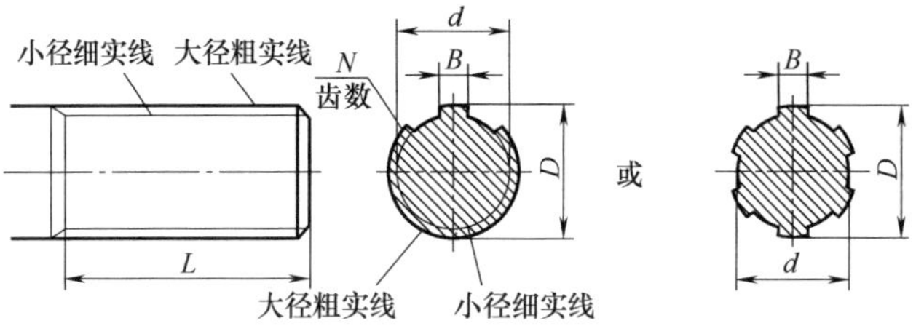	1)主视图中,大径用粗实线,小径用细实线绘制; 2)工作长度的终止端和尾部长度的末端均用细实线绘制,并与轴线垂直; 3)尾部则画成与轴线成30°的斜线。 4)工作长度必须在图中注明; 5)断面图画出全部齿形,或一部分齿形,但要注明齿数
矩形花键孔内花键	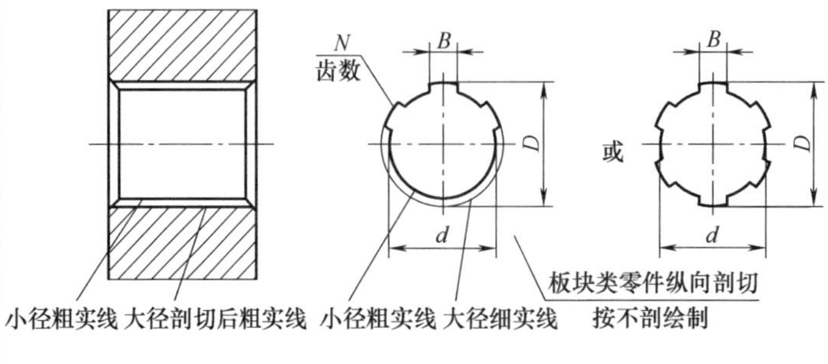	1)主视图用平行于花键轴线的剖切面将机件全剖,大径和小径均用粗实线绘制; 2)左视图,板块类零件纵向剖切按不剖绘制,画出全部齿形或一部分齿形,但要注明齿数

续表

名称	图例	说明
花键连接画法	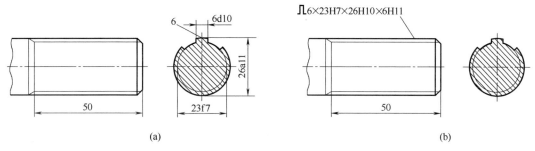 按外花键绘制　　板块类零件纵向剖切按不剖绘制　按外花键绘制	1）主视图，用剖视图表示花键连接时，其连接部分用花键轴的画法表示； 2）左视图，板块类零件纵向剖切按不剖绘制，连接部分按外花键绘制

2. 花键的尺寸注法

矩形花键的标记代号应按次序包括下列内容：键数 N、小径 d、大径 D、键宽 B 的基本尺寸以及配合公差带代号和标准号。

花键规格：$N \times d \times D \times B$

例如，键数 $N=6$、小径 $d=23$、大径 $D=26$、键宽 $B=6$、外花键工作长度 $L=50$ 的内、外花键的标注示例如下：

内花键：$6 \times 23H7 \times 26H10 \times 6H11$—GB/T 1144-2001

外花键：$6 \times 23f\,7 \times 26a11 \times 6d10$—GB/T 1144-2001

花键需要在图中注出公称尺寸 D（大径）、d（小径）、B（键宽）、N（键数）和工作长度 L，如图 6-11（a）所示。也可以用指引线从大径引出标注花键代号，如图 6-11（b）所示。无论采用哪种方法，花键工作长度 L 都要在图上标注出来。

图 6-11　花键的标注

6.4　销

6.4.1　销的种类及代号

销通常用于零件间的定位或连接。常用的销有圆柱销、圆锥销和开口销。圆柱销和圆锥销用于零件之间的连接或定位，开口销用于防止螺母的松动或固定其他零件。

在连接图中，当剖切平面通过销的轴线时，销按不剖处理。销的结构、标记示例见表 6-10。

销的结构及标记　　　　　　　　　　　　　　表 6-10

名称	标准结构	简化标记	说明
圆柱销 GB/T 119.1-2000	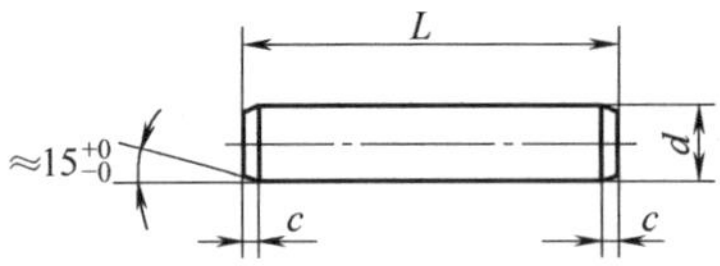 $\approx 15^{+0}_{-0}$ L　c　d c 查表取值	公称直径 $d=6$,公差为 m6,公称长度 $L=30$,材料为钢,不经淬火,不经表面处理的圆柱销。 其标记为:销 GB/T 119.16m 6×30	圆柱销有四种直径公差,其公差代号分别为 m6、h8、h11、u8
圆锥销 GB/T 117-2000	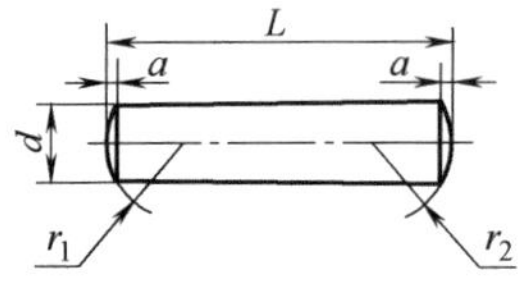 L　a　d r_1　r_2 a 查表取值;$r_1 \approx d$;$r_2 \approx a/2+d+0.21^2/8a$	公称直径 $d=6$,公差为 m6,公称长度 $L=26$,材料为 35 钢,热处理硬度为 $28 \sim 38HRC$,表面氧化处理的 A 型圆锥销。 其标记为:销 GB/T117 6×26	圆锥销的锥度为 $1:50$,有自锁作用,打入后不会自动松脱;有 A 型、B 型两种;其公称直径是它的小端直径
开口销 GB/T 91-2000	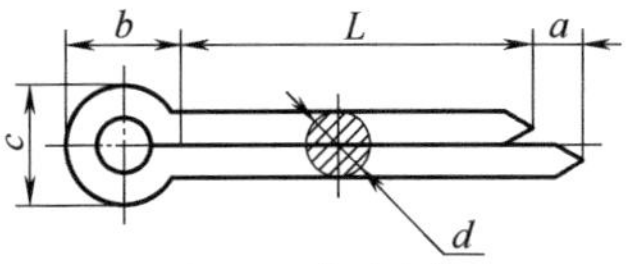 b　L　a　c　d b、c、a 查表取值	公称直径 $d=5$,公称长度 $L=28$,材料为碳素钢 Q215 或 Q235,不经表面处理的开口销。 其标记为:销 GB/T 91 5×28	开口销与槽形螺母配合使用,以防止螺母松动

6.4.2　销连接画法

圆柱销和圆锥销常被用于工装设备中零件间的连接和定位,开口销主要作用是螺纹连接防松。表 6-11 为圆柱销、圆锥销及开口销的装配画法。

销的装配画法　　　　　　　　　　　　　　表 6-11

名称	装配画法	作图说明	用途
圆柱销	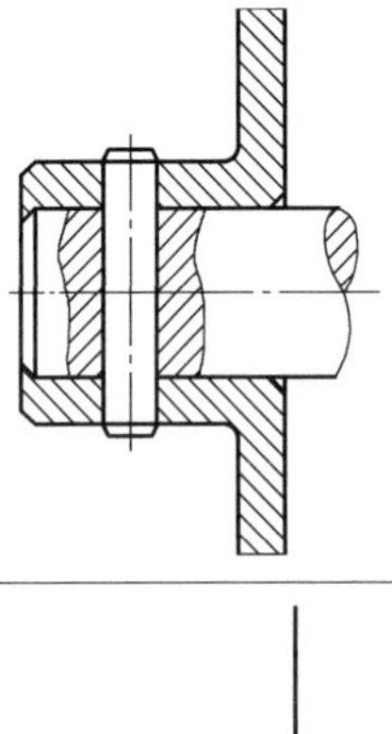	1)在剖视图中,当剖切平面通过圆柱销的轴线时,销按不剖处理; 2)画轴上的圆柱销连接时,通常对轴采用局部剖,以表示销和轴之间的配合关系; 3)若用圆柱销连接零件,装配要求较高,被连接零件的销孔一般在装配时同时加工,并在零件图上注明“××配做”	当工装设备需要精确确定零件之间的相对位置时,销能保证重复拆装后的位置精度,圆锥销的自锁性能使其定位精度更高。 圆柱销和圆锥销还常用于传递不大的载荷,在一些轻载的机械结构中,销可起到连接作用
圆锥销	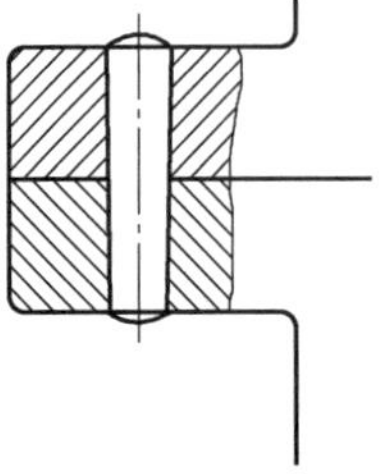	1)剖视图中,剖切平面通过圆锥销轴线时,同样按不剖处理; 2)圆锥销有 $1:50$ 的锥度,其连接画法与圆柱销类似,装配时也常要求较高,销孔需同时加工并注明“××配做”	

续表

名称	装配画法	作图说明	用途
开口销	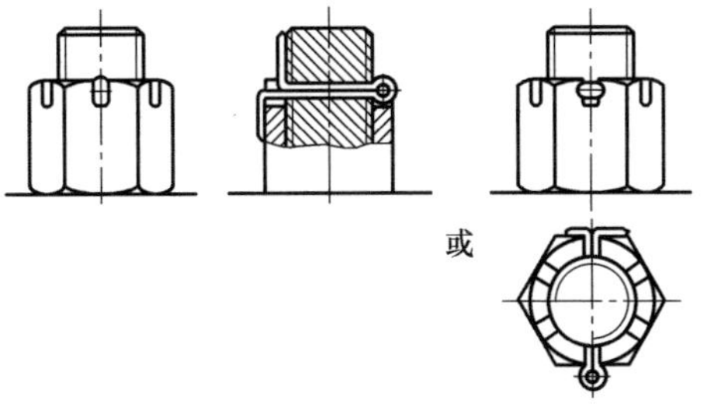 或	1) 开口销常与槽形螺母配合使用,它穿过螺母上的槽和螺杆上的孔以防止螺母松动; 2) 具体画法需根据实际装配情况,清晰展示开口销与螺母、螺杆的位置关系及连接方式	当螺母拧紧后,将开口销插入螺母槽与螺栓尾部孔内,再把开口销尾部扳开,就能防止螺母与螺栓相对转动

6.5 滚动轴承

滚动轴承是用来支承轴的部件,它具有摩擦阻力小、结构紧凑、旋转精度高等特点,是应用极为广泛的标准件。

6.5.1 滚动轴承的种类

滚动轴承的种类很多,但它们的结构大致相同,一般由外圈、内圈、滚动体及保持架组成。在一般情况下,外圈的外表面与机座的孔相配合固定不动,而内圈的内孔与轴颈相配合随轴转动。按承受载荷的性质,滚动轴承可分为以下三类。

1) 向心轴承——主要承受径向载荷,如深沟球轴承;
2) 推力轴承——只能承受轴向载荷,如推力球轴承;
3) 向心推力轴承同时承受径向及轴向载荷,如圆锥滚子轴承。

6.5.2 滚动轴承的规定画法

滚动轴承是标准件,一般不画零件图。在装配图中,不必完全按其真实尺寸画出,而是根据轴承代号查出外径 D、内径 d、宽度 B 等有关的尺寸,确定轴承的实际轮廓,然后在此轮廓内按照规定绘图。当需要较详细地表达滚动轴承的主要结构时,可将轴承的一半按规定画法绘制,而另一半按通用画法绘制;如果只需要形象地表示滚动轴承的结构特征时,可采用特征画法。常用的滚动轴承的画法如表 6-12 所示。

常用的滚动轴承的画法   表 6-12

名称(代号)	通用画法	规定画法	特征画法
深沟球轴承 (60000 型) GB/T 276-2013	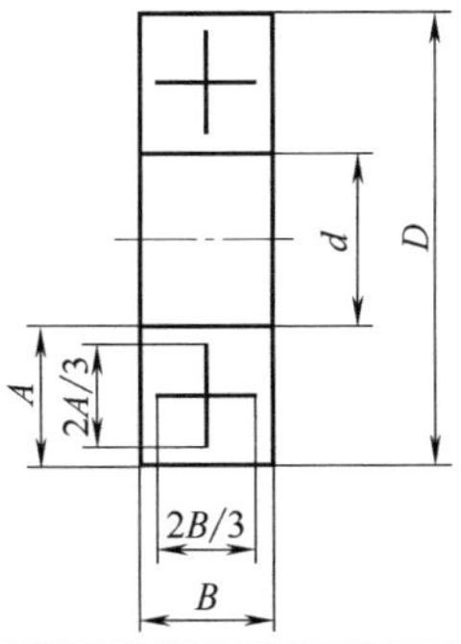	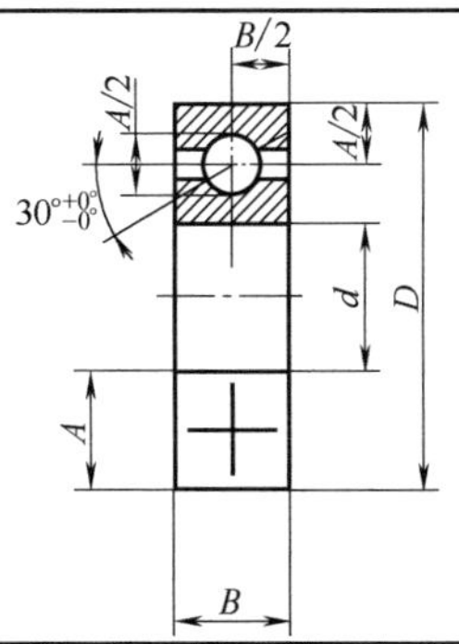 $30°^{+0}_{-0}$	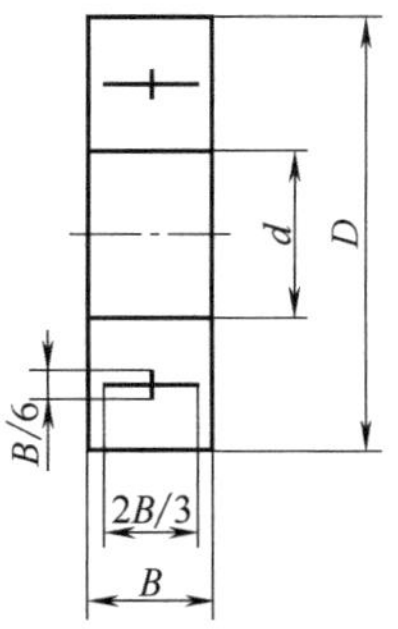

名称（代号）	通用画法	规定画法	特征画法
推力球轴承 （51200 型） GB/T 301-2015	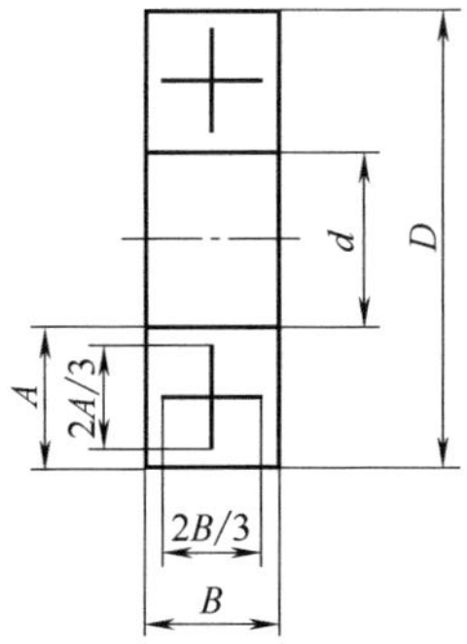	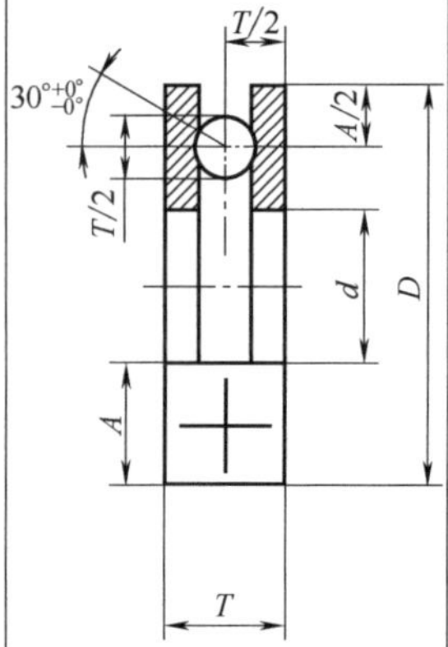	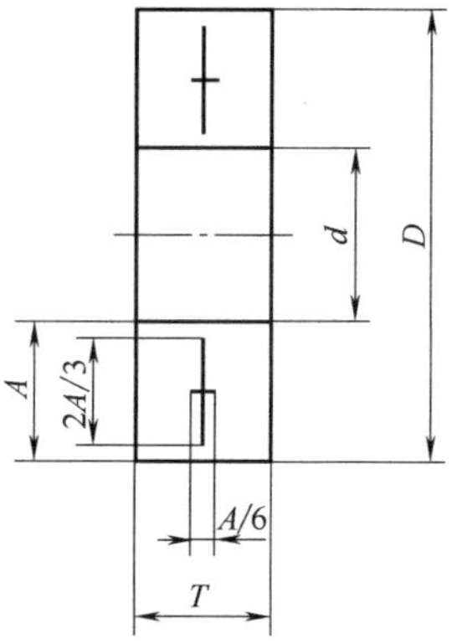
圆锥滚子轴承 （30000 型） GB/T 297-2015		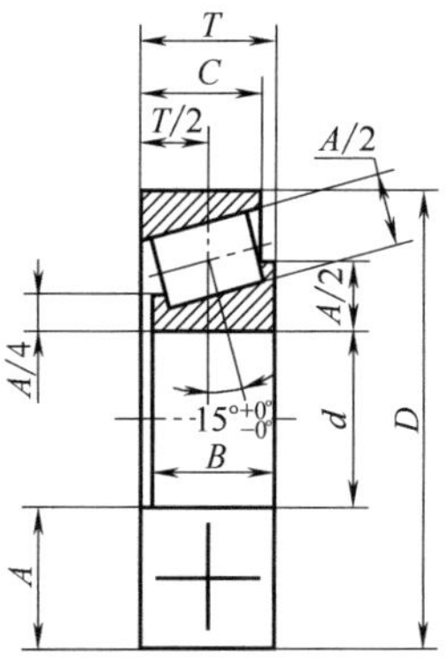	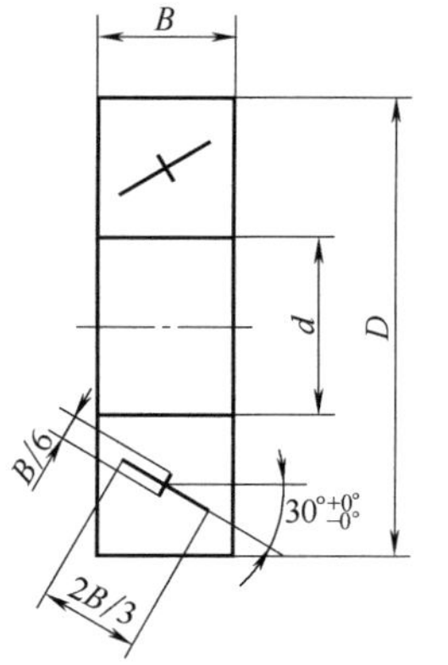

6.5.3　滚动轴承的代号

滚动轴承的代号由以下三部分组成：前置代号、基本代号、后置代号。

基本代号是滚动轴承代号的基础，用以表示滚动轴承的基本类型、结构和尺寸；前置、后置代号是轴承在结构形状、尺寸、公差、技术要求等有改变时，在其基本代号左右添加的补充代号。

基本代号的排列顺序如下：类型代号、尺寸系列代号、内径代号。

1. 类型代号

类型代号中"5"表示推力球轴承，"6"表示深沟球轴承，"3"表示圆锥滚子轴承。

2. 尺寸系列代号

尺寸系列代号由滚动轴承的宽（高）度系列代号和直径系列代号组合而成，它反映了同种轴承在内圈孔径相同时内外圈的宽度、厚度的不同及滚动体大小不同。因此，尺寸系列代号不同的轴承，其外廓尺寸不同，承载能力也不同。除圆锥滚子轴承外，其余各类轴承宽度系列代号"0"均省略不标出。

3. 内径代号

表示滚动轴承的公称内径，它们的含义是：当 $10\text{mm} < d < 495\text{mm}$，代号数字 <04

时，即 00、01、02、03 分别表示内径为 10mm、12mm、15mm、17mm；代号数字为 04～99 时，代号数字乘以 5，即为轴承内径。

【例 6-2】 说明滚动轴承代号的含义：

滚动轴承 6 2 04 GB/T 276-2013

6：类型代号，深沟球轴承；

2：尺寸系列代号，（02）宽度系列代号 0 省略，直径系列代号为 2；

04：内径代号，内径 $d=4\times5=20$mm。

滚动轴承 3 02 04 GB/T 297-2015

3：类型代号，圆锥滚子轴承；

02：尺寸系列代号，宽度系列代号 0 不省略，直径系列代号为 2；

04：内径代号，内径 $d=4\times5=20$mm。

滚动轴承 5 12 03 GB/T 301-2015

5：类型代号，推力球轴承；

12：尺寸系列代号，宽度系列代号 1，直径系列代号为 2；

03：内径代号，内径 17 mm。

6.6 弹簧

6.6.1 弹簧的种类

弹簧是一种常用零件，可用来减震、夹紧、复位及测力等。弹簧的特点是：去掉外力后，弹簧能立即恢复原状。

弹簧种类很多，常用的螺旋弹簧按受力情况可分为压缩弹簧、拉伸弹簧和扭转弹簧三种。

6.6.2 圆柱螺旋压缩弹簧的参数及尺寸计算

为使压缩弹簧的端面与轴线垂直，在工作时受力均匀、工作稳定可靠，在制造时将两端的几圈并紧、磨平，这几圈仅起支承或固定作用，称为支承圈。两端的支承圈总数有 1.5 圈、2 圈及 2.5 圈三种，常见为 2.5 圈，即每端各有 1 圈支承圈。除支承圈外，中间保持相等节距的圈称为有效圈，有效圈数是计算弹簧刚度时的圈数。有效圈数与支承圈数之和称为总圈数。

目前部分弹簧参数已标准化，设计时选用即可。画图时，圆柱螺旋压缩弹簧按标准选取以下参数，如图 6-12 所示。

1）簧丝直径 d：制造弹簧的钢丝直径；

2）弹簧中径 D：弹簧的平均直径；

3）节距 t：相邻两有效圈截面中心线的轴向距离；

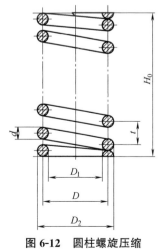

图 6-12 圆柱螺旋压缩
弹簧的参数

4）有效圈数 n；

5）支承圈数 n_2：一般取 $n_2=2.5$ 圈。

弹簧的其他尺寸均可由上述参数计算而得：

6）弹簧外径 D_2：$D_2=D+d$（装配时如以外径定位，图上标注 D_2）；

7）弹簧内径 D_1：$D_1=D-d$（如以内径定位，则标注 D_1）；

8）总圈数 $n_1=n+n_2$；

9）自由高度（弹簧无负荷时的高度）$H_0=n_1+(n_2-0.5)d$。

6.6.3 圆柱螺旋压缩弹簧的规定画法

已知圆柱螺旋压缩弹簧的簧丝直径 d，弹簧中径 D，节距 t，有效圈数 n，支承圈数 n_2，右旋，其作图步骤如图 6-13 所示。

1）由 $H_0=nt+(n-0.5)d$ 算出自由高度 H_0，确定中径 D 和 H_0；

2）画出支承圈部分与簧丝直径 d 相等的圆和半圆；

3）画出有效圈数部分与簧丝直径相等的圆；

4）按右旋方向作簧丝断面的公切线，画出簧丝断面的剖面线。

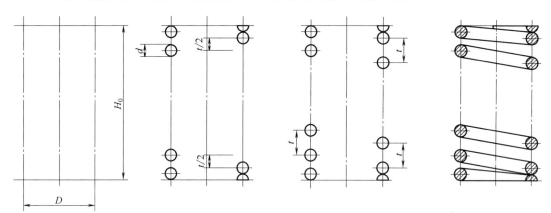

图 6-13 圆柱螺旋压缩弹簧的参数

6.6.4 圆柱螺旋压缩弹簧的标记

弹簧的标记由类型代号、规格、精度代号、旋向代号和标准号、材料牌号以及表面处理组成，标记形式如下：

| 类型代号 | 尺寸参数 $d\times D\times H_0$ | 精度代号 | 旋向代号 | 标准号 | 材料牌号 | 表面处理 |

1. 类型代号

螺旋压缩弹簧代号为"YA"，为两端圈并紧磨平的冷卷压缩弹簧；

两端圈并紧制扁的热卷压缩弹簧代号为"YB"。

2. 尺寸参数 $d\times D\times H_0$

d 为簧丝直径；D 为弹簧中径；H_0 为自由高度。

3. 精度代号

精度等级为 3 级精度制造时，应注明"3"，2 级不标注。

4. 旋向代号

左旋弹簧应注明"左"，右旋省略不标注。

5. 标准号

标准号即国家标准代号。

6. 材料牌号

弹簧材料代号一般省略不标，如为特殊材料需标注材料代号。

7. 表面处理

表面处理一般不标注；如要求镀锌、镀铬、磷化等金属镀层及化学处理时，应在标记中注明。

【例 6-3】 已知弹簧为 YA 型螺旋压缩弹簧，弹簧丝直径 1.2mm，弹簧中径 8mm，自由高度 40mm，精度等级为 2 级的两端圈并紧磨平的冷卷左旋弹簧，写出弹簧标记。

弹簧代号为：

$$YA \quad 1.2 \times 8 \times 40 左 GB/T\ 2089\text{-}2009$$

6.7 齿轮

齿轮是机械传动中应用最为广泛的传动件。它的作用是将一根轴的转动传递给另一根轴，它不仅可以传递动力，而且可以改变转速和回转方向。齿轮的参数中只有模数、压力角已经标准化，因此它属于常用件。

按其传动情况分，齿轮传动可分为：

1）圆柱齿轮——用于两平行轴线间传动，圆柱齿轮按轮齿的方向又分为直齿圆柱齿轮、斜齿圆柱齿轮和人字齿圆柱齿轮，如图 6-14（a）（b）（c）所示；

2）锥齿轮——用于两相交轴线间（通常相交成 90°）传动，如图 6-14（d）所示；

3）蜗轮与蜗杆用于两垂直交叉轴线间传动，如图 6-14（e）所示。

按齿轮齿廓的形状分，齿轮可以分为：

1）渐开线齿轮；

2）摆线齿轮；

3）圆弧齿轮。

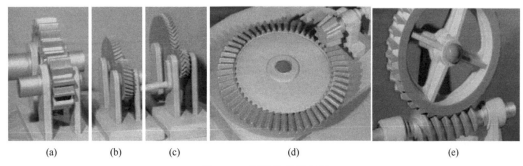

(a)　　　　(b)　　　　(c)　　　　　(d)　　　　　(e)

图 6-14　常见的齿轮传动

齿轮有标准齿轮和非标准齿轮之分。具有标准轮齿的齿轮称为标准齿轮。下面仅讲述齿廓曲线为渐开线的标准齿轮的基本知识和规定画法。

6.7.1　圆柱齿轮

圆柱齿轮的轮齿有直齿、斜齿和人字齿三种。这里主要介绍直齿圆柱齿轮的几何要素名称、代号、尺寸计算及规定画法。

1. 几何要素名称及其代号

1）节圆直径 d' 及分度圆直径 d

如图 6-15（a）所示，两齿轮啮合时，其齿廓在中心连线 O_1O_2 上的啮合接触点称为节点 P，以 O_1、O_2 为圆心，O_1P、O_2P 为半径所作的两个相切的圆称为节圆，其直径代号分别为 d_1、d_2。

分度圆是设计、制造齿轮时计算各部分尺寸所依据的圆，也是分齿的圆。其直径用 d 表示。两标准齿轮正确啮合时，节圆直径 d' 与分度圆直径 d 相重合。

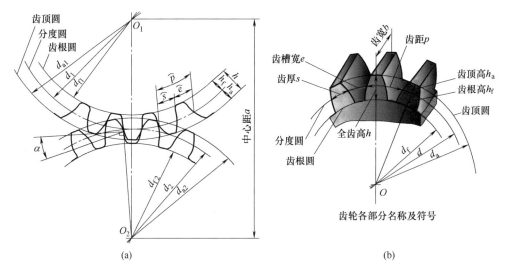

(a)　　　　　　　　　　　　　　　　(b)

图 6-15　齿轮参数

2）分度圆齿距 p、齿厚 s、槽宽 e

分度圆上相邻两齿齿廓对应点间的弧长称为齿距，用 p 表示；一个轮齿在分度圆上齿廓间的弧长称为齿厚，用 s 表示；一个齿槽在分度圆上槽间的弧长称为槽宽，用 e 表示。

在标准齿轮中：$s=e$，$p=s+e$。

3）齿数 z 和模数 m

用 z 表示齿轮的齿数，则分度圆周长 $=\pi d=zp$，故 $d=\dfrac{p}{\pi}x$。取 $m=\dfrac{p}{\pi}$，故 $d=mz$。式中 m 称为齿轮的模数。两啮合齿轮的齿距必须相同，即模数 m 相同。

模数 m 是设计、制造齿轮的重要参数。模数增大，则齿距 p 增大，即齿厚 s 增大，因而齿轮承载能力也增大。制造齿轮时，齿轮刀具也是根据模数确定的。为了便于设计和加工，模数的数值已系列化（标准化）。设计者只有选用标准数值，才能用系列齿轮刀具加工齿轮。模数的标准系列如表 6-13 所示。

标准模数系列（GB/T 1357-2008）（单位：mm）　　　　　表 6-13

第一系列	1	1.25	1.5	2	2.5	3	4	5	6	8	10	12	16	20	25	32	40	50
第二系列	1.75	2.25	2.75	(3.25)	3.5	(3.75)	4.5	5.5	(6.5)	7	9	(11)	14	18	22	28	36	45

注：优先采用第一系列，括号内模数值尽可能不用。

4）齿顶圆直径 d_a

轮齿顶部的圆称齿顶圆，其直径用 d_a 表示。

5）齿根圆直径 d_f

齿槽根部的圆称齿根圆，其直径用 d_f 表示。

6）齿高 h、齿顶高 h_a、齿根高 h_f

齿顶圆与齿根圆的径向距离称为齿高，用 h 表示；齿顶圆与分度圆的径向距离称为齿顶高，用 h_a 表示；分度圆与齿根圆的径向距离称为齿根高，用 h_f 表示。

全齿高 $h = h_a + h_f$。

7）压力角 α

如图 6-15（a）所示，在节点 P 处，齿廓曲线的公法线与两节圆的内公切线之间的夹角称为压力角。我国标准齿轮的压力角为 20°。两相互啮合的齿轮必须模数 m 和压力角 α 都相同，才能啮合。

8）传动比 i

主动齿轮转速 n_1（转/分）与从动齿轮转速 n_2（转/分）之比。由于转速与齿数成反比，因此传动比等于从动齿轮齿数 z_2 与主动齿轮齿数 z_1 之比，即 $i = n_1/n_2 = z_2/z_1$。

2. 直齿圆柱齿轮尺寸计算

主要参数 m 及齿数 z 确定后，标准直齿圆柱齿轮的几何尺寸可按表 6-14 所列公式计算。

标准直齿圆柱齿轮的计算公式　　　　　表 6-14

名称及代号	公式		说明
	主动轮	从动轮	
模数 m	$m = p/\pi$		1) 通过齿轮的承载力计算得到; 2) 模数越大齿轮的承载能力越好,但尺寸越大
压力角 a	$\alpha = 20°$		1) 较小压力角的齿廓可增大重合度降低噪声; 2) 大压力角齿廓承载能力较强,可提高齿轮弯曲强度
	z_1	z_2	1) 单个齿轮齿数通常不小于 17; 2) 一对啮合的齿轮齿数不要成整数倍,会磨损不均匀(最好一个奇数,一个偶数,奇数为质数)
齿顶高 h_a	$h_a = m$		1) 配对使用的一对齿轮,模数 m 和压力角 a 必须相同; 2) 配对使用的齿轮,作为减速装置时,小齿轮为主动轮,大齿轮为从动轮; 3) 主动轮和从动轮的齿顶高 h_a、齿根高 h_f、全齿高 h、齿距 p 相等
齿根高 h_f	$h_f = 1.25m$		
全齿高 h	$h = h_a + h_f = 2.25m$		
齿距 P	$P = \pi m$		

名称及代号	公式		说明
	主动轮	从动轮	
分度圆直径 d	$d_1 = mz_1$	$d_2 = mz_2$	1)两标准齿轮正确啮合时,分度圆相切;2)为保证两标准齿轮啮合后能正常运转,主动轮齿顶圆到从动轮齿根圆(同时从动轮齿顶圆到主动轮齿根圆)之间必须留间隙,间隙为 $0.25m$
齿顶圆直径 d_a	$d_{a1} = m(z_1 + 2)$	$d_{a2} = m(z_2 + 2)$	
齿根圆直径 d_f	$d_{f1} = m(z_1 - 2.5)$	$d_{f2} = m(z_2 - 2.5)$	
中心距 a	$a = (d_1 + d_2)/2 = m(z_1 + z_2)/2$		1)公式给出的是标准安装的齿轮中心距;2)变位安装的中心距根据变位系数的不同而有所变化
传动比 i	$i = n_1/n_2 = z_2/z_1$		1)单级圆柱齿轮,传动比,调质齿轮一般 $\leqslant 7.1$,淬硬齿轮一般 $\leqslant 6.3$(较佳 $\leqslant 5.6$)

3. 圆柱齿轮的规定画法

1) 单个圆柱齿轮的规定画法

根据齿轮的齿数及模数可以计算出齿轮的齿顶圆直径、分度圆直径、齿根圆直径,然后依据 GB/T 4459.2-2003 绘制齿轮,如图 6-16 所示。

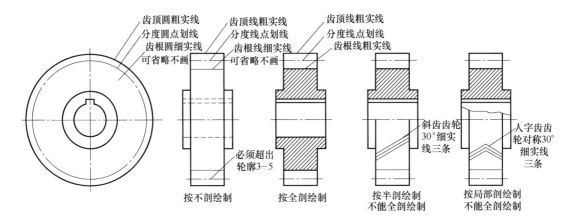

图 6-16 单个圆柱齿轮的画法

① 齿顶圆和齿顶线用粗实线绘制;

② 分度圆和分度线用细点画线绘制;

③ 齿根圆和齿根线在外形视图中用细实线绘制,也可省略不画;

④ 齿轮通常用过齿轮轴线剖切的剖视图表示,规定轮齿按剖视绘制时,齿根线画成粗实线;

⑤ 对于斜齿轮和人字齿轮,平行于齿轮轴线的视图可画成半剖视图或局部剖视图,并用规定符号表示;斜齿轮在表示外形的位置用三条 $30°$ 细实线表示;人字齿轮在表示外形的位置用三条对称 $30°$ 细实线表示。

2）圆柱齿轮的啮合画法

一对啮合的直齿圆柱齿轮，按不剖绘制，规定画法如图 6-17 所示。

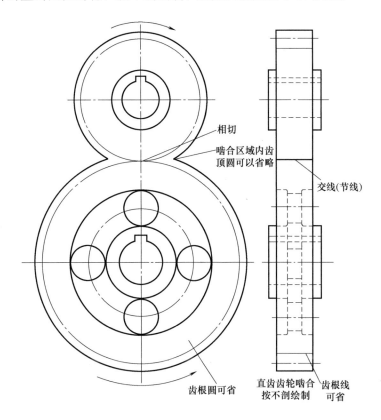

图 6-17 圆柱齿轮啮合的规定画法（一）

① 一对啮合的齿轮，小齿轮带动大齿轮旋转（小齿轮为主动轮，大齿轮为从动轮），旋转方向相反；

② 在垂直于圆柱齿轮轴线的投影面视图中，两啮合齿轮的分度圆必须相切，并用点画线绘制，齿顶圆用粗实线绘制，齿根圆用细实线绘制，啮合区内的齿顶圆可以省略不画；

③ 在平行于圆柱齿轮轴线的投影面的外形视图中，啮合区的齿顶线、齿根线不需画出，节线用粗实线绘制。

齿轮通常需要用过齿轮轴线剖切的剖视图来表示与轴的连接关系，一对啮合的圆柱齿轮，剖切后的规定画法如图 6-18 所示。

① 在剖视图中，当剖切平面通过两啮合齿轮轴线时，在啮合区内，将一个齿轮的轮齿（一般指主动齿轮）可见，用粗实线绘制；另一个齿轮的轮齿（一般指从动齿轮）不可见，被遮挡部分用细虚线绘制；

② 对于斜齿轮和人字齿轮啮合时，平行于齿轮轴线的视图可画成半剖视图或局部剖视图，并用规定符号表示，配对的齿轮符号对称（与齿线方向一致）；

③ 必须注意，两齿轮在啮合区存在 0.25m 的径向间隙，如图 6-19 所示。

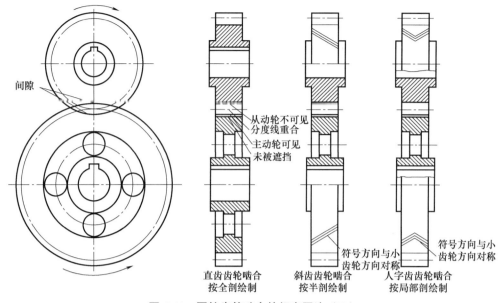

直齿齿轮啮合
按全剖绘制

斜齿齿轮啮合
按半剖绘制

人字齿齿轮啮合
按局部剖绘制

图 6-18　圆柱齿轮啮合的规定画法（二）

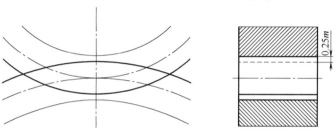

图 6-19　啮合区的规定画法

6.7.2　圆锥齿轮

锥齿轮的轮齿分布在圆锥面上，因此齿厚从大端到小端逐步变小。模数、分度圆直径、顶高及齿根高都随之变化。为了便于设计和制造，规定取大端模数为标准值来计算大端轮的各部分尺寸。直齿圆锥齿轮的各部分名称及代号，如图 6-20 所示。

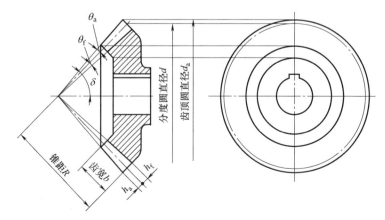

图 6-20　锥齿轮的各部分名称及代号

1. 直齿锥齿轮的尺寸计算

轴线相交成 $90°$ 的直齿锥齿轮的各部分尺寸计算公式如表 6-15 所示。

直齿锥齿轮的尺寸计算公式 表 6-15

主要参数(已知条件)		大端模数 m,齿数 z,分锥角 $\triangle$
名称	代号	计算公式
齿顶高	h_a	$h_a = m$
齿根高	h_f	$h_f = 1.2m$
分度圆直径	d	$d = mz$
齿顶圆直径	d_a	$d_a = d + 2h_a\cos\delta = m(z + 2\cos\delta)$
齿根圆直径	d_f	$d_f = d - 2h_f\cos\delta = m(z - 2.4\cos\delta)$
锥距	R	$R = (d/2) \cdot (1/\sin\delta) = mz/(2\sin\delta)$
齿顶角	θ_a	$\tan\theta_a = h_a/R = (2\sin\delta)/z$
齿根角	θ_f	$\tan\theta_f = h_f/R = (2.4\sin\delta)/z$
分锥角	δ_1	$\tan\delta_1 = (d_1/2)/(d_2/2) = z_1/z_2$
	δ_2	$\tan\delta_2 = (d_2/2)/(d_1/2) = z_2/z_1$

2. 直齿圆锥齿轮的规定画法

1) 单个直齿圆锥齿轮画法

直齿圆锥齿轮的画法与圆柱齿轮的画法基本相同,一般用主、左两视图表示,如图 6-21 所示。

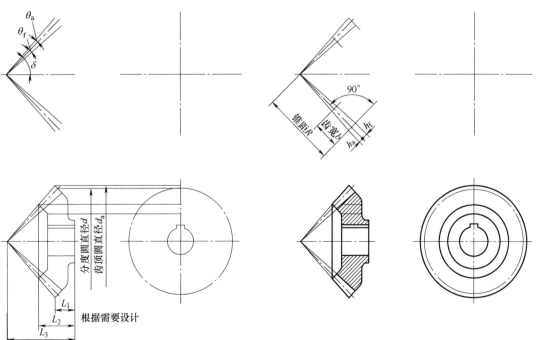

图 6-21 单个直齿圆锥齿轮画法

① 主视图用剖视图，表达方式同圆柱齿轮；

② 在投影为圆的左视图中，用粗实线表示齿轮大端和小端的齿顶圆，用细点画线画大端分度圆，根圆及小端分度圆均不必画出。

2）直齿圆锥齿轮的啮合画法

直齿圆锥齿轮通常用于交角 90°的两轴之间的传动，一对安装准确的标准圆锥齿轮齿合时，它们的分锥角互余（即 $\delta_{1}+\delta_{2}=90°$），分度圆锥应相切（分度圆锥与节圆锥重合，分度圆与节重圆重合），其齿合区的画法与圆柱齿轮类似，如图 6-22 所示。

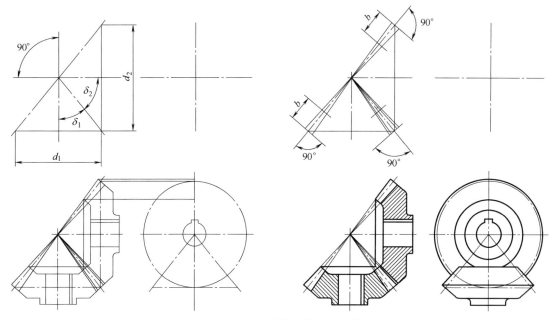

图 6-22 直齿圆锥齿轮啮合画法

① 主视图常用全剖视，由于两齿轮的节圆（分度圆）锥面相切，所以分度圆锥母线在相切处重合，画成细点画线；在啮合区内，应将其中一个齿轮的齿顶线画成粗实线，而将另一个齿轮的齿顶线画成虚线或省略不画；

② 左视图通常画成外形视图，两齿轮的分度圆投影应相切。

6.7.3 蜗轮与蜗杆

1. 蜗轮蜗杆的参数及尺寸计算

蜗轮与蜗杆传动一般用于轴线垂直交叉的场合。通常是以蜗杆驱动蜗轮，可将蜗杆看作头数为 1~4，轴向剖面为梯形的螺纹。如蜗杆头数为 1，蜗杆转动 1 圈，蜗轮只转动 1 个齿，因此可得到很大的传动比（$i=z_{1}/z_{2}$，z_{1} 为蜗杆头数，z_{2} 为蜗轮齿数）。蜗杆和蜗轮的轮齿是螺旋形的，蜗轮实际上是斜齿的圆柱齿轮。为了增加它与蜗杆啮合时的接触面积，蜗轮的齿顶面和齿根面通常制成圆环面。

蜗轮蜗杆传动正确啮合的条件为：蜗轮模数 m_{2} 和蜗杆模数 m_{1} 相同，蜗轮压力角 α_{2} 和蜗杆压力角 a_{1} 相同（通常取标准压力角 $\alpha=20°$），且蜗轮的螺旋角 β_{2} 和蜗杆的导程角 γ_{1} 大小相等、方向相同。

蜗轮蜗杆尺寸计算公式如表 6-16 所示。

蜗轮蜗杆尺寸计算公式 表 6-16

主要参数	模数 m、蜗杆头数 z_1、蜗轮齿数 z_2，$a=20°$	
名称	蜗杆	蜗轮
分度圆直径	d_1(根据模数及头数已进行 标准化处理,需查表取值)	$d_2=mz_2$
齿顶高	$h_{a1}=m$	$h_{a2}=m$
齿根高	$h_{f1}=1.2m$	$h_{f2}=1.2m$
全齿高	$h_1=h_{a1}+h_{f1}=2.2m$	$h_2=h_{a2}+h_{f2}=2.2m$
齿顶圆直径	$d_{a1}=d_1+2m$	$d_{a2}=m(z_2+2)$
齿根圆直径	$d_{f1}=d_1-2.4m$	$d_{f2}=m(z_2-2.4)$
轴向齿距	$P=\pi m$	
导程	$P_z=\pi mz_1$	
最大外圆直径		$z_1=1,d_{e2}<d_2+2m；z_1=2\text{-}3,d_{e2}<d_1+1.5m$
齿顶圆弧半径		$R_{a2}=d_1/2-m$
齿根圆弧半径		$R_{f2}=d_1/2+1.2m$
齿宽	$z_1=1\text{-}2,b_1\geqslant(11+0.06z_2)m；$ $z_1=3\text{-}4,b_1\geqslant(12.5+0.09z_2)m$	$z_2\leqslant3,b_2\geqslant0.75d_{a1}；z_2\leqslant4,b_2\geqslant0.67d_{a1}$
传动比	$i=n_1/n_2=z_2/z_1$	
中心距	$a=(d_1+d_2)/2$	

2. 蜗轮蜗杆的规定画法

蜗杆和蜗轮各部分几何要素的代号和规定画法，如图 6-23 所示。

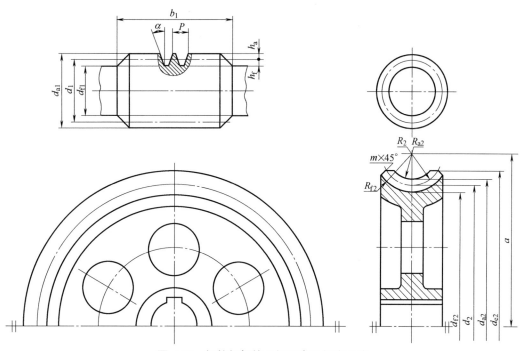

图 6-23 蜗轮蜗杆的几何要素及规定画法

① 蜗杆常用局部剖视表示齿形，它的规定画法与圆柱齿轮相同；

② 蜗轮的端视图中，只需画出最大外圆及分度圆的投影，齿顶圆及齿根圆投影不需画出；作图时；应注意先在蜗轮的中间平面上；根据中心距 a 定出蜗杆中心（蜗轮齿顶及齿根圆弧的中心），再根据 d_2、h_a、h_f 及 b_2，画出轮齿部分的投影。

3. 蜗轮蜗杆的啮合画法

蜗轮与蜗杆的啮合画法，如图 6-24 所示。在蜗杆投影为圆的外形视图中，蜗杆在前方，只画蜗杆的投影，如图 6-24（a）所示。在剖视图中，设想蜗杆的轮齿在前方为可见，而蜗轮轮齿在啮合区被部分遮挡，如图 6-24（b）所示。

在蜗轮投影为圆的外形视图中，啮合区内蜗杆齿顶线及蜗轮最大外圆都用粗实线表示，如图 6-24（a）所示，蜗轮的分度圆与蜗杆的分度线应相切。啮合区如用局部视图，应注意两轮齿都按不剖画出，并设想蜗杆轮齿在前方为可见，如图 6-24（b）所示。

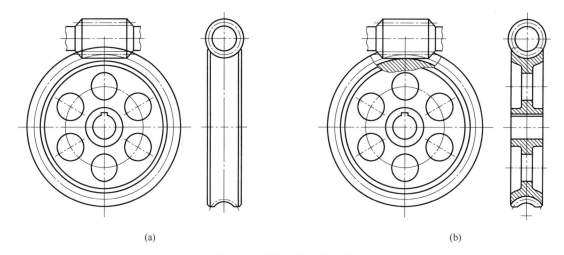

(a)　　　　　　　　　　　　　　　　(b)

图 6-24　蜗轮蜗杆啮合画法

第 7 章

零 件 图

任何机器（或部件）都是由零件装配而成，零件是组成机器的最小单元。上一章着重讲解了标准件和常用件的规定画法，本章着重讲解非标准件的工程图（简称零件图）的读图画图。

所谓非标准件是指根据特定需求进行设计和制造，无严格标准规格和参数规定，按客户具体要求设计制造这一类零件称为非标准件。由于非标准件尺寸和形状依具体需求定制，所以不同项目中通常不具备互换性。

对于非标准件，每一种零件都必须绘制零件图，用来表达零件的形状、大小和技术要求等内容。它是设计部门提交给生产部门的重要技术文件，它反映了设计者的意图，表达了机器（或部件）对该零件的要求，是制造和检验零件的依据。

7.1 零件图的内容

一张完整的零件图应包含四部分内容：

1）一组图形

用视图、剖视、断面及其他规定画法，正确、完整、清晰地表达零件的各部分形状结构。

2）完整的尺寸

正确、完整、清晰、合理地标注零件制造、检验时的全部尺寸。

3）技术要求

标注或说明零件制造、检验、装配、调整过程中要达到的一些技术要求，如表面粗糙度、尺寸公差、几何公差、热处理要求等。

4）标题栏

填写零件的名称、材料、数量、比例等各项内容。

如图 7-1 所示，主动轴为非标件，必须绘制工程图。

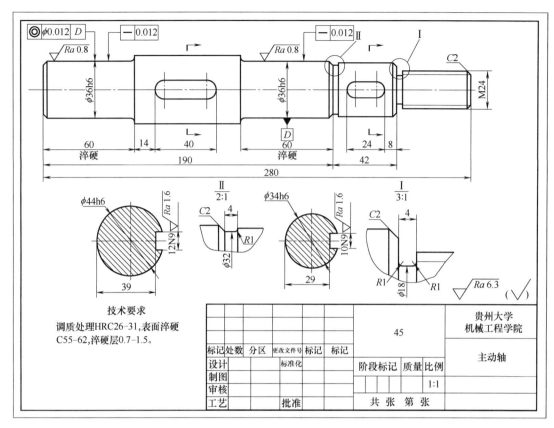

图 7-1 主动轴零件图

7.2 零件上常见的工艺结构

在设计零件的结构形状时，主要考虑它在机器或部件中功能的实现，同时考虑零件的毛坯制造和机械加工对零件的结构要求。因此在设计零件时，既要考虑功能方面的要求，又要便于加工制造、测量和安装。下面介绍一些常见的工艺结构。

7.2.1 铸件的工艺结构

在机器或部件中，很多零件是先铸造，再经机加工制造形成。铸件结构设计时必须考虑方便取模，防止铸造缺陷的产生；尽量使壁厚分布均匀，各转角处增加工艺圆角，避免尖角。在绘制铸、锻件时需要遵循相关规定，如表 7-1 所示。

铸件的工艺结构   表 7-1

名称	图例	说明
拔模斜度		1)为了将木模从砂型中顺利取出，一般沿取模方向设计出约 1:20 的斜度，称为拔模斜度； 2)拔模斜度在零件图上可以不标注，也可以不画；必要时可以在技术要求中用文字说明

续表

名称	图例	说明
铸造圆角	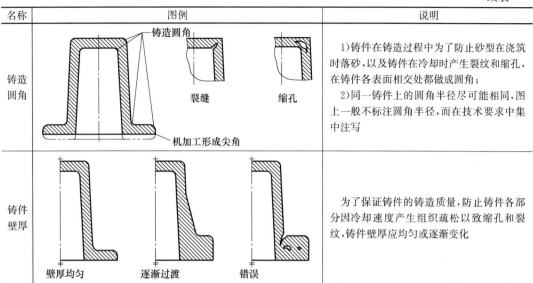	1）铸件在铸造过程中为了防止砂型在浇筑时落砂，以及铸件在冷却时产生裂纹和缩孔，在铸件各表面相交处都做成圆角； 2）同一铸件上的圆角半径尽可能相同，图上一般不标注圆角半径，而在技术要求中集中注写
铸件壁厚	壁厚均匀　　逐渐过渡　　错误	为了保证铸件的铸造质量，防止铸件各部分因冷却速度产生组织疏松以致缩孔和裂纹，铸件壁厚应均匀或逐渐变化

由于有铸造圆角的存在，两铸造毛坯面产生的交线不再清晰可见。但为了便于看图时区分不同表面，想象零件形状，在图上仍旧画出这种交线，这种交线称为过渡线。过渡线的画法如表 7-2 所示。

过渡线的画法　　　　　　　　　　　　　　　　　　表 7-2

名称	图例	说明
圆柱和圆柱相交、相切	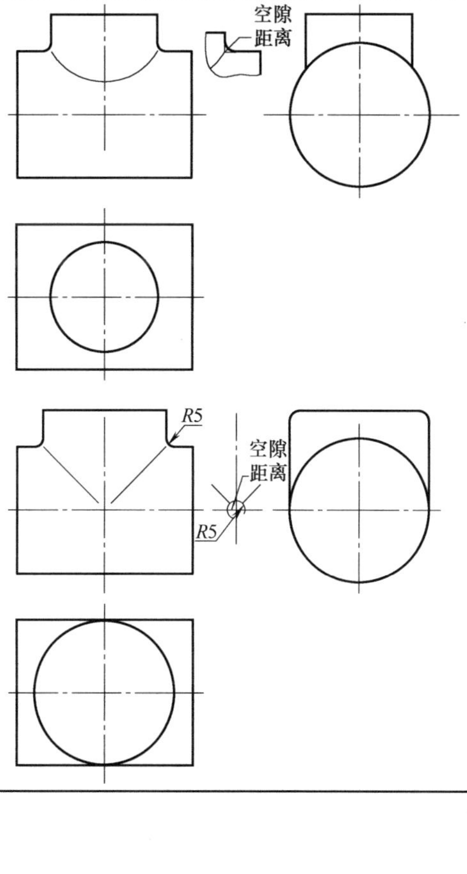 空隙距离　　R5　空隙距离　R5	1）过渡线的画法与没有圆角时的交线画法基本相同； 2）过渡线的形状就是没有铸造圆角时的交线的形状； 3）假想去掉铸造圆角时，轮廓与轮廓相交，则有过渡线；轮廓与轮廓相切时，没有过渡线，只需勾出过渡圆弧； 4）过渡线用细实线绘制且过渡线的两端留有空隙不与轮廓线接触； 5）空隙一般为轮廓到铸造圆角的距离，或是铸造圆角半径； 6）平面与平面、平面与曲面相交时，转角处断开并加上过渡圆弧

名称	图例	说明
曲面与曲面相交	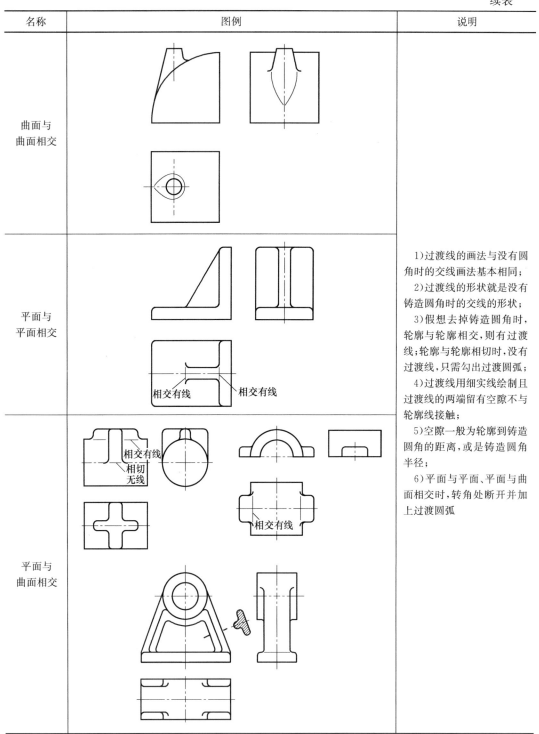	
平面与平面相交		1)过渡线的画法与没有圆角时的交线画法基本相同; 2)过渡线的形状就是没有铸造圆角时的交线的形状; 3)假想去掉铸造圆角时,轮廓与轮廓相交,则有过渡线;轮廓与轮廓相切时,没有过渡线,只需勾出过渡圆弧; 4)过渡线用细实线绘制且过渡线的两端留有空隙不与轮廓线接触; 5)空隙一般为轮廓到铸造圆角的距离,或是铸造圆角半径; 6)平面与平面、平面与曲面相交时,转角处断开并加上过渡圆弧
平面与曲面相交		

7.2.2 零件机加工工艺结构

零件的设计,是根据产品的使用性能进行设计,结构的合理性要符合工艺要求和使用要求。在绘制零件图时机加工工艺结构的表达要清晰明了，表 7-3 为常见机加工工艺结构的表达方法。

机加工工艺结构　　　　　　　　　　　表 7-3

名称	图例	说明
倒角	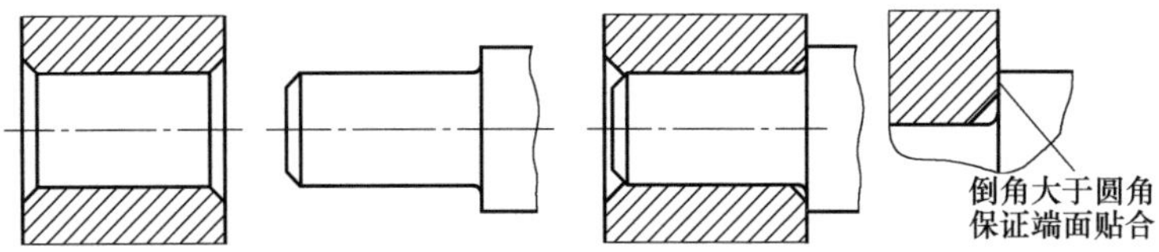 倒角大于圆角 保证端面贴合	1)切倒角可以去毛刺,保证装配过程中不划伤零件表面; 2)切倒角可使轴孔装配更容易对中,装配更容易; 3)两装配零件中的圆角和倒角配合,保证设备性能; 4)倒角可以省略不画,引线标注或技术要求中说明即可
圆角	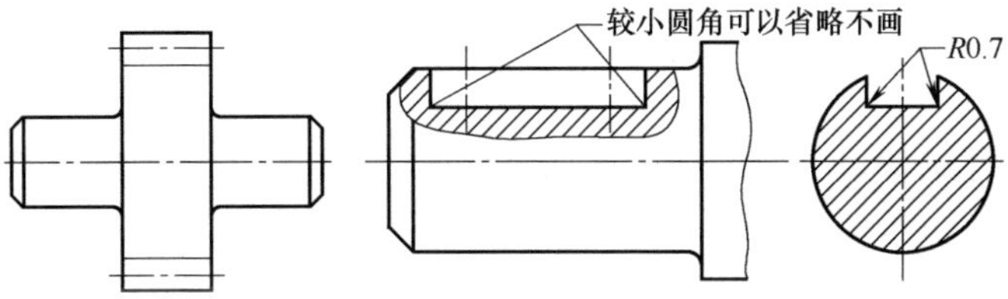 较小圆角可以省略不画　　R0.7	1)零件切削或钣金件折弯成尖角,易产生应力集中,做成倒圆可提高零件强度; 2)倒圆可以去毛刺,保证装配过程中不划伤零件表面; 3)较小圆角可以省略不画,引线标注或技术要求中说明即可
退刀槽、越程槽	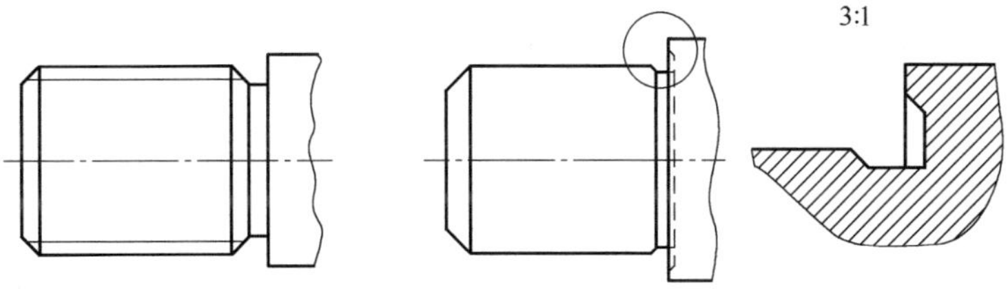 3:1	1)螺纹退刀槽和砂轮越程槽结构相同,作用不同; 2)在车削螺纹和磨削时,为了便于退出刀具或使砂轮可以稍微超过加工面而不碰坏端面,常在待加工面的轴肩处预先车出退刀槽或砂轮越程槽; 3)退刀槽和越程槽结构较小,通常需要用局部放大视图进行表达
钻孔	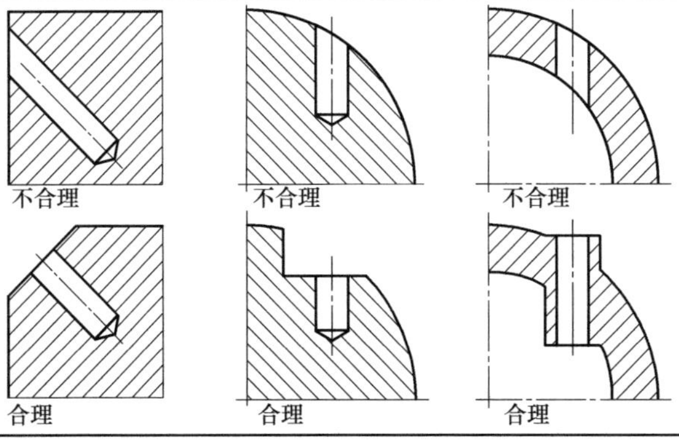 不合理　不合理　不合理 合理　合理　合理	1)钻头加工盲孔,孔末端成 120°的锥坑(钻头端部形状 120°锥面) 2)斜面或曲面上钻孔,钻头应垂直于零件的表面,避免在加工中折断钻头,保证钻孔的位置精度

续表

名称	图例	说明
凸台 凹坑	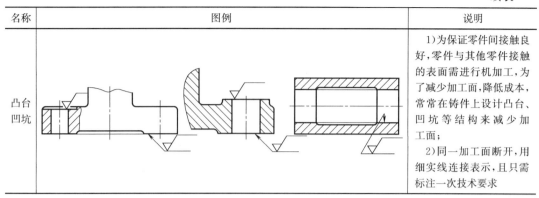	1)为保证零件间接触良好,零件与其他零件接触的表面需进行机加工,为了减少加工面,降低成本,常常在铸件上设计凸台、凹坑等结构来减少加工面; 2)同一加工面断开,用细实线连接表示,且只需标注一次技术要求

7.3 零件的视图选择

在绘图时要综合运用各种表达方法,对零件的结构形状进行正确、完整、清晰地表达,并且考虑有利于读图和画图,因此需要对零件进行结构分析,选定零件的主视图,再恰当地选择其他视图。

主视图应该是表达零件结构形状特征最多的一个视图,所以应选择反映零件结构形状最多和各形状结构之间相互位置关系明显的方向作为主视图的投射方向。另外,从便于读图的基本要求出发,主视图零件的安放位置主要考虑其加工位置和工作位置。其他视图的选择原则是在完整、清晰地表达零件的内外结构形状的前提下,尽量减少视图数量,要使每个视图有自己的作用,避免重复表达。

1. 分析零件

零件的结构形状是由它在机器中的作用、装配关系和制造方法等因素决定的。如图 7-2 所示,装配关系图展示了齿轮泵各零件的装配关系以及各零件在机器中的作用,在绘制零件图时还需结合加工方法才能确定每个零件在图纸中的摆放位置;同时对零件进行

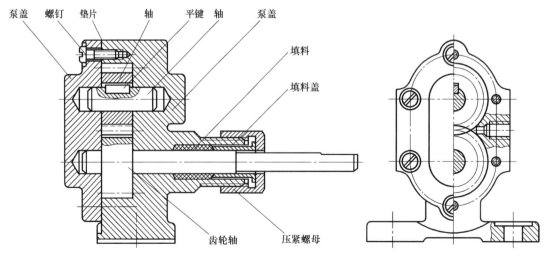

图 7-2 齿轮泵零件装配关系

形体分析（从几何角度分析零件的形状和特点）和结构分析（分析零件的功用和加工方法），要分清主要形体和次要形体，才能确定主视图的投射方向以及恰当的表达方法。

2. 零件的视图选择

选择主视图时应先确定零件的摆放位置，然后确定主视图投射方向。

1）摆放位置

符合零件的加工位置：轴套、轮盘等以回转体构型为主的零件，主要是车床或外圆磨床加工，应尽量符合加工位置，即轴线水平位置，这样便于工人加工时看图操作。如图 7-3 所示，齿轮泵零件"齿轮轴"为轴套类零件，在绘制零件图时应按加工位置进行摆放，即轴线水平放置。

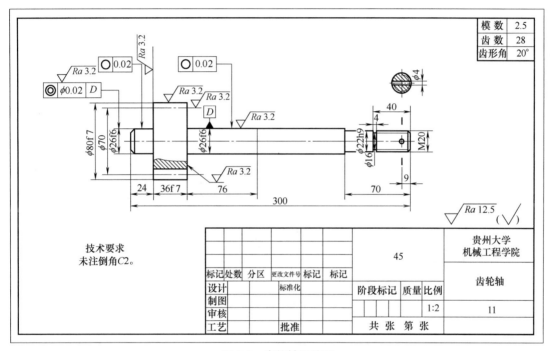

图 7-3 齿轮轴零件图

符合零件的工作位置：箱壳、叉架类零件加工工序较多，加工位置经常变化，因此这类零件应该按其在机器中工作位置摆放，这样图形和实际位置直接对应，便于看图和指导安装。如图 7-4 所示，齿轮泵"泵体"为箱体类零件，先铸造后机加工，机加工工位多样，在绘制零件图时应按工作位置进行摆放。

2）投射方向

较多地反映零件各部分结构形状和相对位置的方向为主视图投影方向。在确定一个零件的主视图投影方向时，应根据零件的结构特征有所侧重。如图 7-3 所示的"齿轮轴"零件图，轴类零件是以加工位置和其轴线方向的结构特征作为主视图投影方向；如图 7-4 所示的"泵体"零件图，箱体类零件，先铸造后机加工，空腔结构形状特征较为复杂，选择最能反映空腔结构形状的那个方向为主视图投影方向。

3）选其他视图

优先考虑基本视图，并采用相应的剖视图表达零件的主要结构和形状，再用一些辅助

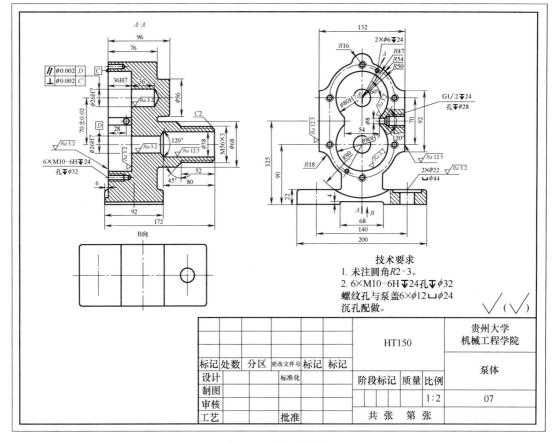

图 7-4　泵体零件图

视图（如局部视图、向视图、斜视图）以及断面图、局部放大图、简化画法等作为基本视图的补充，以表达次要结构、细部结构和局部形状。

选择其他视图时要注意以下几点：

① 尽量选用基本视图，并恰当地运用三种剖视表达零件的内外结构形状；

② 零件上的倾斜部分，用斜视图、斜剖视，在不影响尺寸标注的前提下尽可能按投射方向配置在相关视图附近，便于看图；

③ 零件中尺寸小的结构要素，采用局部放大图表示；

④ 合理运用标准中规定的简化画法；

⑤ 内部结构应尽可能采用剖视图表达，图中应减少虚线，当有助于看图和简化绘图时可适当运用虚线。

7.4　零件的尺寸标注

7.4.1　零件的尺寸分析

1. 零件图尺寸标注的基本要求

1）正确（符合国家标准的规定）；

2）完整（尺寸齐全，不多不少）；

3）清晰（尺寸布置合理，便于看图）；

4）合理（既要满足设计要求，又要便于加工和测量）。

2. 尺寸基准

在具体标注尺寸时，应恰当地选择尺寸基准，基准的选择有以下要求：

1）设计基准：根据零件的结构、设计要求，用以确定该零件在机器中的位置和几何关系的一些面、线为设计基准。

2）工艺基准：根据零件加工制造、测量和检验等工艺要求所选定的一些面、线称为工艺基准。

3）尺寸基准的选择：

① 优先选择设计基准作为工艺基准。

② 基准重合原则：在可能的情况下，应使定位基准、测量基准和设计基准重合。

③ 基准统一原则：在零件整个加工过程中，应尽可能采用同一基准。

④ 自为基准原则：当某些表面的加工精度要求很高时，为了保证加工精度，可以采用加工表面自身作为基准。

如图 7-5 所示，齿轮泵"泵体"零件长、宽、高三个方向的尺寸基准分别为：

长度方向主基准：此基准为重要结合面，同时是重要加工、测量面；

宽度方向主基准：此基准为零件对称中心，为加工、测量及装配重要参考面；

高度方向主基准：此基准为重要支承面，为加工制造、测量和装配所选定的参考平面。

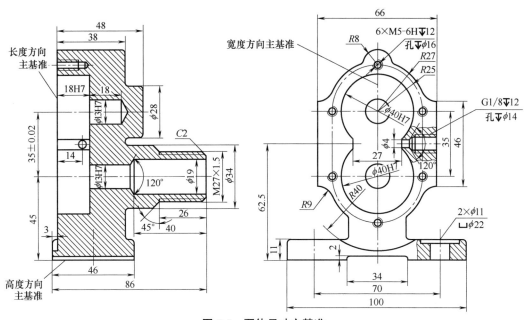

图 7-5 泵体尺寸主基准

注：任何一个零件都有长、宽、高三个方向的尺寸，每个尺寸都有基准，因此每个方向至少要有一个基准。同一个方向上有多个基准时，其中只有一个是主要基准，其余为辅助基准，零件的主要尺寸尽量从主要基准直接标注出。

3. 尺寸链

在零件尺寸标注时尺寸链不能封闭，主要有以下原因：

1）对于一个零件的各个尺寸，从设计角度来看，存在一定的功能要求和相互关系。

2）在加工过程中，每个尺寸都存在一定的公差。

3）由于加工设备和工艺的限制，每个尺寸的加工精度都是在一定范围内波动的，造成精度的不确定。

4）如果试图满足封闭尺寸链的要求，在加工过程中就需要不断地调整加工工艺和测量方法，以确保各个尺寸都在极其严格的公差范围内，这无疑会增加加工成本，包括更精密的加工设备、更多的测量工序和更复杂的工艺调整等。

如图 7-6 所示，零件"泵体"长度方向尺寸，在一个形体上尺寸链都为开式；强调的是零件上同一个形体的尺寸链不能封闭，如果是不同形体的尺寸不考虑尺寸链封闭的问题。例如底座尺寸标注了 46、3、38 为一个开式尺寸链，就不能再标注底座右端突出部分尺寸。例如零件总长 86、底座长度尺寸 46、$\phi19$ 孔深 40，形成封闭链，但由于底座与孔不是同一形体，所以不考虑尺寸链封闭的问题。

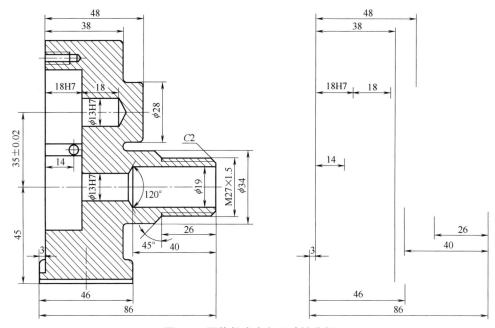

图 7-6　泵体长度方向尺寸链分析

4. 零件尺寸分类

零件上的尺寸分为三类：定形尺寸、定位尺寸和总体尺寸，只有完整合理地标注出每一个形体的位置尺寸和形状尺寸，零件才能加工测量。

此部分内容在第 4 章 4.5 节中已详细讲解，此处不再重复讲解。

合理标注尺寸需要较多的机械设计和加工方面的知识，因此本节仅对尺寸标注的合理性作简单介绍和分析。

7.4.2　零件的尺寸标注

合理标注尺寸需注意以下问题：

1）主要尺寸直接标注；

2）一般尺寸的标注应便于加工和测量，应符合加工顺序，便于测量；

3）零件的主要尺寸尽量从主要基准直接标注；

4）毛坯面之间的尺寸应直接标注；

5）不能注成封闭尺寸链（头尾相接，绕成一整圈的一组尺寸）。

如图 7-7 所示，零件"齿轮轴"机加工为车床或外圆磨床加工，主体结构为回转体，在标注尺寸时应综合考虑尺寸基准、尺寸链、机加工顺序、方便测量等因素。

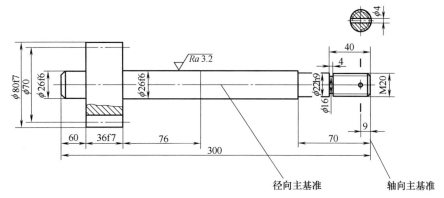

图 7-7 零件尺寸标注

1）确定主基准：

轴向主基准：以重要机加工端面为轴向（长度方向）主基准；

径向主基准：以结构回转中心为径向（宽度、高度方向）主基准；

2）零件主要形体之间的定位尺寸先标注，然后标注定形尺寸；

3）在标注尺寸时应考虑机加工顺序和方便测量等因素，如 40 与 4；

4）在标注尺寸时，应尽量从主基准直接标注，如图中轴向尺寸 300、40、9、70；

5）标注完成后注意检查尺寸链是否封闭，如果尺寸链封闭应去掉不重要尺寸。

合理标注尺寸需要较多的机械设计和加工方面的知识，因此本节仅对尺寸标注的合理性作简单介绍和分析。

7.4.3 零件上常见结构要素的尺寸标注

表 7-4 为零件常见的结构要素的尺寸标注法。

常见的结构要素尺寸标注法 表 7-4

类型		普通标注	简化标注	说明
螺孔	通孔	4×M20-6H	4×M20-6H　　4×M20-6H	4 个 M20-6H 的螺纹通孔

类型		普通标注	简化标注	说明
螺孔	盲孔	4×M20-6H▽25 孔▽30	4×M20-6H▽25 孔▽30 4×M20-6H▽25 孔▽30	4 个 M20-6H 的螺纹通孔,螺纹深 25,孔深 30
光孔	一般孔	4×φ17	4×φ17▽30 4×φ17▽30	4 个 φ17 盲孔,孔深 30
光孔	精加工孔	4×φ17H7	4×φ17H7▽20 孔▽30 4×φ17H7▽20 孔▽30	4 个 φ17 盲孔,钻孔深 30,精加工深 20
光孔	锥销孔		锥销孔 φ17 配作 锥销孔 φ17 配作	锥销孔,小端直径 φ17
沉孔	柱形沉孔	φ34	4×φ17 ⌴φ34▽10 4×φ17 ⌴φ34▽10	4 个 φ17 通孔,圆柱形沉孔直径 φ34,沉孔深 10
沉孔	锥形沉孔	90° φ34	4×φ17 ∨φ34×90° 4×φ17 ∨φ34×90°	4 个 φ17 通孔,锥形沉孔口径 φ34,锥面顶角为 90°

类型		普通标注	简化标注	说明
光孔	锪平	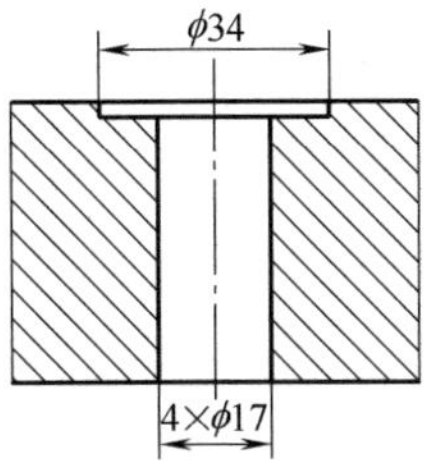 $4×\phi17$ $\phi34$	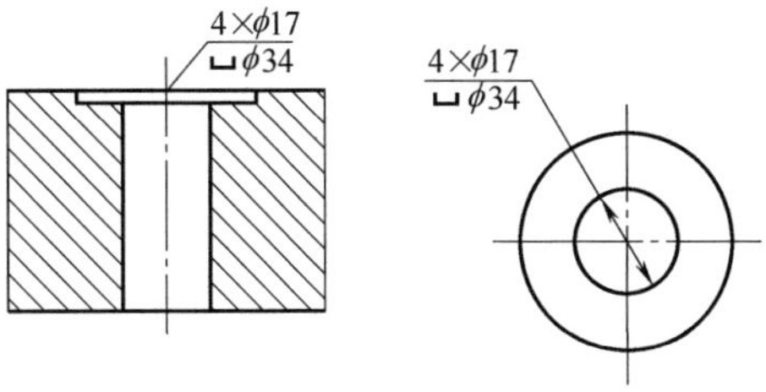 $4×\phi17$ $\sqcup\phi34$ $4×\phi17$ $\sqcup\phi34$	4 个中 $\phi17$ 通孔，锪平孔直径 $\phi34$；锪平孔不需标注深度，一般锪平到不见毛面为止
中心孔	B型		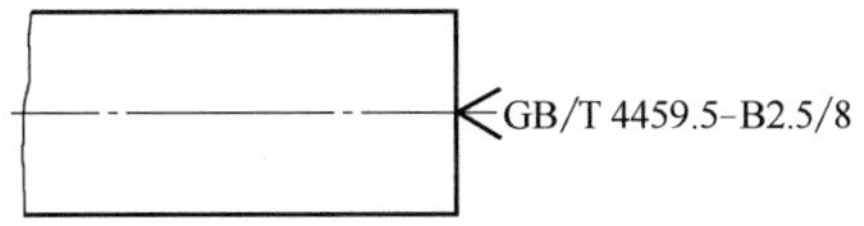 GB/T 4459.5-B2.5/8	表示 B 型中心孔，完工后零件上保留中心孔
	A型		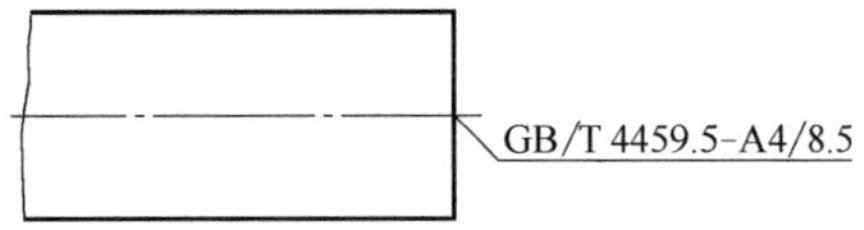 GB/T 4459.5-A4/8.5	表示 A 型中心孔，完工后零件上中心孔保留与否都可以
			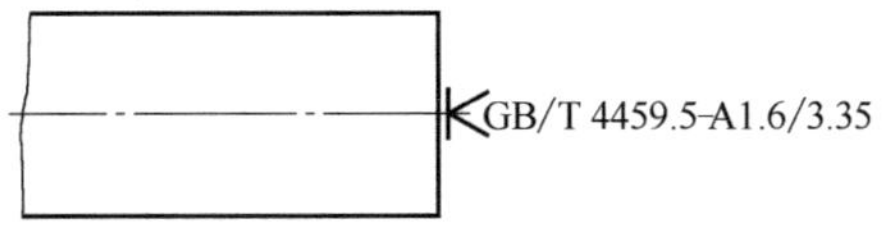 GB/T 4459.5-A1.6/3.35	表示 A 型中心孔，完工后零件上不允许保留中心孔

7.5 零件的技术要求及标注

零件图除了表达零件形状和标注尺寸外，还必须标注和说明零件制造时应达到的技术要求。零件图的技术要求是约束零件质量的一些技术指标，加工过程中必须采用相应的工艺措施给予保证。零件的技术要求主要包括尺寸公差与配合、形状和位置公差、表面粗糙度、热处理和表面处理等内容。

零件图上的技术要求如公差、表面粗糙、热处理要求等，应按国家标准规定的各种符号、代号、文字标注在图形上。对于一些无法标注在图形上的内容或需要统一说明的内容，可以用文字分别注写在图纸下方的空白处。

本节主要介绍表面粗糙度、极限与配合、几何公差，而热处理和表面处理等可参考本书附录。

7.5.1 表面结构

在机械图样上，为保证零件装配后的使用要求，需要对零件的表面结构给出要求。

1. 表面粗糙度常用术语

1）粗糙度：零件经过机械加工后的表面会留有许多高低不平的凸峰和凹谷，零件加工表面上具有较小间距的峰和谷所组成的微观几何形状特性称为表面粗糙度。表面粗糙度与加工方法、切削刀具和工件材料等各种因素都有密切关系。

表面粗糙度是评定零件表面质量的一项重要技术指标，对于零件的配合、耐磨性、抗腐蚀性以及密封性等都有显著影响，是零件图中必不可少的一项技术要求。

零件表面粗糙度的选用，应该既满足零件表面的功能要求，又要考虑经济合理。一般情况下，凡是零件上有配合要求或有相对运动的表面，粗糙度参数值要小，参数值越小，表面质量越高，但加工成本也越高。因此，在满足使用要求的前提下，应尽量选用较大的粗糙度参数值，以降低成本。

2）评定表面轮廓常用的参数：国家标准 GB/T 3505—2009 中规定了评定表面轮廓的参数，常用的是评定粗糙度轮廓中的两个参数：轮廓的算术平均偏差 Ra 和轮廓最大高度Rz。

Ra 是算术平均偏差，指在一个取样长度内，纵坐标 $Z(x)$ 绝对值的算术平均值，如图 7-8 所示。Ra 常用的高度参数值见表 7-5。

公式为：
$$Ra = 1/l \int_0^l |Z(x)| \, \mathrm{d}x$$

Rz 是轮廓的最大高度，指在同一取样长度内，最大轮廓峰高与最大轮廓谷深之和的高度，如图 7-8 所示。

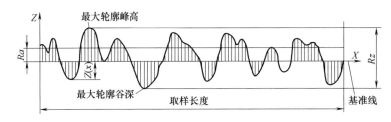

图 7-8　算术平均偏差 Ra 和轮廓的最大高度 Rz

轮廓算术平均偏差 Ra 的值（单位：μm）　　　　　　　表 7-5

第一系列			0.012		0.025			0.050		0.1
第二系列	0.008	0.010		0.016	0.020		0.032	0.040		0.063	0.080
第一系列			0.20		0.40			0.80		1.60
第二系列	0.125	0.160		0.250	0.320		0.50	0.630		1.0	1.250
第一系列			3.20		6.30			12.50		25.0
第二系列	2.0	2.50		4.0	5.0		8.0	10.0		16.0	20.0
第一系列			50.0		100.0					
第二系列	32.0	40.0		63.0	80.0					

3）取样长度和评定长度：以粗糙度高度参数的测量为例，由于表面轮廓的不规则性，测量结果与测量段的长度密切相关。当测量段过短时，各处的测量结果会产生很大差异；当测量段过长时，测量的高度值中将不可避免地包含波纹度的幅值。因此，应在 X 轴（基准线）上选取一段适当长度进行测量，这段长度称为取样长度。

2. 表面粗糙度的图形符号

1）粗糙度符号画法及补充要求注写位置

粗糙度符号的大小与尺寸标注字号高度相关，符号上需标注粗糙度参数和数值，必要时还需标注补充要求；补充要求包括传输带、取样长度、加工工艺、表面纹理及方向、加工余量等，这些要求在图形符号中的注写位置如图7-9所示。

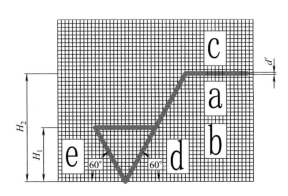

图7-9 表面粗糙度画法及补充说明标注位置

图中的字母的意义如下：

a——注写表面粗糙度的单一要求或注写第一个表面粗糙度要求；

b——注写第二个表面粗糙度要求；

c——注写加工方法，如"车""磨""铣"等；

d——注写表面纹理方向符号，如"="“X”“M”等；

e——注写加工余量。

图形符号和补充说明标注（附加标注）的尺寸如表7-6所示。

图形符号和附加标注尺寸（单位：mm） 表7-6

标注所选字号 h	2.5	3.5	5	7	10	14	20
符号线宽 D'	0.25	0.35	0.5	0.7	1	1.4	2
字母线宽 D							
高度 H_1	3.5	5	7	10	14	20	28
高度 H_2（最小值）	7.5	10.5	15	21	30	42	60

注：H_2 取决于标注内容，只规定了最小值。

2）粗糙度符号含义

GB/T 131-2006 规定了技术产品文件中表面结构的表示法。图样上表示零件表面粗糙度的图形符号见表7-7。

表面粗糙度符号含义 表7-7

符号	说明
∨	基本符号，表示表面可用任何方法获得；当通过一个注释解释时可单独使用
∨	基本符号加一小圆，表示表面是用不去除材料方法获得，如铸、锻、冲压变形、热轧、冷轧、粉末冶金等，或者用于保持原供应状况的表面（包括保持上道工序的状况）

续表

符号	说明
	基本符号加一短画,表示表面是用去除材料的方法获得,如车、铣、钻、磨、剪切、抛光、腐蚀、电火花加工、气割等;仅当其含义是"被加工表面"时可单独使用
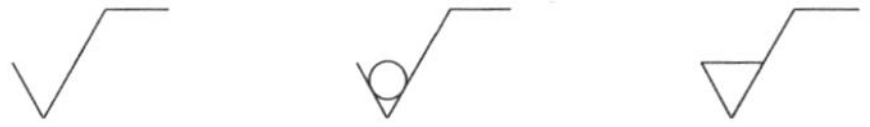	在上述三个符号的长边上均可加一横线,用于标注粗糙度的各种要求
	在上述三个符号后加括号基本符号,表示零件其余表面具有相同的表面粗糙度要求

3. 表面粗糙度代号

表面粗糙度符号中注写了具体参数代号及参数值等要求后,称为表面粗糙度代号。表面粗糙度代号及其含义示例见表 7-8。

表面粗糙度代号及其含义示例　　　　　　　　　　　　　表 7-8

代号	含义
 $\sqrt{Ra\,0.8}$	表示不允许去除材料,单向上限值,算术平均偏差为 $0.8\mu m$
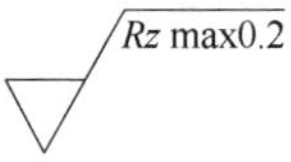 $\sqrt{Rz\,max0.2}$	表示去除材料,单向上限值,轮廓最大高度的最大值为 $0.2\mu m$
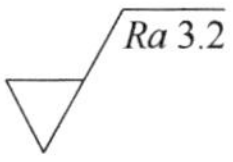 $\sqrt{Ra\,3.2}$	表示去除材料,单向上限值,算术平均偏差为 $3.2\mu m$
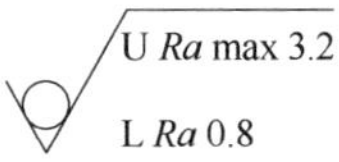 $\sqrt{\begin{array}{l}U\,Ra\,max\,3.2\\L\,Ra\,0.8\end{array}}$	表示不允许去除材料,双向极限值; 上限值:算术平均偏差为 $3.2\mu m$;下限值:算术平均偏差为 $0.8\mu m$

4. 表面粗糙度要求在图样中的标注方法

表面粗糙度一般要求对每一表面只标注一次,并尽可能标注在相应的尺寸及其公差的同一视图上。除非另有说明,所标注的表面粗糙度要求是对完工零件表面的要求。表面粗糙度在图样中的标注方法如表 7-9 所示。

表面粗糙度在图样中的标注方法　　　　　　　　　　　　表 7-9

图例	说明
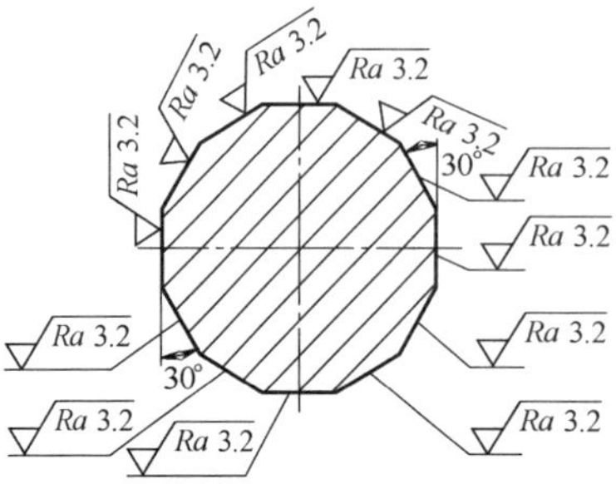	表面粗糙度的注写和读取方向与尺寸的注写和读取方向一致;其符号应从材料外指向并接触表面,在文字需要转向时须用指引线引出;与铅垂方向夹角30°范围内标注粗糙度,必须引线引出标注

续表

图例	说明
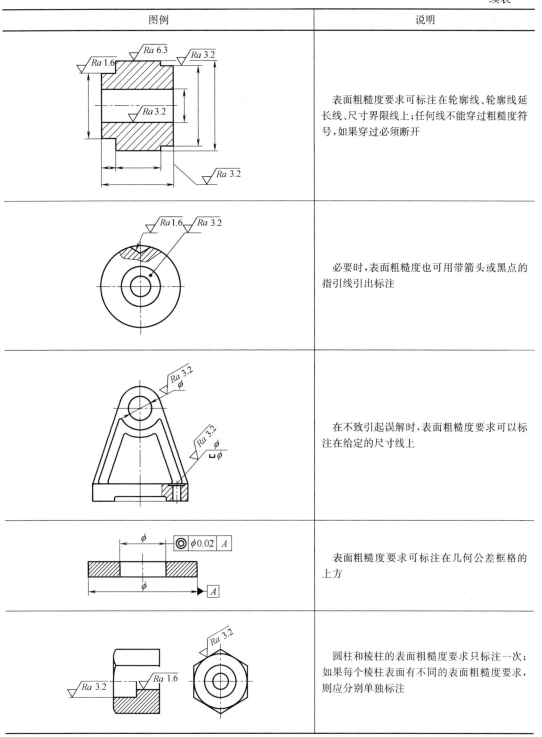	表面粗糙度要求可标注在轮廓线、轮廓线延长线、尺寸界限线上；任何线不能穿过粗糙度符号，如果穿过必须断开
	必要时，表面粗糙度也可用带箭头或黑点的指引线引出标注
	在不致引起误解时，表面粗糙度要求可以标注在给定的尺寸线上
	表面粗糙度要求可标注在几何公差框格的上方
	圆柱和棱柱的表面粗糙度要求只标注一次；如果每个棱柱表面有不同的表面粗糙度要求，则应分别单独标注

5. 表面粗糙度要求在图样中的简化标注

　　零件重复要素、多表面有相同粗糙度要求、螺纹工作面、多工艺表面粗糙度等，在图样中可进行标注，如表7-10所示。

简化标注 表 7-10

项目	图例	说明
有相同表面粗糙度要求的简化注法	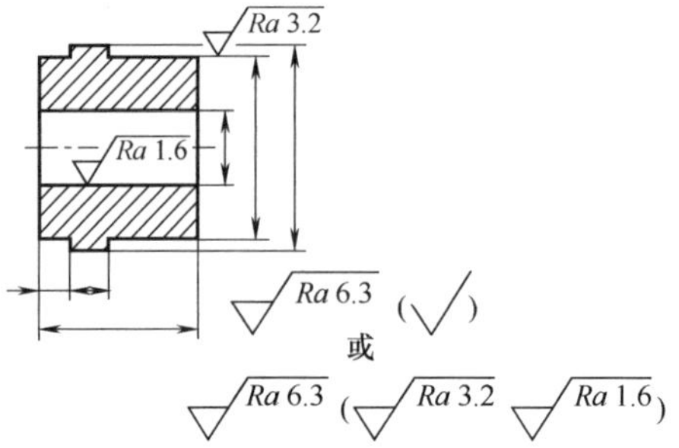	如果在工件的多数(包括全部)表面有相同的表面粗糙度要求时,则其表面粗糙度要求可统一标注在图样的标题栏附近(不同的表面粗糙度要求应直接标注在图形中)。其注法有以下两种:1)在圆括号内给出无任何其他标注的基本符号;2)在圆括号内给出不同的表面粗糙度要求
多个表面有共同要求的简化注法 — 用带字母的完整符号的简化注法	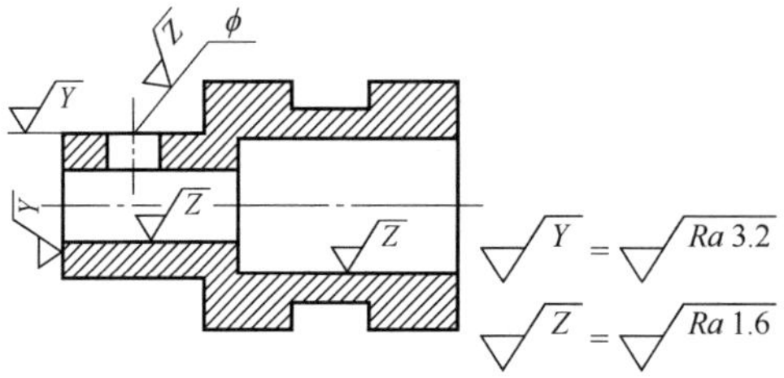	用带字母的完整符号以等式的形式,在图形或标题栏附近对有相同表面粗糙度要求的表面进行简化标注
多个表面有共同要求的简化注法 — 只用表面粗糙度符号的简化注法	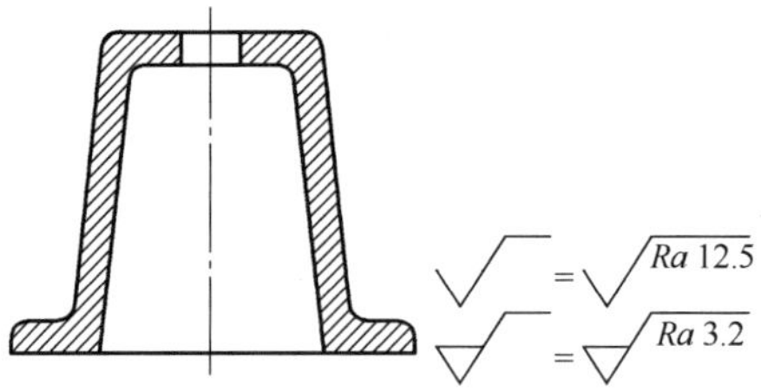	用表面粗糙度符号以等式的形式给出多个表面共同的表面粗糙度要求。图中的这两个简化注法,分别表示未指定工艺方法和要求去除材料的表面粗糙度代号
多种工艺获得的同一表面的简化注法	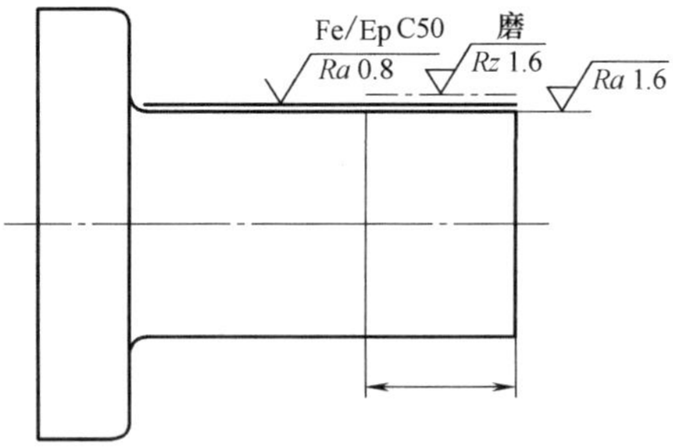	当需要明确每种工艺方法的表面粗糙度要求时,可按图中方法进行标注(图中 Fe 表示基体材料为钢,Ep 表示加工工艺为电镀);图中三个粗糙度表示三个连续的加工工序的表面粗糙度、尺寸和表面处理的标注; 第一道工序:单向上限值,$Rz = 1.6\mu m$,去除材料的加工方法; 第二道工序:镀铬,无其他表面粗糙度要求; 第三道工序:一个单向上限值,仅对长为 50mm 的圆柱表面有效,$Rz = 1.6\mu m$,磨削加工
螺纹工作表面没画出牙型时的简化标注	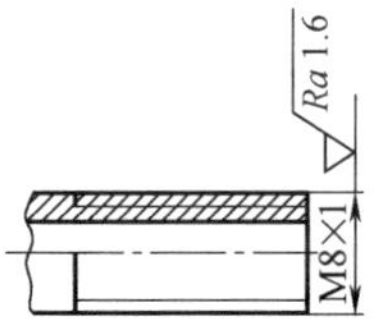	螺纹工作表面没画出牙型时,其表面粗糙度代号可标注在尺寸线上

续表

项目	图例	说明
重复要素的表面的简化标注	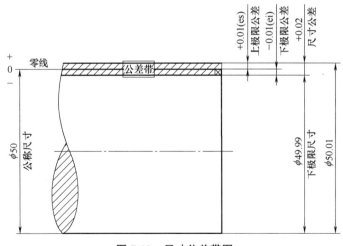	零件上重复要素(孔、齿、槽等)的表面，其表面粗糙度代号只标注一次；齿轮的工作表面没画出齿形时，其表面粗糙度代号标注在分度线上

7.5.2 公差与配合

1. 零件的互换性

从一批规格相同的零件中任取一件，无须修配或局部加工，就能立即装到机器中，并能正常地工作运转，达到设计的性能要求，零件间的这种性质称为互换性。零件具有互换性可以满足各生产部门的广泛协作，为专业化生产提供了条件，从而提高了生产效率和产品质量。

2. 公差的基本概念

为了保证零件的互换性，必须把零件加工的尺寸误差限制在一定范围之内，即给零件的尺寸规定一个允许的变动量（尺寸公差），如图 7-10 所示。

图 7-10 尺寸公差带图

1）公称尺寸：设计给定的尺寸，也叫基本尺寸，如图中的 $\phi 50$。

2）实际尺寸：零件制成后测量所获得的尺寸。

3）极限尺寸：允许尺寸变化的两个界限值，极限尺寸以基本尺寸为基数确定，如图 7-10 中的上极限尺寸（最大极限尺寸）$\phi 50.01$ 和下极限尺寸（最小极限尺寸）$\phi 49.99$。

4）极限偏差：极限偏差分为上极限偏差（ES、es）和下极限偏差（EI、ei）；上极限偏差为上极限尺寸减去其公称尺寸所得的代数差，下极限偏差为下极限尺寸减去其公称尺寸所得的代数差；上、下极限偏差可以是正值、负值或零；如图中的＋0.01 为上极限偏差（es），－0.01 为下极限偏差（ei）。

5）尺寸公差（简称公差）：允许尺寸的变动量；为上极限尺寸与下极限尺寸的代数差，也等于上极限偏差与下极限偏差的代数差；尺寸公差是一个没有正负号的绝对值。

6）零线：在公差与配合的图解图（简称公差带图）中，确定偏差的一条基准直线，即零偏差线；通常以零线表示公称尺寸。

7）尺寸公差带（简称公差带）：在公差带图中，由代表上、下极限偏差的两条直线所限定的一个带状区域。

8）标准公差：国家标准规定的公差；其代号为 IT，国标规定标准公差分为 20 级，即 IT01、IT0、ITI 至 IT18；它表示尺寸的精确程度，从 IT01 至 IT18 等级依次降低；它的数值由公称尺寸和公差等级确定，如表 7-11 所示。

标准公差值　　　　　　　　　　　　　　　　　　　　　　　　　表 7-11

公称尺寸 （mm）	大于	—	3	6	10	18	30	50	80	120	180	250	315	400
	至	3	6	10	18	30	50	80	120	180	250	315	400	500
标准公差等级														
μm	IT01	0.3	0.4	0.4	0.5	0.6	0.6	0.8	1	1.2	2	2.5	3	4
	IT0	0.5	0.6	0.6	0.8	1	1	1.2	1.5	2	3	4	5	6
	IT1	0.8	1	1	1.2	1.5	1.5	2	2.5	3.5	4.5	6	7	8
	IT2	1.2	1.5	1.5	2	2.5	2.5	3	4	5	7	8	9	10
	IT3	2	2.5	2.5	3	4	4	5	6	8	10	12	13	15
	IT4	3	4	4	5	6	7	8	10	12	14	16	18	20
	IT5	4	5	6	8	9	11	13	15	18	20	23	25	27
	IT6	6	8	9	11	13	16	19	22	25	29	32	36	40
	IT7	10	12	15	18	21	25	30	35	40	46	52	57	63
	IT8	14	18	22	27	33	39	46	54	63	72	81	89	97
	IT9	25	30	36	43	52	62	74	87	100	115	130	140	155
	IT10	40	48	58	70	84	100	120	140	160	185	210	230	250
	IT11	60	75	90	110	130	160	190	220	250	290	320	360	400
mm	IT12	0.1	0.12	0.15	0.18	0.21	0.25	0.30	0.35	0.40	0.46	0.52	0.57	0.63
	IT13	0.14	0.18	0.22	0.27	0.33	0.39	0.46	0.54	0.63	0.72	0.81	0.89	0.97
	IT14	0.25	0.30	0.36	0.43	0.52	0.62	0.74	0.87	1.00	1.15	1.30	1.40	1.55
	IT15	0.40	0.48	0.58	0.70	0.84	1.00	1.20	1.40	1.60	1.85	2.10	2.30	2.50
	IT16	0.06	0.75	0.90	1.10	1.30	1.60	1.90	2.20	2.50	2.90	3.20	3.60	4.00
	IT17	1.0	1.2	1.5	1.8	2.1	2.5	3.0	3.5	4.0	4.6	5.2	5.7	6.3
	IT18	1.4	1.8	2.2	2.7	3.3	3.9	4.6	5.4	6.3	7.2	8.1	8.9	9.7

注：1. 公称尺寸大于 500mm 的 IT1～IT5 的标注公差数值为试行。

　　2. 公称尺寸小于或等于 1mm 时，无 IT14～IT18。

9）基本偏差：基本偏差是用以确定公差带相对于零线位置的上偏差或下偏差，一般

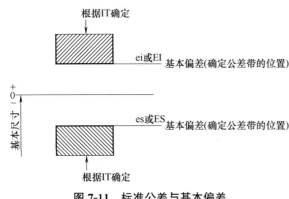

图 7-11　标准公差与基本偏差

指靠近零线的极限偏差。当公差带位于零线上方时，其基本偏差为下极限偏差；当公差带位于零线下方时，其基本偏差为上极限偏差。

如图 7-11 所示，孔和轴的基本偏差对称地分布在零线的两侧。图中公差带一端画成开口，表示不同公差等级的公差带宽度有变化。

根据公称尺寸可以从有关标准中查得轴和孔的基本偏差数值，再根据给定的标准公差即可计算轴和孔的另一偏差。

轴的另一偏差（上极限偏差 es 或下极限偏差 ei）：es＝ei＋IT 或 ei＝es－IT。

孔的另一偏差（上极限偏差 ES 或下极限偏差 EI）：ES＝EI＋IT 或 EI＝ES－IT。

表示孔和轴的基本偏差系列，孔和轴分别规定了 28 个基本偏差，用拉丁字母按其顺序表示，大写字母表示孔，小写字母表示轴，如图 7-12 所示。

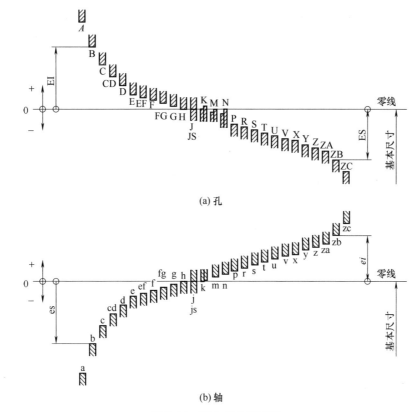

图 7-12　基本偏差示意图

10）公差带代号：公差带的位置和大小分别由基本偏差和公差等级确定，故公差带代号由基本偏差系列代号和公差等级代号组合而成。

3. 公差的标注方法及查表

轴、孔公差取值可参考《产品几何技术规范（GPS）线性尺寸公差 ISO 代号体系 第 1 部分：公差、偏差和配合的基础》GB/T 1800.1-2020、《产品几何技术规范（GPS）线性尺寸公差 ISO 代号体系 第 2 部分：标准公差带代号和孔、轴的极限偏差表》GB/T 1800.2-2020。

轴、孔的尺寸公差带有两种表示方法，一种是代号形式，一种是偏差形式。

1）轴、孔的尺寸公差由公差带代号表示：由公称尺寸（基本尺寸）、基本偏差代号和公差等级代号组成。孔的基本偏差代号用大写拉丁字母表示，轴的基本偏差代号用小写拉丁字母表示，公差等级代号用阿拉伯数字表示，如图 7-13 所示。

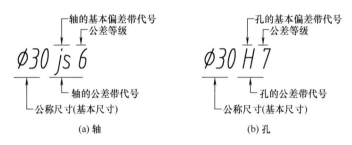

(a) 轴　　　　　　　　　　(b) 孔

图 7-13　轴、孔的尺寸公差带代号书写形式

2）轴、孔的尺寸公差由极限偏差表示：由公称尺寸（基本尺寸）、上偏差和下偏差组成。如图 7-14 所示，标注极限偏差时应注意上下极限偏差的字号比公称尺寸小一号，且下极限偏差与公称尺寸标注在同一底线上，上、下极限偏差的小数点对齐及小数点后位数相同，如图 7-14（a）所示；若上极限偏差或下极限偏差为"0"时，必须与另一偏差的小数点前个位数对齐，如图 7-14（b）所示；如果上、下极限偏差对称于零线，则如图 7-14（c）所示的标注。

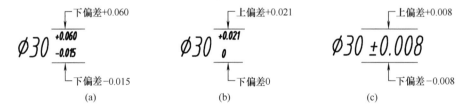

(a)　　　　　　　　　(b)　　　　　　　　　(c)

图 7-14　轴、孔的尺寸公差极限偏差书写形式

轴、孔尺寸公差以极限偏差形式进行表达，可算出：

$$最大极限尺寸＝基本尺寸＋上偏差$$

$$最小极限尺寸＝基本尺寸＋下偏差$$

$$公差值＝|上偏差－下偏差|$$

3）尺寸公差在零件图中的标注方法

如图 7-15 所示，在零件图上标注公差有三种形式，第一种是只标注公差带的代号，此种标注法适用于大批量生产，如图 7-15（a）所示；第二种是只标注极限偏差数值，此种标注法适用于单件、小批量生产，以便加工、检验时对照，如图 7-15（b）所示；第三种是既标注公差带的代号，又标注极限偏差数值，如图 7-15（c）所示。

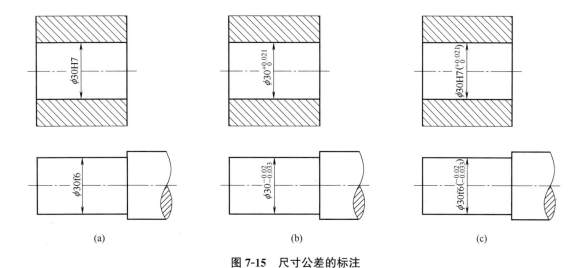

图 7-15 尺寸公差的标注

4. 配合的基本概念

轴和孔在零件图中各自标注了尺寸公差，当基本尺寸相同的轴和孔装配在一起时，孔和轴公差带之间的关系称为配合。由于孔和轴的实际尺寸不同，装配后可能产生"间隙"或"过盈"。

1）配合的种类

根据设计和工艺要求，配合分为三类，如图 7-16 所示。

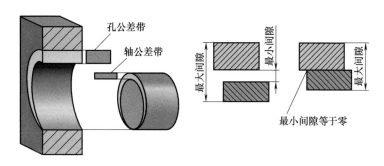

(a) 间隙配合

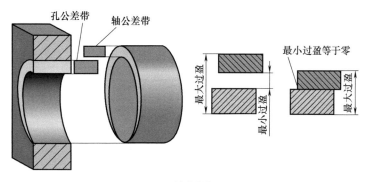

(b) 过盈配合

图 7-16 配合的种类（一）

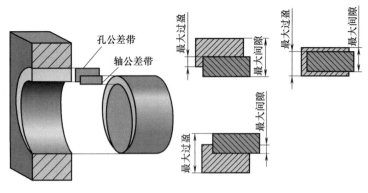

(c) 过渡配合

图 7-16　配合的种类（二）

间隙配合：具有间隙的配合（包括最小间隙为零）。其孔的公差带在轴的公差带之上，如图 7-16（a）所示，这时孔的最小极限尺寸≥轴的最大极限尺寸。

过盈配合：具有过盈的配合（包括最小过盈为零）。其孔的公差带在轴的公差带之下，如图 7-16（b）所示，这时孔的最大极限尺寸≤轴的最小极限尺寸。

过渡配合：可能具有间隙或过盈的配合。其孔的公差带与轴的公差带相互交叠，如图 7-16（c）所示。

2）基孔制配合和基轴制配合

根据机械工业产品生产使用的需要，国家标准考虑到定值刀具、量具规格的统一，规定了优先选用、常用和一般用途孔、轴公差带，国家标准还规定在轴孔公差带中组合成基孔制常用配合，优先配合；基轴制常用配合，优先配合，见表 7-12 和表 7-13。应尽量选用优先配合和常用配合。

基孔制优先、常用配合　　　　　　　　　　　　　　　　表 7-12

基孔制		H6	H7	H8		H9	H10	H11	H12
轴	a							H11/a11	
	b							H11/b11	H12/b12
	c					H9/c9	H10/c10	H11/c11	
	d	间隙			H8/d8	H9/d9	H10/d10	H11/d11	
	e				H8/e7	H8/e8	H9/e9			
	f		H6/f5	H7/f6	H8/f7	H8/f8	H9/f9			
	g		H6/g5	H7/g6	H8/g7					
	h		H6/h5	H7/h6	H8/h7	H8/h8	H9/h9	H10/h10	H11/h11	H12/h12
	js		H6/js5	H7/js6	H8/js7					
	k	过渡	H6/k6	H7/k6	H8/k7					
	m		H6/m5	H7/m6	H8/m7					
	n	过盈	H6/n6	N7/n6	H8/n7					
	p		H6/p5	H7/p6	H8/p7					

续表

基孔制			H6	H7	H8	H9	H10	H11	H12
轴	过盈	r	H6/r5	H7/r6	H8/r7				
		s	H6/s5	H7/s6	H8/s7				
		t	H6/t5	H7/t6	H8/t7				
		u		H7/u6	H8/u7				
		v		H7/v6					
		x		H7/x6					
		y		H7/y6					
		z		H7/z6▼					

注：标注▼的配合为优先配合。

基轴制优先、常用配合　　　　　　　　　表7-13

基轴制			H6	H7	H8	H9	H10	H11	H12
孔	间隙	A						A11/h11	
		B						B11/h11	B12/h12
		C						C11/h11▼	
		D			D8/h8	D9/h9	D10/h10	D11/h11	
		E			E8/h7　E8/h8	E9/h9			
		F	F6/h5	F7/h6	F8/h7▼　F8/h8	F9/h9			
		G	G6/h5	G7/h6▼					
		H	H6/h5	H7/h6	H8/h7▼　H8/h8	H9/h9▼	H10/h10	H11/h11▼	H12/h12
	过渡	JS	JS6/h5	JS7/h6	JS8/h7				
		K	K6/h5	K7/h6▼	K8/h7				
		M	M6/h5	M7/h6	M8/h7				
		N	N6/h5	N7/h6	N8/h7▼				
	过盈	P	P6/h5	P7/h6▼					
		R	R6/h5	R7/h6					
		S	S6/h5	S7/h6▼					
		T	T6/h5	T7/h6					
		U		U7/h6▼					
		V							
		X							
		Y							
		Z							

注：标注▼的配合为优先配合。

5. 配合的标注

配合的代号由两个相互结合的孔和轴的公差带组成，用分数形式表示；当轴、孔的公差以代号的形式进行标注，那么配合也用代号的形式进行标注，分子为孔的公差带代号，分母为轴的公差带代号，可以是上下结构，也可以是左右结构，如图 7-17 所示。

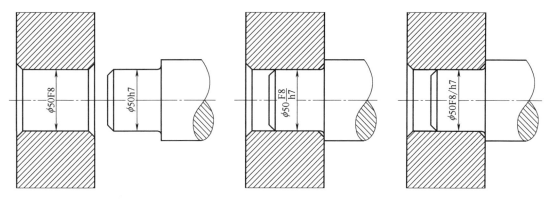

(a) 零件尺寸公差代号标注   (b) 轴孔装配尺寸公差的配合标注

图 7-17   装配图中配合的注法

7.5.3   几何公差

在实际生产过程中，零件尺寸不可能制造得绝对准确，同样不可能制造出绝对准确的形状和表面间的相对位置。为了满足使用要求，零件尺寸是由尺寸公差加以限制；而零件的表面形状和表面间的相对位置，则由几何公差加以限制。对于精度要求较高的零件，根据设计要求，需在零件图上注出有关的几何公差。如图 7-18 所示，为了保证齿轮泵工作时传动平稳，装配在泵体与泵盖上的轴和齿轮轴的中心距要求较高的尺寸精度，同时要求轴线间的平行度和轴线与泵体泵盖端面的垂直度，这个装配要求就对泵体和泵盖提出了相关技术要求分别如图 7-19 和图 7-20 所示，圆圈圈出的技术要求是为了保证装配后齿轮泵工作时传动平稳。

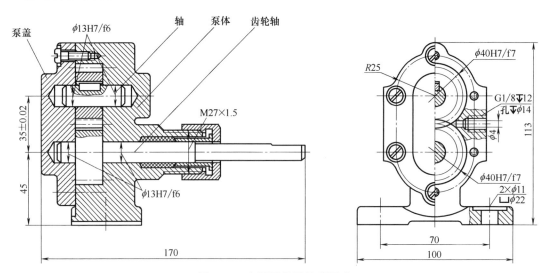

图 7-18   齿轮泵装配技术要求

1. 几何公差的几何特征和符号

《产品几何技术规范（GPS）几何公差形状、方向、位置和跳动公差标注》GB/T 1182-

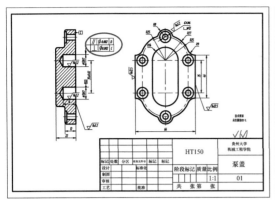

图 7-19 泵盖几何公差

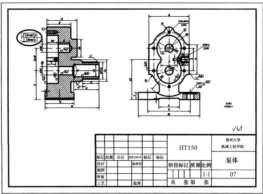

图 7-20 泵体几何公差

2018 规定了工件几何公差标注的基本要求和方法。零件的几何特性是零件的实际要素对其几何理想要素的偏离情况,它是决定零件功能的因素之一,几何误差包括形状、方向、位置和跳动误差。为了保证机器的质量,要限制零件对几何误差的最大变动量,称为几何公差,允许变动量的值称为公差值。几何公差的几何特征和符号见表 7-14。

几何特征和符号 表 7-14

公差类型		特征项目	符号	基准要求	说明
形状公差	定形	直线度	—	无	控制实际直线与理想直线之间的偏差,确保直线元素的形状误差在允许范围内
	定形	平面度	▱	无	控制实际平面与理想平面之间的偏差,确保平面元素的形状误差在允许范围内
	定形	圆度	○	无	控制实际圆与理想圆之间的偏差,确保圆形元素的形状误差在允许范围内
	定形	圆柱度	⌭	无	控制实际圆柱面与理想圆柱面之间的偏差,确保圆柱元素的形状误差在允许范围内
形状或位置公差	定形 定位	线轮廓度	⌒	有或无	控制实际轮廓线与理想轮廓线之间的偏差,确保轮廓线的形状误差在允许范围内
	定形 定位	面轮廓度	⌒	有或无	控制实际轮廓面与理想轮廓面之间的偏差,确保轮廓面的形状误差在允许范围内
定向公差	定向	平行度	∥	有	控制实际元素与基准元素之间的平行关系,确保两者平行误差在允许范围内
	定向	垂直度	⊥	有	控制实际元素与基准元素之间的垂直关系,确保两者垂直误差在允许范围内
	定向	倾斜度	∠	有	控制实际元素与基准元素之间的倾斜角度,确保两者倾斜误差在允许范围内
位置公差	定位	位置度	⊕	有或无	控制实际元素与理想位置之间的偏差,确保元素的位置误差在允许范围内
	定位	同轴度 同心度	◎	有	控制实际轴线与基准轴线之间的同轴关系,确保两者同轴误差在允许范围内。 控制实际圆心与基准圆心之间的同心关系,确保两者同心误差在允许范围内

续表

公差类型	特征项目		符号	基准要求	说明
位置公差	定位	对称度	⚌	有	控制实际元素与基准元素之间的对称关系,确保两者对称误差在允许范围内
跳动公差	跳动	圆跳动	∕	有	控制旋转表面在单一测量平面内的跳动误差,确保零件在旋转时每个测量点的跳动量在允许范围内
跳动公差	跳动	全跳动	⚆	有	控制整个旋转表面在多个测量平面内的跳动误差,确保零件在旋转时整个表面的跳动量在允许范围内

2. 附加符号及其标注方法

这里仅简要说明 GB/T 1182-2018 中标注被测要素几何公差的附加符号(几何公差框格),以及基准要素的附加符号(基准符号)的标注方法。其他的附加符号,请读者查阅该标准。

1)公差框格

用公差框格标注几何公差时,公差要求注写在划分成两格或多格的矩形框格内。各格自左至右顺序标注以下内容,如图 7-21 所示。其中,h 为文字高度,每格的宽度按实际内容确定。

图 7-21 公差框格

2)被测要素的标注

按下列方式之一,用指引线连接被测要素和公差框格。指引线引自框格的任意一侧,终端带一箭头。如图 7-22 所示,齿轮泵零件齿轮轴有四处形位公差,标注方式应符合以下格式。

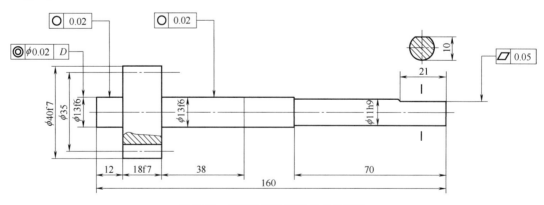

图 7-22 齿轮轴零件图形位公差标注

① 当公差涉及轮廓线或轮廓面时,箭头指向该要素的轮廓线,如图 7-22 中两处圆柱度的标注,标注时应与尺寸线明显错开;

② 当标注不下时,箭头也可指向引出线的水平线,引出线引自被测面,如图 7-22 中平面度的标注;

③ 当公差涉及要素的中心线、中心面或中心点时,箭头应位于相应尺寸的延长线上,如图 7-22 中同轴度的标注,引线箭头与尺寸线对齐表示测量要素为中心轴线。

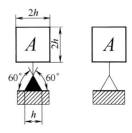

图 7-23 基准符号画法

3）基准的标注

与被测要素相关的基准用一个大写字母表示。字母标注在基准方格内，与一个涂黑的或空白的三角形相连以表示基准（涂黑的和空白的基准三角形含义相同）；表示基准的字母还应标注在公差框格内。基准符号的大小可按图 7-23 绘制。

带基准字母的基准三角形应按如下规定放置（标注要求与形位公差标注要求基本一致），如图 7-24 所示。

① 当基准要素是轮廓线或轮廓面时；基准三角形放置在要素的轮廓线或其延长线上（与尺寸线明显错开），如图 7-24（a）所示。

② 基准三角形也可放置在该轮廓面引出线的水平线上，如图 7-24（b）所示。

③ 当基准是尺寸要素确定的轴线、中心平面或中心点时，基准三角形应放置在该尺寸的延长线上，如图 7-24（c）所示；如图 7-24（c）所示基准 D 与 $\phi13f6$ 的尺寸线对齐，表示基准 D 为 $\phi13f6$ 的轴线。

④ 如果没有足够的位置标注基准要素，尺寸的两个尺寸箭头，其中一个箭头可用基准三角形代替，如图 7-24（d）所示。

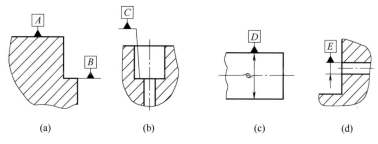

图 7-24 基准符号的标注

以单个要素作基准时，在公差框格内用一个大写字母表示，以两个要素建立公共基准体系时，用中间加连字符的两个大写字母表示，如图 7-25 所示；以两个或三个基准建立基准体系（采用多基准）时，表示基准的大写字母按基准的优先顺序自左向右填写在各个框内。

			A					A—B					A	B	C

图 7-25 基准在几何公差框格内的标注

7.5.4 其他技术要求

在零件图上，技术要求除了尺寸公差、表面粗糙度和几何公差外，通常还包括以下内容，如表 7-15 所示。

其他技术要求　　　　　　　　　　　　　　　　　　　　表 7-15

类型		说明
材料要求	材料类型	如钢、铝、塑料等
	材料标准	如 ASTM、ISO、GB 等

类型		说明
材料要求	材料硬度	如 HRC、HB 等
	热处理要求	如淬火、回火、表面硬化等
表面处理要求	镀层	如镀锌、镀铬、镀镍等
	涂层	如喷漆、粉末涂层等
	氧化处理	如阳极氧化、发黑处理等
加工工艺要求	铸造要求	对铸件的技术要求,如铸件表面不允许有冷隔、裂纹、缩孔等缺陷,铸件应清理干净,不得有毛刺、飞边等
	锻造要求	如锻件应在有足够能力的锻压机上锻造成形,以保证锻件内部充分锻透;锻件不允许有肉眼可见的裂纹、折叠等缺陷
	焊接要求	对焊件的技术要求,如焊接前必须将缺陷彻底清除,坡口面应修得平整圆滑;焊接区及坡口周围 20mm 以内的黏砂、油、水、锈等脏物必须彻底清理等
	特殊工艺要求	如去毛刺、倒角等
检验要求	检验标准	如 ISO、GB、DIN 等
	检验方法	如尺寸检验、无损检测、压力测试等
	检验频率	如全检、抽检等
装配要求	常见装配要求	规定装配顺序;说明装配精度;零件在装配前清理、清洗、检查合格证等要求;装配过程中零件不允许磕、碰、划伤和锈蚀等
	装配工具	规定装配使用工具,如扭矩扳手、专用夹具等
功能要求	运动部件的配合间隙	
	密封要求	如气密性、水密性等
	强度要求	如抗拉强度、抗压强度等
标识和标记	零件编号	
	批次号	
	生产日期	
	制造商标志	
包装和运输要求	包装方式	如防潮、防震等
	运输条件	如温度、湿度等
其他特殊要求	清洁度要求	如无油、无尘等
	环保要求	如 RoHS、REACH 等
	安全要求	如防爆、防火等

这些技术要求无法在图形中标注,通常以文字形式标注在图纸下方空白处;这些技术要求确保零件在设计、制造、检验和使用过程中满足预期的功能与性能要求。

在编写零件图技术要求时,还需要注意以下几点:

1)内容明确具体:技术要求应清晰、准确,避免使用模糊不清的语言,以便生产人员理解和执行;

2)符合标准规范:应遵循相关的国家标准、行业标准或企业标准,确保技术要求的一致性和规范性;

3）与视图配合：技术要求应与零件图的视图相互配合，视图中表达不清楚的内容，可通过技术要求进行补充说明；

4）合理可行：技术要求应根据零件的实际使用要求和生产工艺水平制定，既要保证零件的质量，又要考虑生产的可行性和经济性。

7.6 读零件图

7.6.1 读零件图的方法和步骤

1. 查看标题栏

1）通过标题栏内容，了解零件的名称、材料、比例等信息；

2）通过零件名称对零件进行分类，从而初步设想其可能的结构和作用，结合每一类零件常用的表达方法进行阅读；

3）确认图纸比例，理解实际尺寸与图纸尺寸的关系；

4）了解零件的材质要求，从材料可大致了解其加工方法。

2. 视图分析

1）对零件进行形状结构分析，分析零件各基本形体的形状和相对位置，判断各基本形体之间是叠加还是切割，结合线面分析法、形体分析法理解零件的形状结构。

2）分析视图布局，明确零件主视图摆放原则和投影方向，明确零件图上各个视图之间的关系以及各视图的作用；结合形状结构分析，逐个弄清各部分结构，然后想象出整个零件的形状。

在看图时分析零件设计者画每个视图或采用某一表达方法的目的，这对分析零件的形状通常有很大的帮助，因为每一个视图和每一种表达方法的采用都有一定的作用。看图时还可以与有装配关系的零件图联系起来一起看，这样更容易搞清零件上每个结构的作用和要求。

3. 尺寸和技术要求分析

1）通过对零件的结构分析，了解在长度、宽度和高度方向的主要尺寸基准，找出零件的主要尺寸；

2）根据对零件的形体分析，了解零件各部分的定形、定位尺寸；分析定形尺寸，明确各基本形体形状大小；分析定位尺寸，找出确定各基本形体相对位置及距离；

3）分析零件的总体尺寸，总体尺寸并不一定都会进行标注。如果未标注，可以通过其他尺寸进行累加算出，总体尺寸可以帮助我们想象零件的大小。

4. 技术要求分析

根据图上标注的表面粗糙度、尺寸公差、几何公差及其他技术要求，进一步了解零件的结构特点和设计意图。

1）查看公差要求，了解尺寸公差、几何公差的标注和要求，明确零件的精度要求；

2）关注表面粗糙度，查看表面粗糙度的标注，了解零件各表面的加工精度要求；

3）了解其他技术要求，如材料热处理、表面处理等要求，明确零件的特殊加工和处理工艺。

5. 综合归纳

将上述分析结果进行综合归纳，想象出零件的整体形状、结构和各部分的详细情况，全面理解零件图的内容和要求。

7.6.2 典型零件读图举例

根据零件的结构形状，大致可分为五类零件：轴套类零件、盘盖类零件、叉架类零件、箱体类零件和其他零件。每一类零件都有自己的结构特点，因此零件图中的表达方法、尺寸及技术要求都要恰当选用。

1. 轴套类零件

图 7-26 为齿轮轴完整零件图。

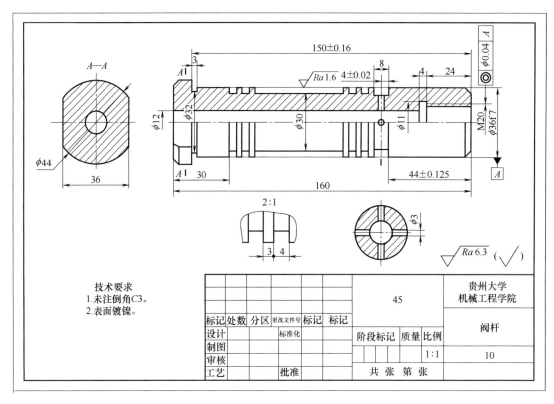

图 7-26 齿轮轴零件图

1）标题栏信息

由标题栏名称可知零件为轴套类零件，此类零结构特点件大多是同轴回转体，轴向尺寸比径向尺寸大得多，且零件上常具有键槽、销孔、退刀槽、螺纹、中心孔、倒角等结构；主要加工工序是在车床、磨床上进行。

零件材料为 45 号钢，该钢的切削加工性能较好，在切削过程中，刀具磨损相对较小，加工表面质量较好，能获得较高的尺寸精度和表面光洁度。

2）表达分析

视图选择按加工位置放置，即轴线水平放置，便于工人加工零件时看图。零件采用了局部剖视图和断面图两种表达方法，局部剖视图表达零件上齿轮结构，断面图表达销孔结构尺寸。

3）尺寸分析

回转体零件主基准不再是长、宽、高三个方向主基准，而是轴向主基准和径向主基准；轴向主基准为最右端面；径向主基准为回转中心（主轴中心线）。这样，该轴的设计基准和工艺基准（轴类零件在车床上加工时，两端用顶尖顶住轴的中心孔）就一致了。

其余尺寸不再详解。

4）技术要求分析

中间段尺寸为 $\phi26f6$ 的圆柱分为两段，长度76范围内标注精度较高的粗糙度为 $Ra3.2\mu m$，说明此段圆柱面为重要工作面；零件多处表面粗糙度为 $Ra3.2\mu m$，均为工作面。

零件多处形位公差，圆柱度和同轴度，均保证零件在工作室的转动平稳。

5）综合归纳

综合来看，齿轮轴装配后，在工作状态下为减小磨损对零件表面的粗糙度要求较高。

2. 盘盖类零件

图 7-27 为泵盖完整零件图。

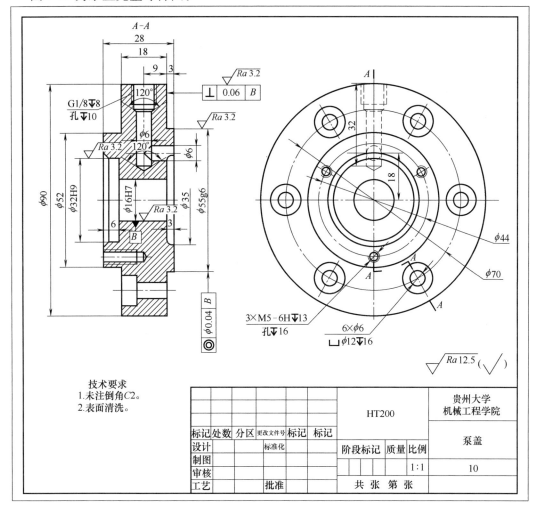

图7-27 泵盖零件图

1）标题栏信息

幅度标题栏名称可知零件属于盘盖类零件，盘盖类零件与轴套类零件类似，一般由回转体构成，不同的是盘盖类零件的径向尺寸大于轴向尺寸。这类零件上常具有退刀槽、凸台、凹坑、键槽、倒角、轮辐、轮齿、肋板和作为定位或连接用的小孔等结构。

该零件所用材料为 HT200，具有良好的铸造性能，此零件应为先铸造后切削加工成型。

2）表达分析

主视图主要按加工位置选择，轴线水平横放。

主视图采用了复合剖的全剖视图对空腔结构进行表达；左视图用来表达螺纹孔 $3\times$ M5-6H▽13 孔▽16 和沉孔 $6\times\phi6\smile\phi12$▽$\times16$ 的位置信息，同时表达了 A-A 复合剖的剖切位置，还表达了泵盖回转体的形状特征。

3）尺寸分析

此零件选用通过轴孔的轴线作为径向尺寸基准；泵盖的径向尺寸基准也是标注凸缘的高、宽方向的尺寸基准。长度方向的尺寸基准选用重要的端面，即泵盖粗糙度 $Ra3.2$ 的右端凸缘（即形位公差所指端面）作为长度方向的尺寸基准，并由此注出 9、18、28、3 等尺寸。

主轴上空腔结构定形尺寸分别为 $\phi32H9$ 和 6、$\phi35$ 和 3、$\phi16H7$，长度方向标注 6 和 3 是为了方便测量；垂直于主轴顶端螺纹的盲孔定形尺寸为 $\phi6$、$120°$、32、G1/8$\phi8$ 孔 $\phi10$、$120°$，定位尺寸为 9；与主轴平行的小孔 $\phi6$ 与垂直主轴的小孔 $\phi6$ 垂直相交（相通），定位尺寸为 18；螺纹孔 $3\times$M5-6H▽13 孔▽16 为定形尺寸，其定位尺寸为 $\phi44$；沉孔 $6\times\phi6\smile$▽12▽16 为定形尺寸，其定位尺寸为 $\phi70$。

泵盖外形尺寸为 28 和 $\phi90$。

4）技术要求分析

零件 3 处尺寸公差 $\phi32H9$、$\phi16H7$、$\phi55g6$，说明 $\phi55g6$ 是重要工作面。

此零件工作表面粗糙度要求较高，为 $Ra3.2\mu m$，非工作表面粗糙度为 $Ra12.5\mu m$；由图 7-28 中标题栏右上方粗糙度标注含义为：其余未标注粗糙度的表面均采用机加工去除材料的方法，获得的表面粗糙度为 $Ra12.5\mu m$。

以 $\phi16H7$ 的轴线为测量基准 B，规定了凸缘右端面垂直度，公差为 0.06；同时基准 B 规定了 $\phi55g6$ 的同轴度，公差为 $\phi0.04$。

5）综合归纳

此零件孔较多，多种孔径向轴向均有分布，外形结构较为简单。

3. 叉架类零件

图 7-28 为拨叉完整零件图。

1）标题栏信息

由标题栏名称可知零件属于叉架类零件，叉架类零件包括各种用途的拨叉、连杆、杠杆和支架等。这类零件的工作部分和安装部分常用不同截面形状的肋板或实心杆件支撑连接，形状多样、结构复杂，常用铸造或模锻制成毛坯，经必要的机械加工而成，具有铸（锻）造圆角、拔模斜度、凸台、凹坑等常见结构。

零件材料为 HT200，说明零件先铸造后机加工切削成型。

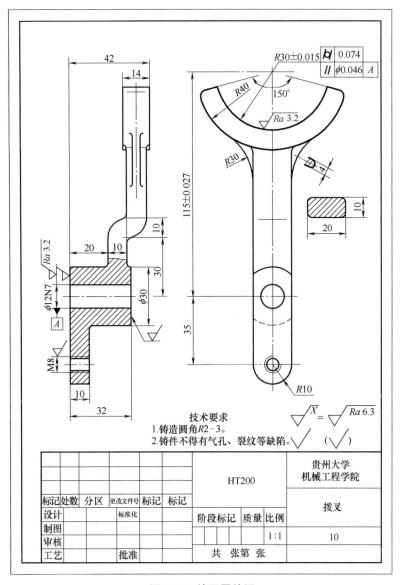

图 7-28 拨叉零件图

2）表达分析

叉架结构形状比较复杂，加工位置变化较多，所以选择主视图时考虑工作位置和零件的结构形状特征，将拨叉竖立放置。

零件主视图采用了局部剖来表达拨叉端部两个轴线平行小通孔的结构形状，主视图还表达了各部分相对位置及连杆（弯杆）形状；左视图主要表达了叉口形状；两处断面图分别表达了连接杆和肋板断面形状。视图较为简单。

3）尺寸分析

零件的长度、宽度和高度方向的主要基准一般为主要孔的中心线、轴线、对称面和主要安装基面等。拨叉长度方向的主要基准为套筒的左端面，从这一基准标注出 20、10、32、20 等尺寸；高度方向的主要基准为套筒的轴线，从这一基准标注出 35、115±0.027、

ϕ30、ϕ12N7、30 等尺寸；宽度方向的主要基准为前后对称平面，标注出各宽度方向对称尺寸。

这类零件的尺寸标注也较复杂，标注时要充分利用形体分析法，标注出各部分结构的定形和定位尺寸。

4）技术要求分析

尺寸公差 ϕ12N7 和 R30±0.015 和 113±0.027 说明零件重要工作面为套筒空腔和叉口内表面。

同时，表面粗糙度要求最高的两处表面也是套筒空腔和叉口内表面，用去除材料的方法加工得到的粗糙度值为 Ra3.2μm，剩余机加工表面粗糙度值均为 Ra6.3μm，其余未标注粗糙度的表面，其粗糙度均为铸造直接得到的表面粗糙度。

图中几何公差规定了以套筒轴线为基准 A，测量空腔和叉口内表面轴线的平行度，公差要求 ϕ0.046；规定叉口内表面圆柱度，公差为 ϕ0.074。

文字技术要求还规定了铸造圆角 R2～3，铸件不得有气孔、裂纹等缺陷。

5）综合归纳

整个零件的机加工精度确定了零件在工作中的准确性，对铸件的精度要求较低。

4. 箱体类零件

图 7-29 为拖板完整零件图。

1）标题栏信息

从标题栏可知零件的名称为拖板，拖板是安装在导轨上移动部件的壳体，在其内部安装有其他的零件，因此该零件属于箱体类零件。这类零件的结构和形状变化较大，内部和外部不同，加工位置也较前面三类零件变化较多。箱体类零件的结构特点具有空腔、轴孔、凸缘、底座等结构。

材料大多为灰铸铁，通过铸造形成零件毛坯，然后经过一定的切削加工成型。

2）表达分析

拖板形体结构分析：零件拖板主要由四部分叠加而成，分别是底板、支撑板、主轴套筒和锁紧套筒叠加而成，空腔结构为底板燕尾槽、支撑板与主轴套筒 ϕ20H7 贯通孔、与主轴贯通孔垂直的锁紧孔相通、底板上的两个 M4-6H 螺纹通孔。

拖板采用了三个基本视图和一个断面图。主视图采用局部剖视，主要表达贯通的主轴孔 ϕ20H7、螺纹通孔 M4-6H 的结构、燕尾槽的形状和锁紧孔的位置等；俯视图局部剖视，主要表达主轴孔与锁紧孔相交的情况，图 7-29 中椭圆形曲线就是主轴孔和锁紧孔的相贯线，俯视图支撑板前后两端小曲线是主视图中尺寸 R12 所指的圆柱面与主轴孔左端凸缘上两侧垂面相交后的截交线、图中虚线是主视图中尺寸 R12 所指的圆柱面的转向轮廓线；左视图主要表达了支撑板的形状和螺纹孔 2×M4-6H 的分布情况；D-D 断面图主要表达主轴孔和锁紧孔的相交情况，锁紧孔的长度等。

3）尺寸分析

拖板主要是靠燕尾槽沿导轨作往复运动，拖板底面为尺寸高度方向基准；标注出主轴孔轴线的高度为 $33^{+0.016}_{0}$ 及螺纹孔高度位置 5，主轴孔轴线为高度方向辅助基准，标注出锁紧孔轴线高度位置 13；左端面为长度方向基准，标注出燕尾槽的位置 12 和总长 73，形体最右端面为长度方向的辅助基准，标注出主轴孔长度 44 和锁紧孔轴线位置 26；拖板的

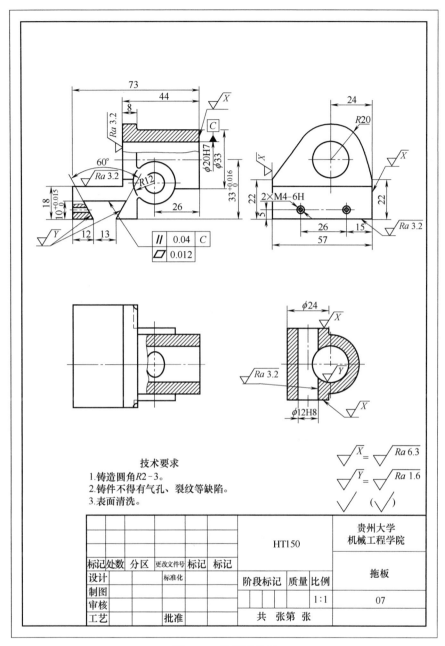

技术要求
1.铸造圆角$R2-3$。
2.铸件不得有气孔、裂纹等缺陷。
3.表面清洗。

						HT150	贵州大学 机械工程学院	
标记	处数	分区	更改文件号	标记	标记		拖板	
设计			标准化					
制图						阶段标记	质量	比例
审核								1：1	07
工艺			批准			共 张第 张		

图 7-29 拖板零件图

前端面为宽度方向基准，标注出主轴孔的前后位置 24，螺纹孔的位置 15。

燕尾槽的形状大小由尺寸 $60°$、13、$10^{+0.015}_{0}$ 确定；由于主轴孔和锁紧孔内均安装能活动的轴，因此均为配合尺寸 $\phi20H7$ 和 $\phi12H8$。

拖板的总体尺寸长为 73，宽为 57，高为 $33^{+0.016}_{0}$、$R20$ 和 53。

4）技术要求分析

由于拖板燕尾槽和主轴孔表面是拖板零件最重要的工作面，因此其粗糙度要求最高，为 $Ra1.6\mu m$；锁紧孔及拖板上表面及支撑板左侧面为相对次要一些的工作面，表面粗糙

度为 $Ra3.2\mu m$，拖板的四周、主轴孔和锁紧孔的两端面为非配合面，为 $Ra6.3\mu m$，其余表面保持毛坯的表面粗糙状态。

底板燕尾槽主轴孔为重要工作面，以主轴孔轴线为基准 C，规定了燕尾槽上顶面的平行度公差为 0.04，规定了燕尾槽上顶面的平面度公差为 0.012。

此外，在零件图中还有文字的技术要求，说明未注圆角为 $R2\sim3$；铸件不得有气孔和裂纹等缺陷；零件表面需清洗等。

5）综合归纳

经过以上分析，可以得出拖板零件是一个中等复杂的箱体类零件；加工要求比较高，它由铸件毛坯经过镗、刨、钻、钳等多道工序加工而成。

第8章
装 配 图

一台机器或部件是由许多零件组装而成的，装配图是表达零件间的连接及其装配关系，以及机器或部件的工作原理和运动方式图样。一般把表达整台机器的图样称为总装配图，而把表达其部件的图样称为部件装配图。

装配图是连接设计与制造的"桥梁"，贯穿产品的设计、生产、检验、维护全流程。其核心价值在于通过清晰的图示和技术标注，确保复杂系统的正确实现，是工程领域不可或缺的技术文件。

8.1 装配图的内容

表达产品及其组成部分的连接、装配关系及技术要求等的图样，称为装配图。装配图与零件图有着不同的作用。零件图仅用于表达单个零件，装配图则表达整台机器或部件。因此，装配图必须清晰、准确地表达出机器或部件的工作原理、传动路线、性能要求、各组成零件间的装配、连接关系和主要零件的主要结构形状，以及有关装配、检验、安装时所需要的技术要求。

如图 8-1 所示，从齿轮泵装配图可以看出，装配图一般包含如下内容：

1. 一组视图

用各种表达方法正确、完整、清晰地表达机器或部件的工作原理、各零件的装配关系、零件间的连接方式、传动线路以及主要零件的结构形状等。

2. 必要的尺寸

标注出表示机器或部件的性能、规格以及装配、检验、安装时所必要的一些尺寸。

3. 技术要求

用文字或（和）符号说明机器（或部件）性能、质量标准和装配、调试、安装应达到的技术指标与使用要求等。

4. 零（组）件序号、明细表和标题栏

对各种零部件进行编号并在明细栏中依次填写各种零件的编号（序号）及相应名称、数量、材料等。在标题栏中填写产品名称、比例以及设计、审核者的签名和日期等内容。

在进行产品设计时，一般先按设计要求，画出装配图，在装配图中按照规定画法或特殊画法表达出各种零件的作用和结构，然后根据装配图绘制零件图。将全部零件制成后，再根据装配图的要求将各零件组装成机器或部件。

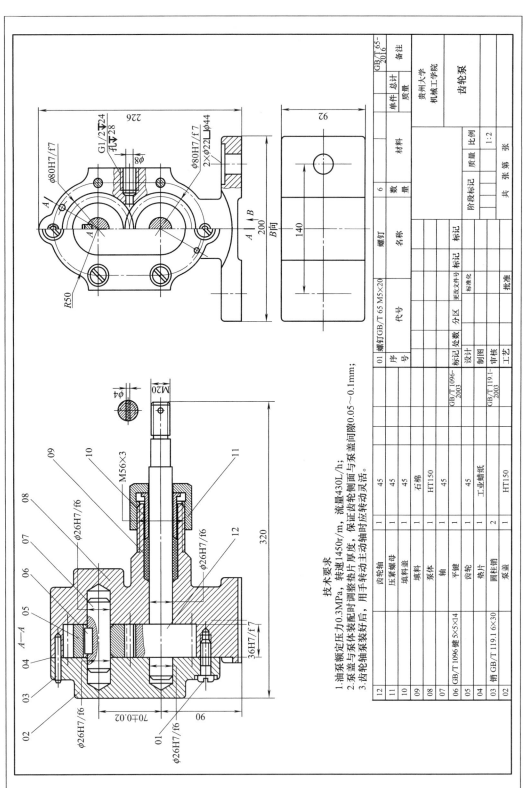

技术要求

1. 油泵额定压力0.3MPa, 转速1450r/m, 流量430L/h;
2. 泵盖与泵体装配时调整垫片厚度, 保证齿轮侧面与泵盖间隙0.05~0.1mm;
3. 齿轮轴泵装好后, 用手转动主动轴时应转动灵活。

图 8-1　齿轮泵装配图

8.2 机器（或部件）的表达方法

8.2.1 规定画法

在装配图中，为了便于区分不同零件，并正确地理解零件之间的装配关系，在画法上有以下几项规定：

1）在装配图中，两相邻零件的接触面或配合面只画一条线，如图 8-2 所示的齿轮顶圆与泵体空腔圆柱面、齿轮端面与泵体空腔侧面、轴与泵体和泵盖轴孔等反映了接触面的画法。

当两相邻零件的基本尺寸不相同或为非接触面时，即使间隙很小，也必须画出两条线，如图 8-2 所示，螺钉与泵盖圆孔、键与齿轮键槽顶面、齿轮啮合处齿顶与齿根、填料盖与泵体圆孔与齿轮轴柱面反映非接触的画法。

2）为了区分不同零件，在装配图中，两相邻零件的剖面线必须不同（最好是方向不同）；当有几个零件相邻时，允许两相邻零件的剖面线方向一致，但间隔应明显不同，如图 8-2 所示的压紧螺母、填料盖、填料、泵体四个相邻零件分别为四种剖面线；当较多零件组装在一起时，适用的剖面线方向间隔都已无法满足零件端面填充时，在不致引起误解的情况下，允许间隔较远的零件剖面线相同。

在装配图中，同一零件的剖面线方向和间隔在各视图中应保持一致，如图 8-2 所示的阀体主视图与左视图中剖面线一致、齿轮轴主视图与左视图中剖面线一致、轴主视图与左视图中剖面线一致。

剖面厚度小于或等于 2mm 的图形，允许将剖面涂黑来代替剖面线，如图 8-2 所示垫片的画法。

3）对于紧固件以及实心的轴、手柄、连杆、拉杆、球、钩子、键等零件，若剖切平面通过其基本轴线时，则这些零件均按不剖绘制。如需表示这些零件的某些结构，如键槽、销孔等可用局部剖视表达，如图 8-2 所示的主视图中螺钉、轴（局部剖表达轴与键的

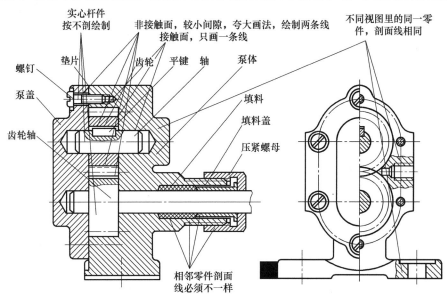

图 8-2 齿轮泵装配图中的规定画法

装配关系）、齿轮轴（局部剖表达齿轮啮合的画法）。

8.2.2 常见装配结构

在设计和绘制装配图的过程中，为了保证机器或部件的装配质量和所达到的性能要求，并考虑装拆方便，需要懂得装配结构的合理性及装配工艺对零件结构的要求。常见的装配结构如表 8-1 所示。

常见装配结构   表 8-1

名称	图例		说明
	不合理	合理	
装配结构	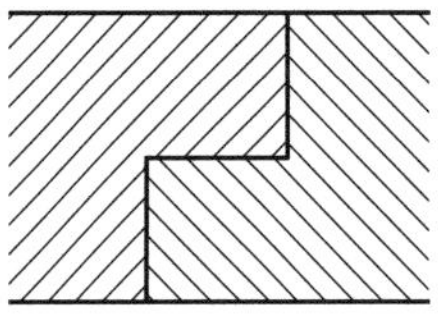	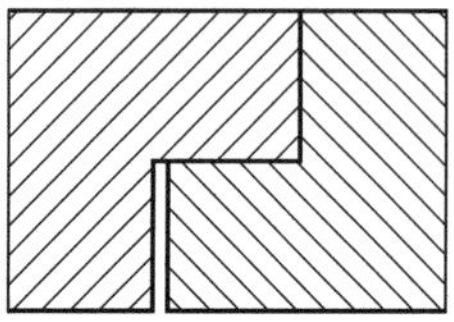	两个零件在同一个方向上只能有一对接触面
	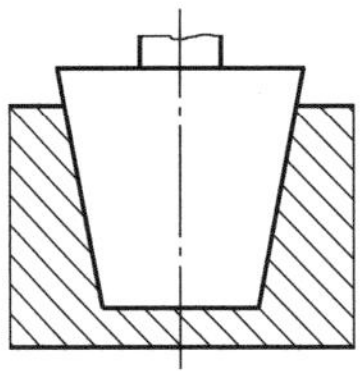	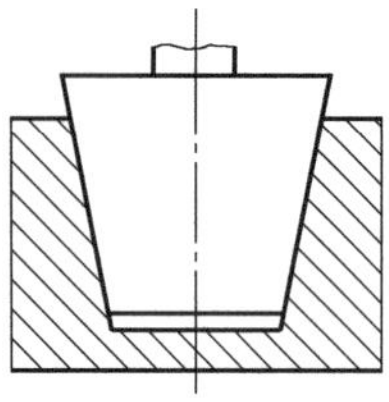	锥面配合能同时确定轴向和径向的位置，当锥孔不通时，锥体顶部与锥孔底部之间必须留有间隙
	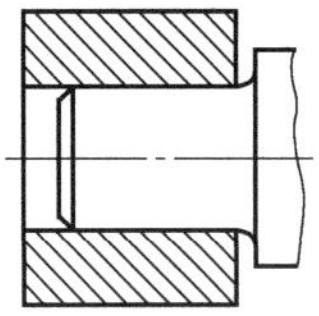	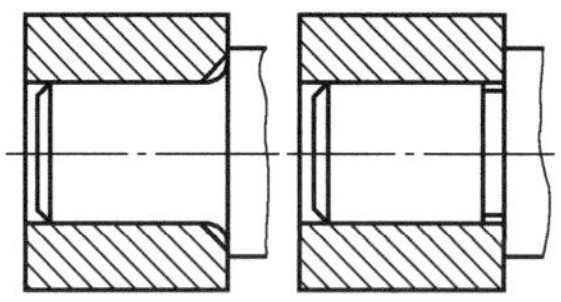	两零件接触面的转角处应做出倒角、倒圆角或凹槽，不应都做成直角或相同的圆角
	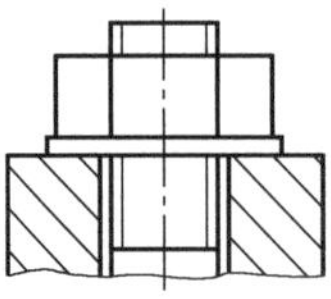	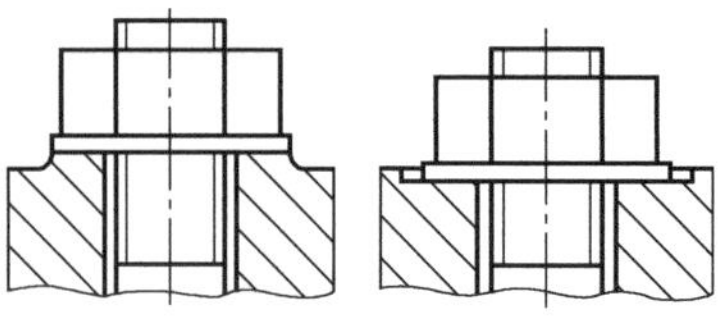	在被连接零件上做出沉孔或凸台，以保证零件间接触良好，并可减少加工面
安装与拆卸结构	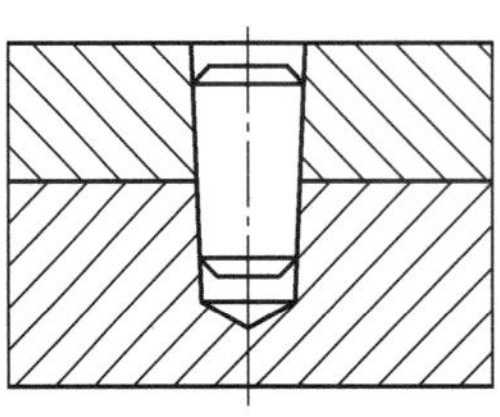	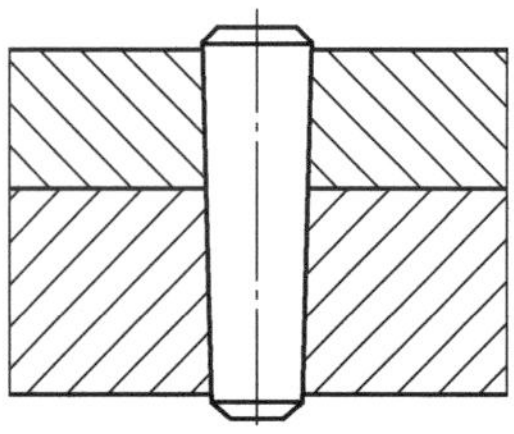	为便于加工和拆卸，销孔最好做成通孔

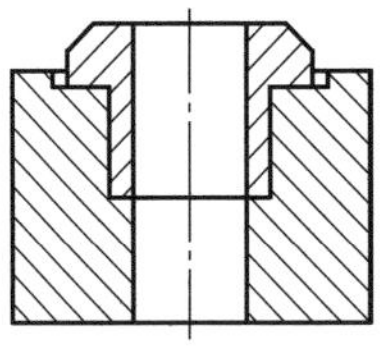

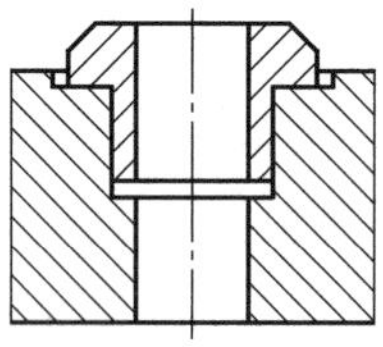

名称	图例		说明
	不合理	合理	
安装与拆卸结构			滚动轴承在以轴肩或孔肩定位时,其高度应小于轴承内圈或外圈的厚度,以便拆卸
			当用螺纹连接零件时,应考虑拆装的可能性及拆装时的操作空间
密封装置			密封圈必须要受到挤压填满空隙,才能起到密封作用。两个被连接件,必须要留有可调节空间,同时必须要有密封圈合理安装位置,才能保证其正常工作

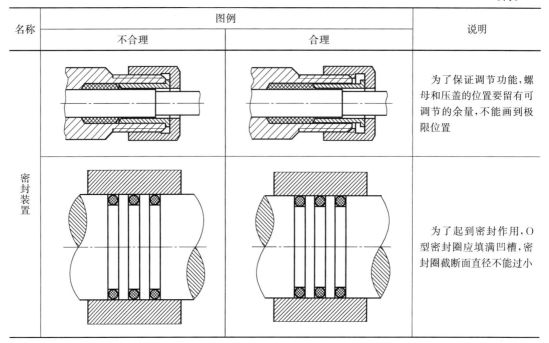

名称	图例		说明
	不合理	合理	
密封装置			为了保证调节功能,螺母和压盖的位置要留有可调节的余量,不能画到极限位置
			为了起到密封作用,O型密封圈应填满凹槽,密封圈截断面直径不能过小

8.2.3 特殊表达方法

零件的各种表达方法（视图、剖视、断面）都可以用来表达部件的内、外结构，但由于机器（部件）由若干零件装配而成，因此需要一些特殊的表达方法。

1. 拆卸画法

在装配图中，当某些零件遮住了需要表达的其他零件的结构或装配关系，而这些零件在其他视图上又已经表达清楚时，可假想将某些零件拆卸后绘制，并在视图上方标注"拆去××等"。

2. 沿结合面剖切画法

为了表达某些内部结构或装配关系，可以假想在某些零件的结合处进行剖切，然后画出相应的剖视图；此时零件的结合面不画剖面线，被剖断的其他零件应画剖面线。

3. 零件的单独表达画法

在装配图中，当某一零件的结构未表示清楚而影响对部件的工作原理、装配关系的表达，或某主要零件的主要结构在已有的视图中未得到清楚表达时，可以单独画出该零件的视图，但必须对所画视图进行标注（在相应视图的附近用箭头指明投射方向，注上同样的字母）。

4. 假想画法

1）在装配图中，当需要表达本部件与相邻零部件的装配关系时，可用双点画线画出相邻部分的轮廓线。

2）在装配图中，当需要表示某些零件的运动范围或极限位置时，可用双点画线画出该运动零件在极限位置的外形轮廓图。

5. 展开画法

为了表示传动机构的传动路线和零件间的装配关系，可假想按传动顺序沿轴线剖切，然后依次展开在同一平面上画出其剖视图，这种画法称为展开画法。

6. 夸大画法

在装配图中，如绘制直径或厚度小于 2mm 的孔或薄片以及较小的斜度和锥度，允许该部分不按比例而夸大画出。

7. 简化画法

1）零件的工艺结构，如零件的倒角、小圆角、退刀槽及其他细节常省略不画；

2）对于规格相同零件组，详细地画出一处，其余各处只需用细点画线表示出其中心位置；

3）在装配图中，当剖切平面通过某些标准产品的组合件，或该组合件已在其他图样中表达清楚时，可以只画出其外形图；

4）对于滚动轴承，在剖视图中可以一边用规定画法画出，另一边用通用画法表示。

特殊表达方法在装配图中的应用举例，如表 8-2 所示。

装配图特殊表达　　　　　　　　　　　　　　　　　表 8-2

名称	装配图
图例　齿轮泵	（齿轮泵装配图图例）
说明	1）厚度在 2mm 以下的剖面图形，可以适当夸大地增加厚度画出，并以涂黑来代替剖面符号，如图中标记为①的垫片，采用了装配图中夸大画法； 2）图中标记为②的非接触表面之间的间隙为 0.5～1mm，采用装配图中夸大画法画出间隙（中间的间隙 1～2mm 比较恰当）； 3）图中两处④分别表达了齿轮泵外接设备连接处的形状和齿轮泵安装所需尺寸的底板形状，为装配图中零件的单独表达画法； 4）左视图 C-C 半剖视图⑤，剖切位置在泵体与泵盖的结合面，为装配图中沿结合面剖切画法

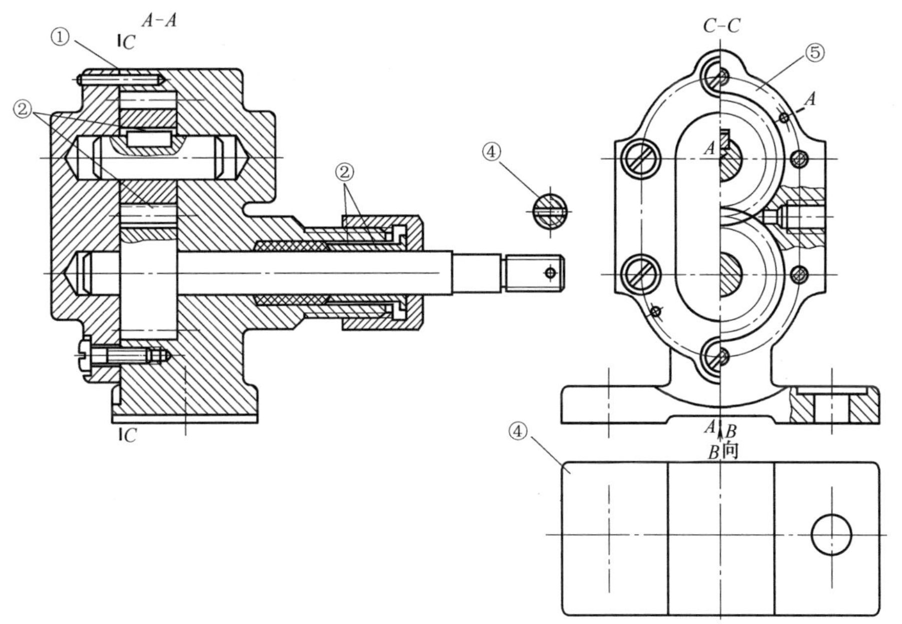

续表

名称		装配图
旋塞阀	图例	拆去螺母和手柄 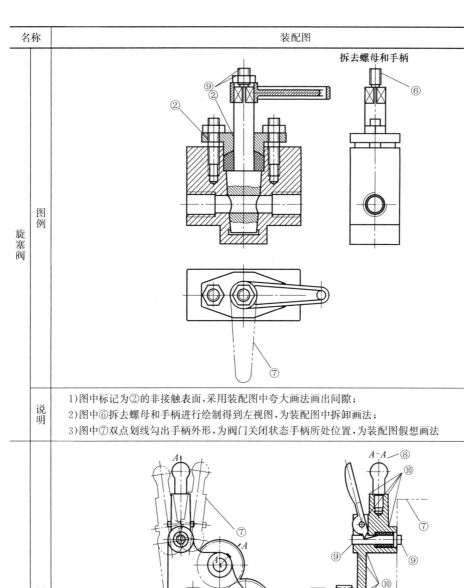
	说明	1)图中标记为②的非接触表面,采用装配图中夸大画法画出间隙; 2)图中⑥拆去螺母和手柄进行绘制得到左视图,为装配图中拆卸画法; 3)图中⑦双点划线勾出手柄外形,为阀门关闭状态手柄所处位置,为装配图假想画法
三星齿轮传动机构	图例	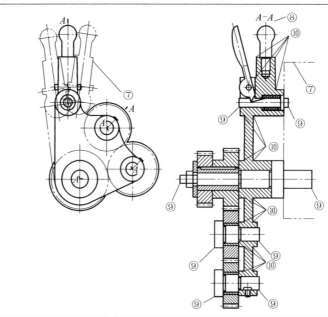
	说明	1)图中两处标记⑦分别为机构另外两个工作位置和安装后外围设备外形轮廓,为装配图假想画法; 2)左视图⑧按传动顺序沿轴线假想剖切,然后依次展开在同一平面上画出齿轮啮合剖视图,为装配图展开画法; 3)图中⑨为省略倒角的画法,⑩为省略圆角的画法,为装配图简化画法

8.3 装配图中的尺寸标注

装配图与零件图的作用不一样，因此对尺寸标注的要求也不一样。装配图主要是表达产品装配关系的图样，因此不需标注各组成部分的所有尺寸，一般只需标出如下几种类型的尺寸，如图 8-3 所示。

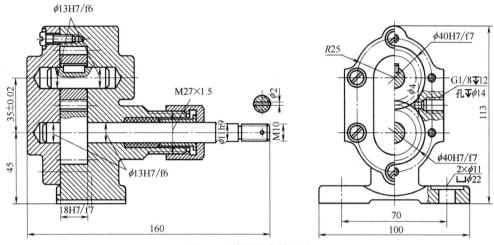

图 8-3 装配图中的尺寸

1. 性能（规格）尺寸

表示机器或部件性能、规格和特征的尺寸。这些尺寸是设计时要确定的尺寸，也是选用产品的主要依据，如图 8-3 所示的 $\phi8$ 是设计和选用齿轮泵的重要参数。

2. 装配尺寸

表示机器或部件上有关零件间装配关系的尺寸，一般有下列三类：

1）配合尺寸

所有零件间对配合性质有特别要求的尺寸，它表示零件间的配合性质和相对运动情况。如图 8-3 所示的齿轮轴与泵体、泵盖轴孔的配合尺寸 $\phi26H7/f6$、齿轮顶圆与泵体腔体配合尺寸 $\phi80H7/f6$ 等。

2）相对位置尺寸

表示装配时需要保证零件间较重要的距离、间隙等尺寸。如图中齿轮端面与泵体泵盖端面距离 $36H7/f7$、两齿轮中心高 70 ± 0.002、六个螺钉孔的装配尺寸 $R50$。

3）装配时加工尺寸

如有些零件装配在一起后才能进行加工，此时装配图上要标注装配时加工尺寸。

3. 安装尺寸

机器（部件）安装到机座或其他部件上时涉及的尺寸。包括安装面大小，安装孔的定形、定位尺寸。如图 8-3 所示的 90、$\phi22h9$、M20、$\phi4$、140、$2\times\phi22\smile\phi44$、$G1/2\downarrow24$ 孔$\downarrow\phi28$、92。

4. 外形尺寸

产品外形的总长、总宽、总高尺寸称为外形尺寸，是产品包装、运输和安装等过程中所需要的技术参考。如图 8-3 所示的总长 320、总宽 200、总高 226 为齿轮泵的外形尺寸。

5. 其他重要尺寸

个别对产品的工作或主要零件的结构有重要影响的尺寸。

以上几类尺寸在同一张装配图上不一定齐全。另外，各类尺寸之间并非截然无关，实际上某些尺寸往往兼有不同的作用。

8.4 装配图中的技术要求

除图形中已用代号表达的技术要求以外，对机器（部件）在包装、运输、安装、调试和使用过程中应满足的一些技术要求及注意事项等，通常注写在标题栏、明细栏的上方或左边空白处。

装配图中的技术要求是为了确保产品在装配过程中达到设计目标和使用性能而制定的详细规范，确保装配过程规范、产品质量可控，同时减少人为操作误差。具体内容需根据产品类型（机械、电子、液压等）灵活调整。

8.5 装配图中的零件序号、明细表及标题栏

为了便于看图、装配、图样管理以及做好生产准备工作，必须对不同的零件或组件进行编号，并编制相应的明细栏（表）。

8.5.1 零件序号

1. 标注序号的方法

零件序号在装配图中的标注方式如图 8-4 所示，需注意以下几点：

1）指引线应从零件的可见轮廓内引出，用细实线绘制，并在轮廓内的一端画一小圆点（小圆点可省），在外面的一端画一短水平线标注序号、细实线圆内标注序号或直接标注序号，如图 8-4（a）所示；

2）序号的字高比该装配图中所注尺寸数字高度大一号或两号，如图 8-4（b）所示；

3）对于涂黑的剖面，可用箭头指向其轮廓线，如图 8-4（b）所示；

4）同一装配图中编注序号的形式应一致；

5）对于组件（例如螺栓、垫片、螺母）可用公引线引出标注，如图 8-4（c）所示。

2. 零件序号标注的一些规定

1）装配图中相同的各组成部分（零件和部件）只应有一个序号；

2）指引线相互不能相交，当通过有剖面线的区域时，指引线不应与剖面线平行，必要时指引线允许画成折线，但只允许弯折一次，如图 8-4（d）所示；

3）零件和部件的序号应标注在视图外面；

4）为了美观，尺寸序号应对齐，装配图中序号应按水平或垂直方向排列整齐；序号应按顺时针或逆时针方向顺序排列；在整个图上无法连续时，可只在每个水平或垂直方向顺序排列；

5）视图中零部件的序号应与明细栏中的序号一致。

8.5.2 明细表

明细栏是装配图中所有零件（部件）的详细目录，具体内容和格式参见第 1 章"图

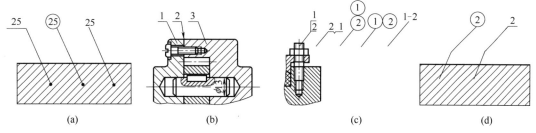

图 8-4 装配图序号标注方法

幅"中的有关内容。在填写明细栏时应注意以下几点:

1)明细栏画在标题栏上方,如位置不够,可在标题栏左边接着绘制;

2)零件序号按从小到大的顺序由下而上填写,以便添加漏画的零件;

3)对于标准件,应在零件名称一栏填写规定标记。

如果明细栏直接写在装配图中标题栏上方有困难,也可以在另外的纸上单独编写,称为明细表,在明细表中,零件及组件的序号要自上而下填写。

8.6 装配图的绘制

齿轮泵"容积式泵",通过齿轮的啮合运动实现液体的吸入和排出。齿轮泵是一种常见机构,本节内容以齿轮泵为例进行讲解。

8.6.1 确定部件表达方案

1. 部件表达方案的选择

1)主视图选择

在选择主视图时,先将部件按工作位置或自然位置放置,然后选择能反映部件工作原理、较多的装配关系和部件形状特征的方向为主视图的投影方向,简称主视方向。齿轮泵是通过底板用两个螺钉安装在机座上,画图时按此工作位置来考虑主视图齿轮泵的摆放位置。

2)选择齿轮泵主视方向

采用通过主、从动轴轴线方向的剖切面将齿轮泵进行剖切,用垂直于主、从动轴轴平面的方向为主视方向,将主视图画成 A-A 全剖视图。它主要表达齿轮泵各零件间的装配关系、传动路线以及泵体和泵盖的主要结构、连接方式。

2. 表达方法的选择

1)主视图选定后,左视图采用沿齿轮泵泵体和泵盖结合面进行剖切(沿结合面剖切),绘制半剖的左视图,表达工作原理和油泵特征结构;

2)主视图左齿轮轴断面图,补充表达齿轮泵与外围设备连接时,接口尺寸;

3)左视图作局部剖,补充表达齿轮泵安装时,地脚螺栓孔位置和形状,方便后续安装。

8.6.2 画装配图的步骤

齿轮泵的零件图如图 8-5(a)~(g)所示,根据零件图绘制齿轮泵装配图。

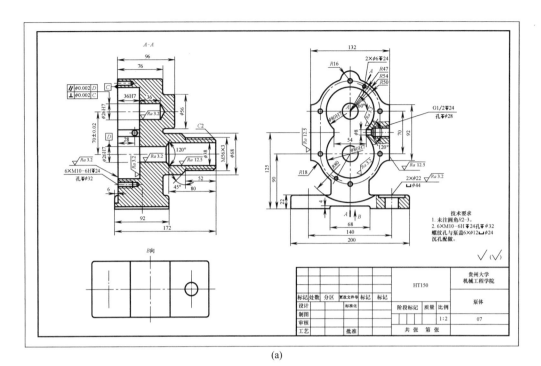

(a)

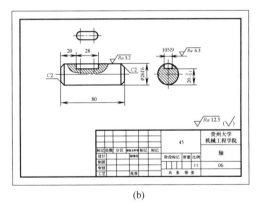

(b)

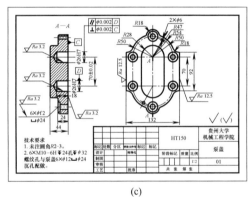

(c)

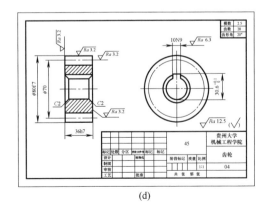

(d)

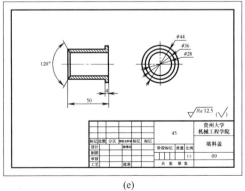

(e)

图 8-5 齿轮泵零件图（一）

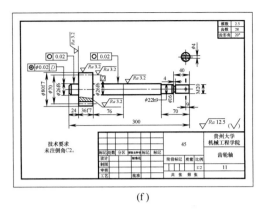

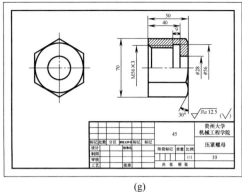

(f)　　　　　　　　　　　　　　(g)

图 8-5　齿轮泵零件图（二）

1）画装配图底稿：

齿轮泵装配图作图过程如图 8-6 所示：

（1）确定绘图比例，选择图幅、画图框、标题栏和明细表，布置视图，如图 8-6（a）所示。

（2）画视图，首先画出各视图的作图基准线，通常画装配剖视图应从里往外画，并按每条装配干线上的零件的装配关系逐个画出。

齿轮泵有一条过主动轴和从动轴的装配干线，根据装配干线上各零件的装配关系，可按下述顺序画图：

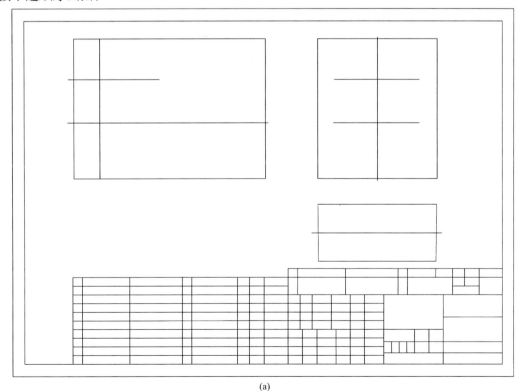

(a)

图 8-6　齿轮泵装配图绘图步骤（一）

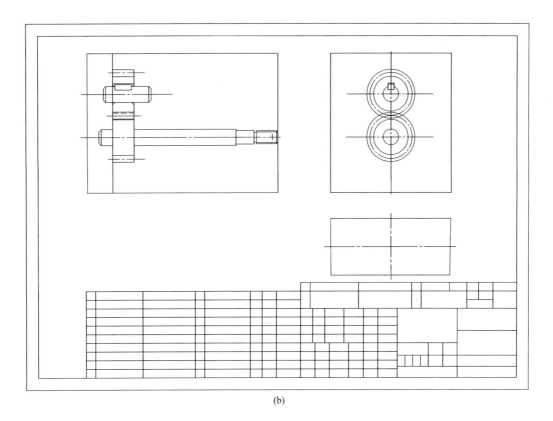

(b)

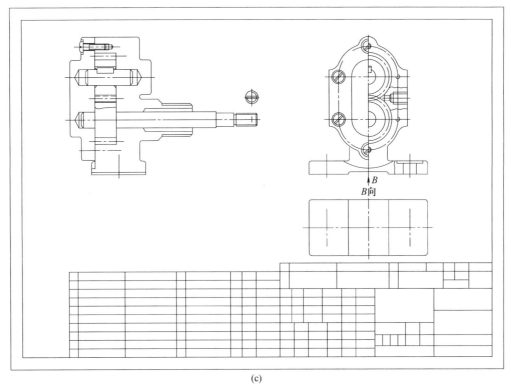

(c)

图 8-6　齿轮泵装配图绘图步骤（二）

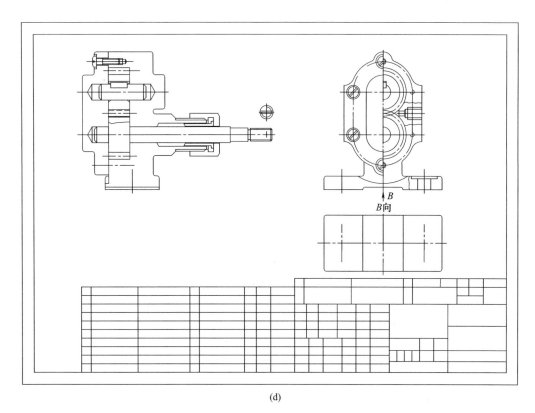

(d)

(e)

图 8-6 齿轮泵装配图绘图步骤（三）

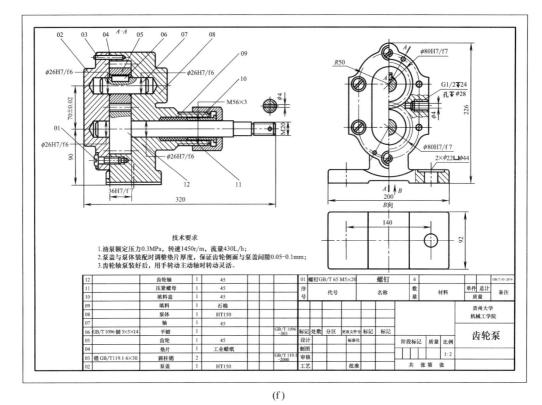

（f）

图8-6 齿轮泵装配图绘图步骤（四）

【齿轮轴→（齿轮→键）】→【泵体→泵盖→圆柱销定位→螺钉连接】→【填料→填料盖→压紧螺母】

如图8-6（b）～（d）所示。

（3）检查、描深，如图8-6（e）所示。

2）标注尺寸，完成装配图性能规格尺寸、装配尺寸、安装尺寸及外形尺寸的标注，如图f）所示。

3）技术要求编写，绘制的齿轮泵额定压力0.3MPa，转速1450r/m，流量430L/h；泵盖与泵体装配时调整垫片厚度，保证齿轮侧面与泵盖间隙0.05～0.1mm；齿轮抽泵装好后，用手转动主动轴时应转动灵活。装配图技术要求一般用文字进行表述，放置在图纸下方空白处，如图8-6（f）所示。

4）进行零、部件编号；填写标题栏、明细表；完成装配图如图8-6（f）所示。

8.7 读装配图和拆画零件图

8.7.1 读装配图的方法及步骤

1. 概括了解

1）从标题栏和有关资料中，可以了解机器或部件的名称和大致用途。

2）从明细表和图上的零件编号中，可以了解各零件的名称、数量、材料等。

2. 表达分析

分析各视图之间的关系，找出主视图，弄清各视图所表达的重点，要注意找出剖视图的剖切位置以及向视图、斜视图和局部视图的投射方向和表达部位等，理解表达意图。

深入了解部件或机器的工作原理和装配关系，一般方法是：

1）从主视图入手，根据各装配干线，对照零件在各视图中的投影关系；

2）由各零件剖面线的不同方向和间隔，分清零件轮的范围；

3）由装配图上所标注的配合代号，了解零件间的配合关系；

4）根据常见结构的表达方法，识别零件；

5）利用一般零件结构有对称性的特点，以及相互连接两零件的接触面应大致相同的特点，帮助想象零件的结构形状；有时甚至还要借助于阅读有关的零件图，才能彻底读懂装配图，了解机器（或部件）的工作原理、装配关系及各零件的功用和结构特点。

3. 根据零件序号，对照明细栏深入分析零件

根据零件序号，对照明细栏找出零件数量、材料、规格；帮助了解零件作用和确定零件在装配图中的位置与范围。

根据明细表找出零件图，对照装配图深入分析零件，分析零件的目的是弄清楚零件的结构形状和各零件间的装配关系。一台机器（或部件）上有标准件、常用件和一般零件。对于标准件、常用件，一般是容易弄懂的，但一般零件有简有繁，它们的作用和地位又各不相同，应先从主要零件开始分析，确定零件的范围、结构、形状、功用和装配关系。

4. 尺寸分析

分析装配图中所注各种尺寸，可以进一步了解各零件间的配合性质和装配关系。

5. 技术要求分析

在对装配关系和主要零件的结构进行分析的基础上，还要对技术要求进行研究，进一步了解机器（或部件）的设计意图和装配工艺性。

6. 总结归纳

一般可按以下几个主要问题进行：

1）装配体的功能是什么？其功能是怎样实现的？在工作状态下，装配体中各零件起什么作用？运动零件之间是如何协调运动的？

2）装配体的装配关系、连接方式是怎样的？有无润滑、密封及其实现方式如何？

3）装配体的拆卸及装配顺序如何？

4）装配体如何使用？使用时应注意什么事项？

5）装配图中各视图的表达重点意图如何？是否还有更好的表达方案？装配图中所注尺寸各属哪一类？

上述读装配图的方法和步骤仅是一个概括的说明。实际读图时，几个步骤往往是平行或交叉进行的。因此，读图时应根据具体情况和需要灵活运用这些方法，通过反复的读图实践，便能逐渐掌握其中的规律，提高读装配图的速度和能力。

8.7.2 由装配图拆画零件图

由装配图拆画零件图是设计工作中的一个重要环节。在设计过程中，一般根据装配图画出零件图，拆画零件图是在全面看懂装配图的基础上进行的。由于装配图主要表达部件的工作原理和零件间的装配关系，不一定把每个零件的结构形状完全表达清楚，因此在拆画零件图时，需要根据零件的作用要求进行设计，使其符合设计和工艺要求。由装配图拆画零件图的步骤如下：

1. 分离零件，确定零件的结构形状

1）根据剖面线的方向和间隔的不同，以及视图间的投影关系等区分形体；

2）看零件编号，分离不剖零件；

3）补齐装配图中被其他零件遮挡的轮廓线，根据零件的功用及结构常识确定零件的结构形状；

4）看尺寸，综合考虑零件的功用、加工、装配等情况，然后确定零件的形状；

5）对于装配图中简化了的工艺结构如倒角、退刀槽等要补画出来。

2. 确定零件的表达方案

对零件视图的选择应按零件本身的结构形状特点确定，不一定要与装配图中的表达方法一样。一般来讲，大的主要零件如箱体类零件的主视图大多与装配图中的位置和投影方向的选择一致；而轴套类零件的主视图一般应按加工位置放置（即轴线水平放置）确定主视图。

3. 确定并标注零件的尺寸

根据部件的工作性能和使用要求，分析零件各部分尺寸的作用及其对部件的影响。

1）确定主要尺寸和选择尺寸基准，而具体的尺寸大小可根据不同情况分别处理。

2）对装配图中已注明的尺寸，按所标注的尺寸和公差带代号（或偏差值）直接注在零件图上。

3）与标准件或标准结构有关的尺寸（如螺纹、销孔、键槽等）可从明细栏及相应标准中查到，有些尺寸需要计算确定（如齿轮的分度圆，齿顶圆等）。

4）其他结构尺寸在装配图中标注得很少，可从图上直接按比例量取，一般取整数。

4. 确定零件的技术要求

零件的技术要求，除在装配图上已标出的（如极限与配合）可直接应用到零件图上外，其他的技术要求，如表面粗糙度、形位公差等，要根据零件的作用通过查表或参照类似产品确定。包括表面粗糙度、形位公差以及热处理和表面处理等技术要求，应根据零件的作用、装配关系和装配图上提出的要求或参考同类型产品的图样确定。

5. 标题栏

标题栏中所填写的零件名称、材料和数量等要与装配图明细栏中的内容一致。

【例8-1】 如图8-7（a）所示，联动夹持杆接头由五个零件组装而成，读懂装配图，拆画夹头，完成夹头零件图。

分析，如图8-7（a）所示：

1）由标题栏中的名称可知，联动夹持杆接头的作用是连接两部件杆件的一个简易装置；从明细栏可知，该部件由四个非标准零件和一个标准零件组成。

2）联动夹持杆接头装配图采用两个视图，其中主视图采用局部剖视，可以清晰地表达各组成零件的装配连接关系和工作原理；左视图采用 A-A 剖视及上部的局部剖视，进一步反映左方和上方两处夹持部位的结构和夹头零件的内、外形状。

3）分析主视图可知，拉杆 1 左方的上下通孔 $\phi26H8$ 和夹头 3 上部的前后通孔

ϕ32H8 中分别装入与之装配的杆件；然后旋紧螺母 5，收紧夹头 3 的缝隙就可夹持上部圆柱孔内的杆件；与此同时，拉杆 1 沿轴向向右移动，改变了它与套筒 2 上下通孔的同轴位置，就可夹持拉杆左方通孔内的杆件。

由于套筒 2 锥面与夹头 3 左面的锥孔相接触；垫圈 4 的球面和夹头 3 右面的球面凹坑相接触，这些零件的轴向位置是固定不动的。只有拉杆 1 右端的螺纹与螺母 5 连接，而使拉杆 1 可沿轴向移动。

作图步骤如下：

1）从装配图的主视图及左视图，根据剖面线方向、相邻零件的关系及投影定理将零件夹头分离出来，如图 8-7（b）所示；

2）根据投影关系及剖面线的方向，除去其余相邻零件的图线，得到夹头相应的主视图及左视图部分，分离出的夹头的主要视图，如图 8-7（c）所示；

3）补全夹头被遮挡的轮廓及装配图中未画出的倒角，确定表达方案（此零件无须改变表达方案），如图 8-7（d）所示；

4）根据装配图中尺寸信息补出零件相关尺寸，装配图中没有的尺寸根据推算及估算进行标注；根据装配图中尺寸配合精度及零件工作面情况，参考类似装配体技术要求完善零件技术要求；根据装配图明细表信息完成标题栏内容填写，如图 8-7（e）所示。

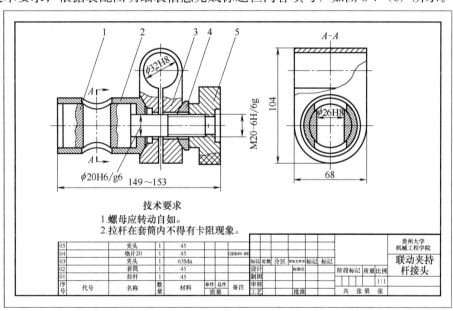

(a)

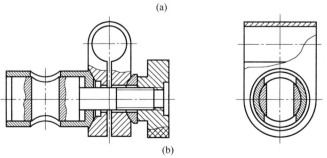

(b)

图 8-7 联动夹持杆接头拆画零件（一）

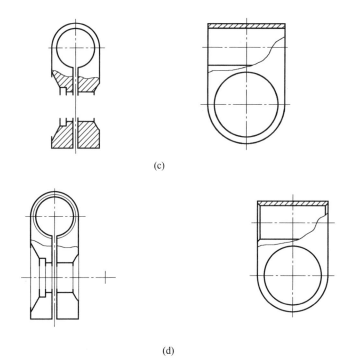

(c)

(d)

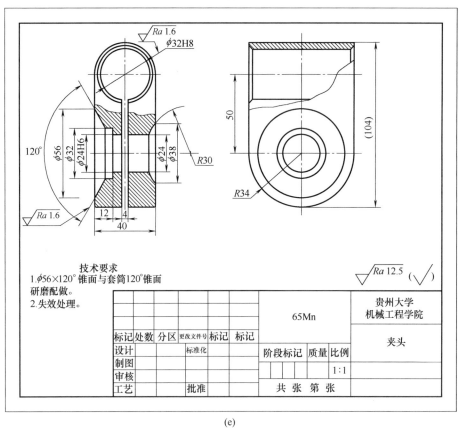

(e)

图 8-7 联动夹持杆接头拆画零件（二）

8.7.3 读装配图举例

【例 8-2】 如图 8-8 所示，旋塞阀装配图。

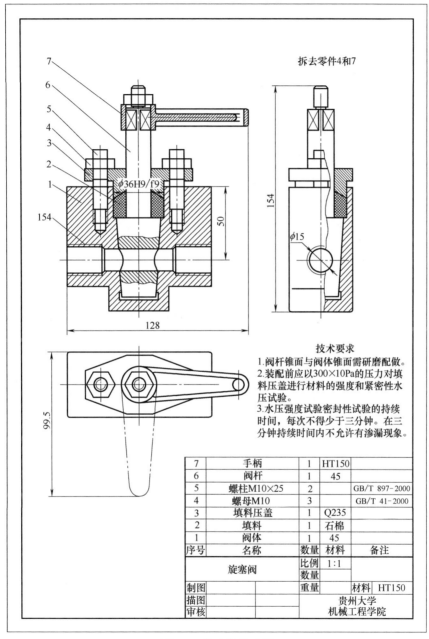

7	手柄	1	HT150	
6	阀杆	1	45	
5	螺柱M10×25	2		GB/T 897-2000
4	螺母M10	3		GB/T 41-2000
3	填料压盖	1	Q235	
2	填料	1	石棉	
1	阀体	1	45	
序号	名称	数量	材料	备注

技术要求
1.阀杆锥面与阀体锥面需研磨配做。
2.装配前应以300×10Pa的压力对填料压盖进行材料的强度和紧密性水压试验。
3.水压强度试验密封性试验的持续时间，每次不得少于三分钟。在三分钟持续时间内不允许有渗漏现象。

图 8-8 旋塞阀装配图

1. 概括了解

由装配图标题栏名称可知，旋塞阀是一种液压系统常用的部件，在系统中主要用于控制流体的开关、流量调节及介质隔离等。

由装配图明细表可知，阀由七种零件组装而成，其中标准件有两种。

2. 分析视图

主视图沿前、后对称中心面剖开，采用全剖视，表达旋塞阀的工作原理；左视图采用了拆卸画法减少图量，并采用局部剖视表达主要零件的装配关系；俯视图不剖，表达旋塞阀的外形，并用双点划线绘制出手柄的另一个极限位置，表达阀开启和关闭状态手柄的位置。

3. 分析装配顺序

阀杆 6 装入阀体 1；加填料 2 至阀体与阀杆之间；装填料压盖 3，填料压盖上的通孔中心与阀体上螺纹孔中心对齐；双头螺柱 5 由填料压盖 3 上的通孔装入，并与阀体螺纹孔旋合拧紧；装螺母 4，与螺柱 5 旋合拧紧；调整阀杆 6，使阀杆上通孔与阀体圆孔对齐（开启状态），将手柄 7 方孔与阀杆螺柱面对齐装入，保证手柄中心线与阀体和阀杆的轴线平行；螺母 3 与阀杆 6 螺纹端旋合，轴向固定手柄 7。

4. 工作原理

旋塞阀以带通孔的阀杆 6 作为启闭件，当阀体 1 固定不动，手柄 7 带动阀杆 6 转动，当阀杆 6 上的通道口与阀体 1 上的通道口对齐时，流体得以顺畅通过，阀门处于开启状态；当阀杆 6 旋转 90° 与阀体 1 通道口错位时，流体被阻断，阀门处于关闭状态。操作力矩主要由阀座和塞子之间的摩擦决定，通常不受流体压力的影响。

5. 分析零件的作用及结构形状

填料 2 需受外力挤压才能对阀体 1 和阀杆 6 起到密封作用，填料压盖 3 与阀体 1 用双头螺柱连接，中间有间隙，旋转螺柱 5 上的螺母 4 可以使填料压盖 3 上下移动挤压填料起到密封作用。

填料压盖 3 与阀体 1 用双头螺柱连接，还有一个作用是将阀杆 6 固定在阀体 1 上。

填料压盖 3 与阀杆 6 装配在一起孔与轴之间留有间隙，是为了避免反复开启关闭阀门时被磨损。

阀杆 6 装入阀体 1，阀杆上端装入手柄 7，用螺母将手柄 7 轴向固定在阀杆 6 上，径向固定手柄 7 和阀杆 6 是通过手柄上的方孔和阀杆上的四棱柱面结构固定。

6. 尺寸分析

图中尺寸 $\phi36H9/f9$ 属于装配尺寸，是阀体 1 圆柱孔与填料压盖 3 圆柱面的配合尺寸，为基孔制间隙配合，轴孔之间有相对运动，这个运动主要是旋转螺柱 5 上的螺母 4 使填料压盖 3 上下移动挤压填料时产生的。

G1/2▽25 和 50 属于安装尺寸，是与外围设备连接安装时需要参考的尺寸。

$\phi15$ 属于性能规格尺寸，决定了液体通过阀门的流量。

外形尺寸是总高 154，总长 128（阀门开启状态阀体到手柄的尺寸），总宽 99.5（阀门关闭状态阀体到手柄的尺寸），装配图中给出的总长总宽为阀门两极限位置时的尺寸，主要系统设计时为阀门安装留下足够的操作空间。

7. 技术要求分析

装配图中技术要求：阀杆锥面与阀体锥面需研磨配做；装配前应以 300×10Pa 的压力对填料压盖进行材料的强度和紧密性水压试验；水压强度试验密封性试验的持续时间，

每次不得少于三分钟，在三分钟持续时间内不允许有渗漏现象，说明对阀的密封性要求较高。

"阀杆锥面与阀体锥面需研磨配做"可以保证阀杆与阀体装配后内外锥面接触面能紧密贴合，是保证阀门关闭状态时有较好的密封性。

"装配前应以 300×10Pa 的压力对填料压盖进行材料的强度和紧密性水压试验"是对零件高压下的性能测试，确保高压下阀门的可靠性。

"水压强度试验密封性试验的持续时间，每次不得少于三分钟，在三分钟持续时间内不允许有渗漏现象"是对整个阀门装配后的性能要求。

附　　录

一、常用螺纹及螺纹紧固件

1. 普通螺纹（摘自 GB/T 193-2003、GB/T 196-2003）

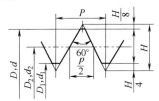

$$H=\frac{\sqrt{3}}{2}P$$

直径与螺距系列、基本尺寸　mm　　　　　　　　　　　附表 1

公称直径 D、d		螺距 P		粗牙小径 D_1、d_1	公称直径 D、d		螺距 P		粗牙小径 D_1、d_1
第一系列	第二系列	粗牙	细牙		第一系列	第二系列	粗牙	细牙	
3		0.5	0.35	2.459		22	2.5	2,1.5,1,(0.75),(0.5)	19.294
	3.5	(0.6)		2.850	24		3	2,1.5,1,(0.75)	20.752
4		0.7	0.5	3.242		27	3	2,1.5,1,(0.75)	23.752
	4.5	(0.75)		3.688	30		3.5	(3),2,1.5,1,(0.75)	26.211
5		0.8		4.134					
6		1	0.75,(0.5)	4.917		33	3.5	(3),2,1.5,(1),(0.75)	29.211
8		1.25	1,0.75,(0.5)	6.647					
10		1.5	1.25,1,0.75,(0.5)	8.376	36		4	3,2,1.5,(1)	31.670
12		1.75	1.5,1.25,1,(0.75),(0.5)	10.106		39	4		34.670
	14	2	1.5,(1.25),1,(0.75),(0.5)	11.835	42		4.5	(4),3,2,1.5,(1)	37.129
						45	4.5		40.129
16		2	1.5,1,(0.75),(0.5)	13.835	48		5		42.587
						52	5		46.587
	18	2.5	2,1,(0.5)	15.294	56		5.5	4,3,2,1.5,(1)	50.046
20		2.5		17.294					

注：1. 优先选用第一系列，括号内尺寸尽可能不用。

　　　2. 第三系列未列入。

　　　3. 中径 D_2、d_2 未列入。

细牙普通螺纹螺距与小径的关系　mm 附表 2

螺距 P	小径 D_1、d_1	螺距 P	小径 D_1、d_1	螺距 P	小径 D_1、d_1
0.35	$d-1+0.621$	1	$d-2+0.918$	2	$d-3+0.835$
0.5	$d-1+0.459$	1.25	$d-2+0.647$	3	$d-4+0.752$
0.75	$d-1+0.188$	1.5	$d-2+0.376$	4	$d-5+0.670$

注：表中的小径按 $D_1=d_1=d-2\times\dfrac{5}{8}H$，$H=\dfrac{\sqrt{3}}{2}P$ 计算得出。

2. 梯形螺纹（摘自 GB/T 5796.2-2022、GB/T 5796.3-2022）

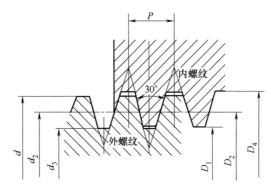

直径与螺距系列、基本尺寸　mm 附表 3

公称直径 d 第一系列	公称直径 d 第二系列	螺距 P	中径 $d_2=D_2$	大径 D_4	小径 d_3	小径 D_1	公称直径 d 第一系列	公称直径 d 第二系列	螺距 P	中径 $d_2=D_2$	大径 D_4	小径 d_3	小径 D_1
8		1.5	7.25	8.30	6.20	6.50			3	24.50	26.50	22.50	23.00
	9	1.5	8.25	9.30	7.20	7.50		26	5	23.50	26.50	20.50	21.00
		2	8.00	9.50	6.50	7.00			8	22.00	27.00	17.00	18.00
10		1.5	9.25	10.30	8.20	8.50			3	26.50	28.50	24.50	25.00
		2	9.00	10.50	7.50	8.00	28		5	25.50	28.50	22.50	23.00
	11	2	10.00	11.50	8.50	9.00			8	24.00	29.00	19.00	20.00
		3	9.50	11.50	7.50	8.00			3	28.50	30.50	26.50	29.00
12		2	11.00	12.50	9.50	10.00	30		6	27.00	31.00	23.00	24.00
		3	10.50	12.50	8.50	9.00			10	25.00	31.00	19.00	20.00
	14	2	13.00	14.50	11.50	12.00			3	30.50	32.50	28.50	29.00
		3	12.50	14.50	10.50	11.00	32		6	29.00	33.00	25.00	26.00
16		2	15.00	16.50	13.50	14.00			10	27.00	33.00	21.00	22.00
		4	14.00	16.50	11.50	12.00			3	32.50	34.50	30.50	31.00
	18	2	17.00	18.50	15.50	16.00		34	6	31.00	35.00	27.00	28.00
		4	16.00	18.50	13.50	14.00			10	29.00	35.00	23.00	24.00
20		2	19.00	20.50	17.50	18.00			3	34.50	36.50	32.50	33.00
		4	18.00	20.50	15.50	16.00	36		6	33.00	37.00	29.00	30.00
		3	20.50	22.50	18.50	19.00			10	31.00	37.00	25.00	26.00
	22	5	19.50	22.50	16.50	17.00			3	36.50	38.50	34.50	35.00
		8	18.00	23.00	13.00	14.00		38	7	34.50	39.00	30.00	31.00
									10	33.00	39.00	27.00	28.m
		3	22.50	24.50	20.50	21.00			3	38.50	40.50	36.50	37.00
24		5	21.50	24.50	18.50	19.00	40		7	36.50	41.00	32.00	33.00
		8	20.00	25.00	15.00	16.00			10	35.00	41.00	29.00	30.00

3. 非密封的管螺纹（摘自 GB/T 7307-2001）

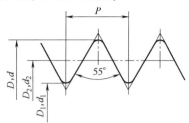

管螺纹尺寸代号及基本尺寸　mm

附表4

尺寸代号	每 25.4mm 内的牙数	螺距 P	基本直径	
	n		大径 D、d	小径 D_1、d_1
1/8	28	0.907	9.728	8.566
1/4	19	1.337	13.157	11.445
3/8	19	1.337	16.662	14.950
1/2	14	1.814	20.955	18.631
5/8	14	1.814	22.911	20.587
3/4	14	1.814	26.441	24.117
7/8	14	1.814	30.201	27.877
1	11	2.309	33.249	30.291
$1\frac{1}{8}$	11	2.309	37.897	34.939
$1\frac{1}{4}$	11	2.309	41.910	38.952
$1\frac{1}{2}$	11	2.309	47.803	44.845
$1\frac{3}{4}$	11	2.309	53.746	50.788
2	11	2.309	59.614	56.656
$2\frac{1}{4}$	11	2.309	65.710	62.752
$2\frac{1}{2}$	11	2.309	75.184	72.226
$2\frac{3}{4}$	·11	2.309	81.534	78.576
3	11	2.309	87.884	84.926

4. 螺栓

六角头螺栓—C 级（GB/T 5780-2016）、六角头螺栓—A 和 B 级（GB/T 5782-2000）

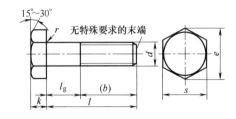

标记示例

螺纹规格 d =M12、公称长度 l =80、性能

等级为 8.8 级，表面氧化、A 级六角头螺栓：

螺栓　GB/T 5782　M12×80

<h3>常用螺栓规格及尺寸　mm</h3>

附表 5

螺纹规格 d			M3	M4	M5	M6	M8	M10	M12	M16	M20	M24	M30	M36	M42
b 参考	l≤125		12	14	16	18	22	26	30	38	46	54	66	—	—
	125<l≤200		18	20	22	24	28	32	36	44	52	60	72	84	96
	l>200		31	33	35	37	41	45	49	57	65	73	85	97	109
c			0.4	0.4	0.5	0.5	0.6	0.6	0.6	0.8	0.8	0.8	0.8	0.8	1
d_w	产品等级	A	4.57	5.88	6.88	8.88	11.63	14.63	16.63	22.49	28.19	33.61	—	—	—
		BC	4.45	5.74	6.74	8.74	11.47	14.47	16.47	22	27.7	33.25	42.75	51.11	59.95
e	产品等级	A	6.01	7.66	8.79	11.05	14.38	17.77	20.03	26.75	33.53	39.98	—	—	—
		BC	5.88	7.50	8.63	10.89	14.20	17.59	19.85	26.17	32.95	39.55	50.85	60.79	71.3
K（公称）			2	2.8	3.5	4	5.3	6.4	7.5	10	12.5	15	18.7	22.5	26
R			0.1	0.2	0.2	0.25	0.4	0.4	0.6	0.6	0.8	0.8	1	1	1.2
S（公称）			5.5	7	8	10	13	16	18	24	30	36	46	55	65
l（商品规格范围）			20～30	25～40	25～50	30～60	40～80	45～100	55～120	65～160	80～200	100～240	120～300	140～360	180～420
l 系列			12,16,20,25,30,35,40,45,50,55,60,65,70,80,90,100,110,120,130,140,150,160,180,200,220,240,260,280,300,320,340,360,380,400,420,440,460,480,500												

注：1. A级用于 d≤24 和 l≤10 或 d≤150 的螺栓；B级用于 d>24 和 l>10 或 d>150 的螺栓。

2. 螺纹规格 d 范围：GB/T 5780 为 M5～M64；GB/T 5782 为 M1.6～M64。

3. 公称长度范围：GB/T 5780 为 25～500；GB/T 5782 为 12～500。

5. 双头螺柱

双头螺柱—b_m＝1d（GB/T 897-1988）

双头螺柱—b_m＝1.25d（GB/T 898-1988）

双头螺柱—b_m＝1.5d（GB/T 899-1988）

双头螺柱—b_m＝2d（GB/T 900-1988）

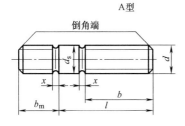

A型

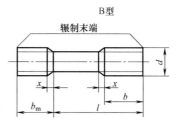

B型

常用螺柱规格及尺寸　mm

附表6

螺纹规格		M5	M6	M8	M10	M12	M16	M20	M24	M30	M36	M42
b_m 公称	GB/T 897	5	6	8	10	12	16	20	24	30	36	42
	GB/T 898	6	8	10	12	15	20	25	30	38	45	52
	GB/T 899	8	10	12	15	18	24	30	36	45	54	65
	GB/T 900	10	12	16	20	24	32	40	48	60	72	84
d_s(max)		5	6	8	10	12	16	20	24	30	36	42
x(max)		\multicolumn{11}{c}{2.5P}										
$\dfrac{l}{b}$		$\dfrac{16\sim22}{10}$ $\dfrac{25\sim50}{16}$	$\dfrac{20\sim22}{10}$ $\dfrac{25\sim30}{14}$ $\dfrac{32\sim75}{18}$	$\dfrac{20\sim22}{12}$ $\dfrac{25\sim30}{16}$ $\dfrac{32\sim90}{22}$	$\dfrac{25\sim28}{14}$ $\dfrac{30\sim38}{16}$ $\dfrac{40\sim120}{26}$ $\dfrac{130}{32}$	$\dfrac{25\sim30}{16}$ $\dfrac{32\sim40}{20}$ $\dfrac{45\sim120}{30}$ $\dfrac{130\sim180}{36}$	$\dfrac{30\sim38}{20}$ $\dfrac{40\sim55}{30}$ $\dfrac{60\sim120}{38}$ $\dfrac{130\sim200}{44}$	$\dfrac{35\sim40}{25}$ $\dfrac{45\sim65}{35}$ $\dfrac{70\sim12}{46}$ $\dfrac{130\sim200}{52}$	$\dfrac{45\sim50}{30}$ $\dfrac{55\sim75}{45}$ $\dfrac{80\sim120}{54}$ $\dfrac{130\sim200}{60}$	$\dfrac{60\sim65}{40}$ $\dfrac{70\sim90}{50}$ $\dfrac{95\sim120}{60}$ $\dfrac{130\sim200}{72}$ $\dfrac{210\sim250}{85}$	$\dfrac{65\sim75}{45}$ $\dfrac{80\sim110}{60}$ $\dfrac{120}{78}$ $\dfrac{130\sim200}{84}$ $\dfrac{210\sim300}{91}$	$\dfrac{65\sim80}{50}$ $\dfrac{85\sim110}{70}$ $\dfrac{120}{90}$ $\dfrac{130\sim200}{96}$ $\dfrac{210\sim300}{109}$
l 系列		\multicolumn{11}{l}{16,(18)20,(22),25,(28),30,(32),35,(38),40,45,50,(55),60,(65),70,(75),80,(85),90,(95),100,110,120,130,140,150,160,170,180,190,200,210,220,230,240,250,260,280,300}										

注：P 为粗牙螺纹的螺距。

6. 螺钉

（1）开槽圆柱头螺钉（摘自 GB/T 65-2016）

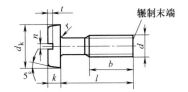

辗制末端

标记示例

螺纹规格 d＝M5、公称长度 l＝20、性能等级为 4.8 级、不经表面处理的 A 级开槽圆柱头螺钉：

螺钉　GB/T 65　M5×20

常用开槽圆柱头螺钉规格及尺寸　mm

附表7

螺纹规格 d	M4	M5	M6	M8	M10
P（螺距）	0.7	0.8	1	1.25	1.5
b	38	38	38	38	38
d_k	7	8.5	10	13	16
k	2.6	3.3	3.9	5	6
n	1.2	1.2	1.6	2	2.5
r	0.2	0.2	0.25	0.4	0.4
t	1.1	1.3	1.6	2	2.4
公称长度 l	5～40	6～50	8～60	10～80	12～80
l 系列	\multicolumn{5}{l}{5,6,8,10,12,(14),16,20,25,30,35,40,45,50,(55),60,(65),70,(75),80}				

注：1. 公称长度 $l \leqslant 40$ 的螺钉，制出全螺纹。

　　2. 括号内的规格尽可能不采用。

　　3. 螺纹规格 d＝M1.6～M10；公称长度 l＝2～80。

（2）开槽盘头螺钉（摘自 GB/T 67-2016）

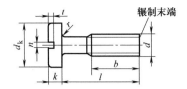

标记示例

螺纹规格 $d=$ M5、公称长度 $l=20$、性能等级为 4.8 级、不经表面处理的 A 级开槽盘头螺钉：

螺钉　GB/T 67　M5×20

常用开槽盘头螺钉规格及尺寸　mm 　　　　　　　　　附表 8

螺纹规格 d	M1.6	M2	M2.5	M3	M4	M5	M6	M8	M10
P（螺距）	0.35	0.4	0.45	0.5	0.7	0.8	1	1.25	1.5
b	25	25	25	25	38	38	38	38	38
d_k	3.2	4	5	5.6	8	9.5	12	16	20
k	1	1.3	1.5	1.8	2.4	3	3.6	4.8	6
n	0.4	0.5	0.6	0.8	1.2	1.2	1.6	2	2.5
r	0.1	0.1	0.1	0.1	0.2	0.2	0.25	0.4	0.4
t	0.35	0.5	0.6	0.7	1	1.2	1.4	1.9	2.4
公称长度 l	2~16	2.5~20	3~25	4~30	5~40	6~50	8~60	10~80	12~80
l 系列	2,2.5,3,4,5,6,8,10,12,(14),16,20,25,30,35,40,45,50,(55),60,(65),70,(75),80								

注：1. 括号内的规格尽可能不采用。

　　2. M1.6~M3 的螺钉，公称长度 $l\leqslant30$ 的，制出全螺纹；M4~M10 的螺钉，公称长度 $l\leqslant40$ 的，制出全螺纹。

（3）开槽沉头螺钉（摘自 GB/T 68-2016）

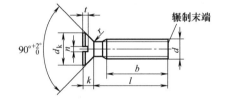

标记示例

螺纹规格 $d=$ M5、公称长度 $l=20$、性能等级为 4.8 级、不经表面处理的 A 级开槽沉头螺钉：

螺钉　GB/T 68　M5×20

常用开槽沉头螺钉规格及尺寸　mm 　　　　　　　　　附表 9

螺纹规格 d	M1.6	M2	M2.5	M3	M4	M5	M6	M8	M10
P（螺距）	0.35	0.4	0.45	0.5	0.7	0.8	1	1.25	1.5
b	25	25	25	25	38	38	38	38	38
d_k	3.6	4.4	5.5	6.3	9.4	10.4	12.6	17.3	20
k	1	1.2	1.5	1.65	2.7	2.7	3.3	4.65	5
n	0.4	0.5	0.6	0.8	1.2	1.2	1.6	2	2.5
r	0.4	0.5	0.6	0.8	1	1.3	1.5	2.	2.5
t	0.5	0.6	0.75	0.85	1.3	1.4	1.6	2.3	2.6
公称长度 l	2.5~16	3~20	4~25	5~30	6~40	8~50	8~60	10~80	12~80
l 系列	2.5,3,4,5,6,8,10,12,(14),16,20,25,30,35,40,45,50,(55),60,(65),70,(75),80								

注：1. 括号内的规格尽可能不采用。

　　2. M1.6~M3 的螺钉、公称长度 $l\leqslant30$ 的，制出全螺纹；M4~M10 的螺钉、公称长度 $l\leqslant45$ 的，制出全螺纹。

（4）内六角圆柱头螺钉（摘自 GB/T 70.1-2008）

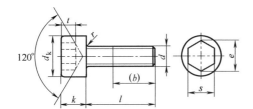

标记示例

螺纹规格 $d=$M5、公称长度 $l=20$、性能等级为8.8级、表面氧化的内六角圆柱头螺钉：

螺钉　GB/T 70.1　M5×20

常用内六角圆柱头螺钉规格及尺寸　mm　附表 10

螺纹规格 d	M3	M4	M5	M6	M8	M10	M12	M14	M16	M20
P（螺距）	0.5	0.7	0.8	1	1.25	1.5	1.75	2	2	2.5
b	18	20	22	24	28	32	36	40	44	52
d_k	5.5	7	8.5	10	13	16	18	21	24	30
k	3	4	5	6	8	10	12	14	16	20
t	1.3	2	2.5	3	4	5	6	7	8	10
s	2.5	3	4	5	6	8	10	12	14	17
e	2.87	3.44	4.58	5.72	6.68	9.15	11.43	13.72	16	19.44
r	0.1	0.2	0.2	0.25	0.4	0.4	0.6	0.6	0.6	0.8
公称长度 l	5～30	6～40	8～50	10～60	12～80	16～100	20～120	25～140	25～160	30～200
l 系列	2.5,3,4,5,6,8,10,12,14,16,20,25,30,35,40,45,50,55,60,65,70,80,90,100,110,120,130,140,150,160,180,200,220,240,260,280,300									

（5）十字槽沉头螺钉（摘自 GB/T 819.1-2016）

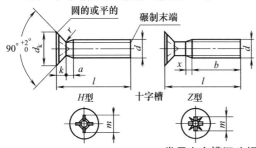

标记示例

螺纹规格 $d=$M5、公称长度 $l=20$、性能等级为4.8级、不经表面处理的 H 型十字槽沉头螺钉：

螺钉　GB/T 819.1　M5×20

常用十字槽沉头螺钉规格及尺寸　mm　附表 11

	螺纹规格 d		M1.6	M2	M2.5	M3	M4	M5	M6	M8	M10
P（螺距）			0.35	0.4	0.45	0.5	0.7	0.8	1	1.25	1.5
a		max	0.7	0.8	0.9	1	1.4	1.6	2	2.5	3
b		min	25	25	25	25	38	38	38	38	38
d_k	理论值	max	3.6	4.4	5.5	6.3	9.4	10.4	12.6	17.3	20
	实际值	max	3	3.8	4.7	5.5	8.4	9.3	11.3	15.8	18.3
		min	2.7	3.5	4.4	5.2	8.04	8.94	10.87	15.37	17.8
k		max	1	1.2	1.5	1.65	2.7	2.7	3.3	4.65	5
r		max	0.4	0.5	0.6	0.8	1	1.3	1.5	2	2.5
X		max	0.9	1	1.1	1.25	1.75	2	2.5	3.2	3.8

槽号		No.	0		1		2		3	4
十字槽	H 型	m 参考	1.6	1.9	2.9	3.2	4.6	5.2	6.8	8.9	10
		插入深度 min	0.6	0.9	1.4	1.7	2.1	2.7	3	4	5.1
		插入深度 max	0.9	1.2	1.8	2.1	2.6	3.2	3.5	4.6	5.7
	Z 型	m 参考	1.6	1.9	2.8	3	4.4	4.9	6.6	8.8	9.8
		插入深度 min	0.7	0.95	1.48	1.76	2.06	2.6	3	4.15	5.19
		插入深度 max	0.95	1.2	1.73	2.01	2.51	3.05	3.45	4.6	5.64

		l									
公称	min	max									
3	2.8	3.2									
4	3.7	4.3									
5	4.7	5.3									
6	5.7	6.3									
8	7.7	8.3									
10	9.7	10.3			商品						
12	11.6	12.4									
螺纹规格 d			M1.6	M2	M2.5	M3	M4	M5	M6	M8	M10
(14)	13.65	14.35									
16	15.65	16.35				规格					
20	19.58	20.42									
25	24.58	25.42									
30	29.58	30.42						范围			
35	34.5	35.5									
40	39.5	40.5									
45	44.5	45.5									
50	49.5	50.5									
(55)	54.05	55.95									
60	59.05	60.95									

注：1. 尽可能不采用括号内的规格。

2. P——螺距。

3. d_k 的理论值按 GB/T 5279 规定。

4. 公称长度虚线以上的螺钉，制出全螺纹。

（6）紧定螺钉

开槽锥端紧定螺钉　　　　开槽子端紧定螺钉　　　　开槽长圆柱端紧定螺钉
（GB/T 71-2018）　　　　（GB/T 73-2017）　　　　（GB/T 75-2018）

标记示例

螺纹规格 $d=$ M5、公称长度 $l=$ 12、性能等级为 14H 级、表面氧化的开槽长圆柱端紧定螺钉：

螺钉　GB/T 75　M5×12

常用紧定螺钉规格及尺寸 mm   附表 12

螺纹规格 d		M1.6	M2	M2.5	M3	M4	M5	M6	M8	M10	M12
P（螺距）		0.35	0.4	0.45	0.5	0.7	0.8	1	1.25	1.5	1.75
n		0.25	0.25	0.4	0.4	0.6	0.8	1	1.2	1.6	2
t		0.74	0.84	0.95	1.05	1.42	1.63	2	2.5	3	3.6
d_t		0.16	0.2	0.25	0.3	0.4	0.5	1.5	2	2.5	3
d_p		0.8	1	1.5	2	2.5	3.5	4	5.5	7	8.5
z		1.05	1.25	1.5	1.75	2.25	2.75	3.25	4.3	5.3	6.3
l	GB/T 71—2018	2～8	3～10	3～12	4～16	6～20	8～25	8～30	10～40	12～50	14～60
	GB/T 73—2017	2～8	2～10	2.5～12	3～16	4～20	5～25	6～30	8～40	10～50	12～60
	GB/T 75—2018	2.5～8	3～10	4～12	5～16	6～20	8～25	10～30	10～40	12～50	14～60
l 系列		2,2.5,3,4,5,6,8,10,12,(14),16,20,25,30,35,40,45,50,(55),60									

注：1. l 为公称长度。

    2. 括号内的规格尽可能不采用。

7. 螺母

六角螺母—C 级   1 型六角螺母—A 和 B 级   六角薄螺母
（GB/T 41-2016）   （GB/T 6170-2015）   （GB/T 6172.1-2016）

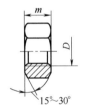  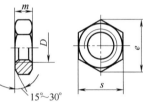

标记示例

螺纹规格 D = M12、性能等级为 5 级、不经表面处理、C 级的六角螺母：

螺母 GB/T 41 M12

螺纹规格 D = M12、性能等级为 8 级、不经表面处理、A 级的 1 型六角螺母：

螺母 GB/T 6170 M12

常用螺母规格及尺寸 mm   附表 13

螺纹规格 D		M3	M4	M5	M6	M8	M10	M12	M16	M20	M24	M30	M36	M42
e	GB/T 41			8.63	10.89	14.20	17.59	19.85	26.17	32.95	39.55	50.85	60.79	71.3
	GB/T 6170	6.01	7.66	8.79	11.05	14.38	17.77	20.03	26.75	32.95	39.55	50.85	60.79	71.3
	GB/T 6172.1	6.01	7.66	8.79	11.05	14.38	17.77	20.03	26.75	32.95	39.55	50.85	60.79	71.3
s	GB/T 41			8	10	13	16	18	24	30	36	46	55	65
	GB/T 6170	5.5	7	8	10	13	16	18	24	30	36	46	55	65
	GB/T 6172.1	5.5	7	8	10	13	16	18	24	30	36	46	55	65
m	GB/T 41			5.6	6.4	7.9	9.5	12.2	15.9	19	22.3	26.4	31.9	34.9
	GB/T 6170	2.4	3.2	4.7	5.2	6.8	8.4	10.8	14.8	18	21.5	25.6	31	34
	GB/T 6172.1	1.8	2.2	2.7	3.2	4	5	6	8	10	12	15	18	21

注：A 级用于 $D \leqslant 16$；B 级用于 $D > 16$。

8. 垫圈

1) 平垫圈

小垫圈—A级
（GB/T 848-2002）

平垫圈—A级
（GB/ T 97.1-2002）

平垫圈　倒角型—A级
（GB/T 97.2-2002）

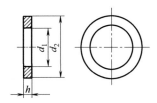 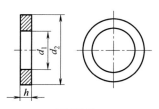 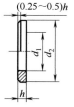

标记示例

标准系列、规格8、性能等级为200HV级、不经表面处理、产品等级为A的平垫圈：

垫圈　GB/T 97.1　8

常用平垫圈规格及尺寸　mm　　　　　　　　　　　附表 14

公称长度（螺纹规格）d		1.6	2	2.5	3	4	5	6	8	10	12	14	16	20	24	30	36
d_1	GB/T 848	1.7	2.2	2.7	3.2	4.3	5.3	6.4	8.4	10.5	13	15	17	21	25	31	37
	GB/T 97.1	1.7	2.2	2.7	3.2	4.3	5.3	6.4	8.4	10.5	13	15	17	21	25	31	37
	GB/T 97.2						5.3	6.4	8.4	10.5	13	15	17	21	25	31	37
d_2	GB/T 848	3.5	4.5	5	6	8	9	11	15	18	20	24	28	34	39	50	60
	GB/T 97.1	4	5	6	7	9	10	12	16	20	24	28	30	37	44	56	66
	GB/T 97.2						10	12	16	20	24	28	30	37	44	56	66
h	GB/T 848	0.3	0.3	0.5	0.5	0.5	1	1.6	1.6	1.6	2	2.5	2.5	3	4	4	5
	GB/T 97.1	0.3	0.3	0.5	0.5	0.8	1	1.6	1.6	2	2.5	2.5	3	3	4	4	5
	GB/T 97.2						1	1.6	1.6	2	2.5	2.5	3	3	4	4	5

2) 弹簧垫圈

标准型弹簧垫圈
（GB/T 93-1987）

轻型弹簧垫圈
（GB/T 859-1987）

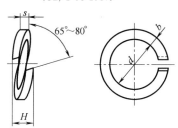 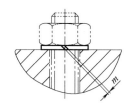

标记示例

规格16、材料为65Mn、表面氧化的标准型弹簧垫圈：

垫圈　GB/T 93　16

常用弹簧垫圈规格及尺寸　mm　　　　　　　　　　　附表 15

规格（螺纹大径）	3	4	5	6	8	10	12	(14)	16	(18)	20	(22)	24	(27)	30
d	3.1	4.1	5.1	6.1	8.1	10.2	12.2	14.2	16.2	18.2	20.2	22.5	24.5	27.5	30.5

H	GB/T 93	1.6	2.2	2.6	3.2	4.2	5.2	6.2	7.2	8.2	9	10	11	12	13.6	15
	GB/T 859	1.2	1.6	2.2	2.6	3.2	4	5	6	6.4	7.2	8	9	10	11	12
$S(b)$	GB/T 93	0.8	1.1	1.3	1.6	2.1	2.6	3.1	3.6	4.1	4.5	5	5.5	6	6.8	7.5
S	GB/T 859	0.6	0.8	1.1	1.3	1.6	2	2.5	3	3.2	3.6	4	4.5	5	5.5	6
$m\leqslant$	GB/T 93	0.4	0.55	0.65	0.8	1.05	1.3	1.55	1.8	2.05	2.25	2.5	2.75	3	3.4	3.75
	GB/T 859	0.3	0.4	0.55	0.65	0.8	1	1.25	1.5	1.6	1.8	2	2.25	2.5	2.75	3
b	GB/T 859	1	1.2	1.5	2	2.5	3	3.5	4	4.5	5	5.5	6	7	8	9

注：1. 括号内的规格尽可能不采用。

2. m 应大于零。

二、常用键与销

1. 键

1）平键和键槽的剖面尺寸（GB/T 1095-2003）

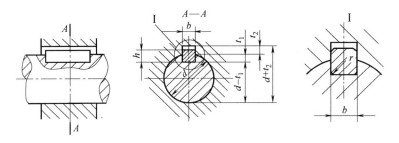

平键和键槽的剖面尺寸　mm　　　　　　　　　　　附表 16

键尺寸 $b\times h$	键槽										
		宽度 b					深度				半径 r
	基本尺寸	偏差					轴 t_1		毂 t_2		
		正常连结		紧密连结	松连结		基本尺寸	极限偏差	基本尺寸	极限偏差	
		轴 N9	毂 JS9	轴和毂 P9	轴 H9	毂 D10					min	max
2×2	2	-0.004 -0.029	±0.0125	-0.006 -0.031	$+0.025$ 0	$+0.060$ $+0.020$	1.2		1		0.08	0.16
3×3	3						1.8	$+0.1$ 0	1.4	$+0.1$ 0		
4×4	4	0 -0.030	±0.015	-0.012 -0.042	$+0.030$ 0	$+0.078$ $+0.030$	2.5		1.8			
5×5	5						3.0		2.3			
6×6	6						3.5		2.8		0.16	0.25
8×7	8	0 -0.036	±0.018	-0.015 -0.051	$+0.036$ 0	$+0.098$ $+0.040$	4.0		3.3			
10×8	10						5.0		3.3			
12×8	12	0 -0.043	±0.0215	-0.018 -0.061	$+0.043$ 0	$+0.120$ $+0.050$	5.0	$+0.2$ 0	3.3	$+0.2$ 0	0.25	0.40
14×9	14						5.5		3.8			
16×10	16						6.0		4.3			
18×11	18						7.0		4.4			

续表

键尺寸 $b \times h$	键槽											
	宽度 b						深度				半径 r	
	基本尺寸	偏差					轴 t_1		毂 t_2			
		正常连结		紧密连结	松连结		基本尺寸	极限偏差	基本尺寸	极限偏差		
		轴 N9	毂 JS9	轴和毂 P9	轴 H9	毂 D10					min	max
20×12	20						7.5		4.9			
22×14	22	0 −0.052	±0.026	−0.022 −0.074	+0.052 0	+0.149 +0.065	9.0	+0.2 0	5.4	+0.2 0	0.40	0.60
25×14	25						9.0		5.4			
28×16	28						10.0		6.4			
32×18	32						11.0		7.4			
36×20	36	0 −0.062	±0.031	−0.026 −0.088	+0.062 0	+0.180 +0.080	12.0		8.4		0.70	1.00
40×22	40						13.0		9.4			
45×25	45						15.0		10.4			
50×28	50						17.0		11.4			
56×32	56						20.0	+0.3 0	12.4	+0.3 0		
63×32	63	0 −0.074	±0.037	−0.032 −0.106	+0.074 0	+0.220 +0.100	20.0		12.4		1.20	1.60
70×36	70						22.0		14.4			
80×40	80						25.0		15.4			
90×45	90	0 −0.087	±0.0435	−0.037 −0.124	+0.087 0	+0.260 +0.120	28.0		17.4		2.00	2.50
100×50	100						31.0		19.5			

2）普通平键的型式尺寸（GB/T 1096-2003）

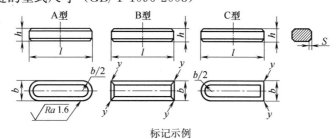

标记示例

宽度 $b=6$mm、高度 $h=6$mm、$L=16$mm 的平键，标记为：

GB/T 1096　键 A18×100

常用平键规格及尺寸　mm　　　　　　　　　附表 17

	基本尺寸	2	3	4	5	6	8	10	12	14	16	18	20	22
宽度 b	极限偏差 (h8)	0 −0.014		0 −0.018			0 −0.022		0 −0.027				0 −0.033	
	基本尺寸	2	3	4	5	6	7	8	8	9	10	11	12	14
高度 h 极限偏差	矩形 (h11)	—		—			0 −0.090				0 −0.110			
	方形 (h8)	0 −0.014		0 −0.018			—			—				

倒角或倒圆 s		0.16～0.25		0.25～0.40		0.40～0.60				0.60～0.80	
长度 L											
基本尺寸	极限偏差（h14）										
6	0 −0.36		—	—	—	—	—	—	—	—	—
8				—	—	—	—	—	—	—	—
10				—	—	—	—	—	—	—	—
12	0 −0.43				—	—	—	—	—	—	—
14						—	—	—	—	—	—
16						—	—	—	—	—	—
18						—	—	—	—	—	—
20	0 −0.52						—	—	—	—	—
22		—		标准			—	—	—	—	—
25		—						—	—	—	—
28		—						—	—	—	—
32	0 −0.62								—	—	—
36		—							—	—	—
40		—	—							—	—
45						长度				—	—
50			—								—
56	0 −0.74	—	—	—							—
63		—	—	—	—						
70		—	—	—	—						
80		—	—		—						
90	0 −0.86	—	—	—	—	范围					
100		—	—	—	—	—					
110		—	—	—	—	—					

3）半圆键和键槽的剖面尺寸（GB/T 1098-2003）

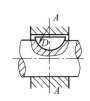
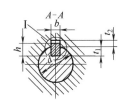
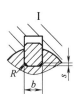

半圆键和键槽的剖面尺寸 mm　　　　　　　　　　　　　附表 18

键尺寸 $b \times h \times D$	宽度 b 基本尺寸	正常连结 轴 N9	正常连结 毂 JS9	松连结 轴和毂 P9	紧密连结 轴 H9	紧密连结 毂 D10	深度 轴 t_1 基本尺寸	深度 轴 t_1 极限偏差	深度 毂 t_2 基本尺寸	深度 毂 t_2 极限偏差	半径 R max	半径 R min
$1 \times 1.4 \times 4$ $1 \times 1.1 \times 4$	1						1.0		0.6			
$1.5 \times 2.6 \times 7$ $1.5 \times 2.1 \times 7$	1.5						2.0		0.8			
$2 \times 2.6 \times 7$ $2 \times 2.1 \times 7$	2						1.8	$^{+0.1}_{0}$	1.0			
$2 \times 3.7 \times 10$ $2 \times 3 \times 10$	2	$^{-0.004}_{-0.029}$	±0.0125	$^{-0.006}_{-0.031}$	$^{+0.025}_{0}$	$^{+0.060}_{+0.020}$	2.9		1.0		0.16	0.08
$2.5 \times 3.7 \times 10$ $2.5 \times 3 \times 10$	2.5						2.7		1.2			
$3 \times 5 \times 13$ $3 \times 4 \times 13$	3						3.8		1.4			
$3 \times 6.5 \times 16$ $3 \times 5.2 \times 16$	3						5.3		1.4	$^{+0.1}_{0}$		
$4 \times 6.5 \times 16$ $4 \times 5 \times 16$	4						5.0	$^{+0.2}_{0}$	1.8			
$4 \times 7.5 \times 19$ $4 \times 6 \times 19$	4						6.0		1.8			
$5 \times 6.5 \times 16$ $5 \times 5.2 \times 19$	5						4.5		2.3			
$5 \times 7.5 \times 19$ $5 \times 6 \times 19$	5	$^{0}_{-0.030}$	±0.015	$^{-0.012}_{-0.042}$	$^{+0.030}_{0}$	$^{+0.078}_{+0.030}$	5.5		2.3		0.25	0.16
$5 \times 9 \times 22$ $5 \times 7.2 \times 22$	5						7.0		2.3			
$6 \times 9 \times 22$ $6 \times 7.2 \times 22$	6						6.5		2.8			
$6 \times 10 \times 25$ $6 \times 8 \times 25$	6						7.5	$^{+0.3}_{0}$	2.8			
$8 \times 11 \times 28$ $8 \times 8.8 \times 28$	8	$^{0}_{-0.036}$	±0.018	$^{-0.015}_{-0.051}$	$^{+0.036}_{0}$	$^{+0.098}_{+0.040}$	8.0		3.3	$^{+0.2}_{0}$	0.40	0.25
$10 \times 13 \times 32$ $10 \times 1.04 \times 32$	10						10		3.3			

注：键尺寸中的公称直径 D 即为键槽直径的最小值。

4）半圆键的型式尺寸（GB/T 1099.1-2003）

标记示例

宽度 $b=6$mm、高度 $h=10$mm、直径 $D=25$mm 普通半圆键的标记为：

GB/T 1099.1　键　$6 \times 10 \times 25$

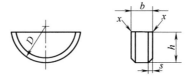

常用半圆键规格及尺寸　mm　　　　　　　　附表 19

键尺寸 $b \times h \times D$	宽度 b		高度 h		直径 D		倒角或倒圆 s	
	基本尺寸	极限偏差	基本尺寸	极限偏差 (h12)	基本尺寸	极限偏差 (h12)	min	max
$1 \times 1.4 \times 4$	1		1.4	0 −0.10	4	0 −0.120	0.16	0.25
$1.5 \times 2.6 \times 7$	1.5		2.6		7			
$2 \times 2.6 \times 7$	2		2.6		7	0 −0.150		
$2 \times 3.7 \times 10$	2		3.7	0 −0.12	10			
$2.5 \times 3.7 \times 10$	2.5		3.7		10			
$3 \times 5 \times 13$	3		5		13	0 −0.180		
$3 \times 6.5 \times 16$	3	0 −0.250	6.5		16			
$4 \times 6.5 \times 16$	4		6.5		16		0.25	0.40
$4 \times 7.5 \times 19$	4		7.5		19	0 −0.210		
$5 \times 6.5 \times 16$	5		6.5	0 −0.15	16	0 −0.180		
$5 \times 7.5 \times 19$	5		7.5		19			
$5 \times 9 \times 22$	5		9		22			
$6 \times 9 \times 22$	6.0		9		22	0 −0.210		
$6 \times 10 \times 25$	6		10		25			
$8 \times 11 \times 28$	8		11	0 −0.18	28		0.40	0.60
$10 \times 13 \times 32$	10		13		32	0 −0.250		

2. 销

1) 圆柱销（摘自 GB/T 119.1-2000）——不淬硬钢和奥氏体不锈钢

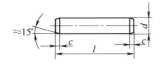

末端形状，由制造者确定
允许倒角或凹穴

标记示例

公称直径 $d=6$、公差为 m6、公称长度 $l=30$、材料为、不经淬火、不经表面处理的圆柱销的标记：

销　GB/T 119.1　6m6×30

常用圆柱销规格及尺寸　mm

附表 20

公称直径 d(m6/h8)	0.6	0.8	1	1.2	1.5	2	2.5	3	4	5
$c\approx$	0.12	0.16	0.20	0.25	0.30	0.35	0.40	0.50	0.63	0.80
l(商品规格范围公称长度)	2～6	2～8	4～10	4～12	4～16	6～20	6～24	8～30	8～40	10～50
公称直径 d(m6/h8)	6	8	10	12	16	20	25	30	40	50
$c\approx$	1.2	1.6	2.0	2.5	3.0	3.5	4.0	5.0	6.3	8.0
l(商品规格范围公称长度)	12～60	14～80	18～95	22～140	26～180	35～200	50～200	60～200	80～200	95～200
l 系列	2,3,4,5,6,8,10,12,14,16,18,20,22,24,26,28,30,32,35,40,45,50,55,60,65,70,75,80, 85,90,95,100,120,140,160,180,200									

注：1. 材料用钢时硬度要求为 125～245 HV30；用奥氏不锈钢 A1（GB/T 3098.6）时，硬度要求为
210～280HV30。

2. 公差 m6：$Ra\leqslant0.8\mu m$；公差 h8：$Ra\leqslant1.6\mu m$。

2）圆锥销（摘自 GB/T 117-2000）

A型(磨削)　　　　　　　　　　　　　　　B型(型切削或冷镦)

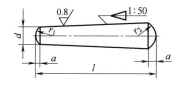
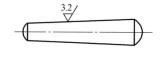

标记示例

公称直径 $d=10$、长度 $l=60$、材料为 35 钢、热处理硬度 28～38HRC、表面氧化处理的 A 型圆锥销：

销　GB/T 117　10×60

常用圆锥销规格及尺寸　mm

附表 21

公称 d	0.6	0.8	1	1.2	1.5	2	2.5	3	4	5
$a\approx$	0.08	0.1	0.12	0.16	0.2	0.25	0.30	0.40	0.5	0.63
l(商品规格范围公称长度)	4～8	5～12	6～16	6～20	8～24	10～35	10～35	12～45	14～55	18～60
公称直径 d(m6/h8)	6	8	10	12	16	20	25	30	40	50
$a\approx$	0.8	1	1.2	1.6	2	2.5	3	4	5	6.3
l(商品规格范围公称长度)	22～90	22～120	26～160	32～180	40～200	45～200	50～200	55～200	60～200	65～200
l 系列	2,3,4,5,6,8,10,12,14,16,18,20,22,24,26,28,30,32,35,40,45,50,55,60,65,70, 75,80,85,90,95,100,120,140,160,180,200									

3）开口销（摘自 GB/T 91-2000）

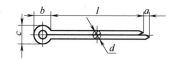

允许制造的型式

标记示例

公称直径 $d=5$、长度 $l=50$、材料为低碳钢、不经表面处理的开口销：销　GB/T 91　5×50

常用开口销规格及尺寸　mm　　　　　　　　附表 22

公称规格		0.6	0.8	1	1.2	1.6	2	2.5	3.2	4	5	6.3	8	10	13
d	max	0.5	0.7	0.9	1.0	1.4	1.8	2.3	2.9	3.7	4.6	5.9	7.5	9.5	12.4
	min	0.4	0.6	0.8	0.9	1.3	1.7	2.1	2.7	3.5	4.4	5.7	7.3	9.3	12.1
C	max	1	1.4	1.8	2	2.8	3.6	4.6	5.8	7.4	9.2	11.8	15	19	24.8
	min	0.9	1.2	1.6	1.7	2.4	3.2	4	5.1	6.5	8	10.3	13.1	16.6	21.7
$b \approx$		2	2.4	3	3	3.2	4	5	6.4	8	10	12.6	16	20	26
a_{max}		1.6	1.6	1.6	2.5	2.5	2.5	2.5	3.2	4	4	4	4	6.3	6.3
l（商品规格范围公称长度）		4~12	5~16	6~20	8~26	8~32	10~40	12~50	14~65	18~80	22~100	30~120	40~160	45~200	70~200
l 系列		4,5,6,8,10,12,14,16,18,20,22,24,26,28,30,32,35,40,45,50,55,60,65,70,75,80,85,90,95,100,120,140,160,180,200													

注：公称规格等于开口销孔直径。对销孔直径推荐的公差为：公称规格≤1.2：H13；公称规格＞1.2：H14。

三、常用滚动轴承

1. 深沟球轴承（摘自 GB/T 276-2013）

60000型

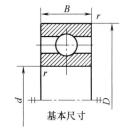

基本尺寸

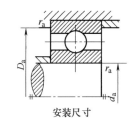

安装尺寸

标记示例

内径 $d = 20$ 的 60000 型深沟球轴承，尺寸系列为（0）2，组合代号为 62：

滚动轴承　6204　GB/T 276-2013

常用深沟球轴承规格及尺寸　　　　　　　　附表 23

轴承代号	基本尺寸/mm				安装尺寸/mm		
	d	D	B	r_s min	d_a min	D_a max	r_{as} max
(1)0尺寸系列							
6000	10	26	8	0.3	12.4	23.6	0.3
6001	12	28	8	0.3	14.4	25.6	0.3
6002	15	32	9	0.3	17.4	29.6	0.3
6003	17	35	10	0.3	19.4	32.6	0.3
6004	20	42	12	0.6	25	37	0.6
6005	25	47	12	0.6	30	42	0.6
6006	30	55	13	1	36	49	1
6007	35	62	14	1	41	56	1
6008	40	68	15	1	46	62	1
6009	45	75	16	1	51	69	1
6010	50	80	16	1	56	74	1

轴承代号	基本尺寸/mm				安装尺寸/mm		
	d	D	B	r_s min	d_a min	D_a max	r_{as} max
6011	55	90	18	1.1	62	83	1
6012	60	95	18	1.1	67	88	1
6013	65	100	18	1.1	72	93	1
6014	70	110	20	1.1	77	103	1
6015	75	115	20	1.1	82	108	1
6016	80	125	22	1.1	87	118	1
6017	85	130	22	1.1	92	123	1
6018	90	140	24	1.5	99	131	1.5
6019	95	145	24	1.5	104	126	1.5
6020	100	150	24	1.5	109	141	1.5
(0)2 尺寸系列							
6200	10	30	9	0.6	15	25	0.6
6201	12	32	10	0.6	17	27	0.6
6202	15	35	11	0.6	20	30	0.6
6203	17	40	12	0.6	22	35	0.6
6204	20	47	14	1	26	41	1
6205	25	52	15	1	31	46	1
6206	30	62	16	1	36	56	1
6207	35	72	17	1.1	42	65	1
6208	40	80	18	1.1	47	73	1
6209	45	85	19	1.1	52	78	1
6210	50	90	20	1.1	57	83	1.
6211	55	100	21	1.5	64	91	1.5
6212	60	110	22	1.5	69	101	1.5
6213	65	120	23	1.5	74	111	1.5
6214	70	125	24	1.5	79	116	1.5
6215	75	130	25	1.5	84	121	1.5
6216	80	140	26	2	90	130	2
6217	85	150	28	2	95	140	2
6218	90	160	30	2	100	150	2
6219	95	170	32	2.1	107	158	2.1
6220	100	180	34	2.1	112	168	2.1
(0)3 尺寸系列							
6300	10	35	11	0.6	15	30	0.6
6301	12	37	12	1	18	31	1
6302	15	42	13	1	21	36	1
6303	17	47	14	1	23	41	1

轴承代号	基本尺寸/mm				安装尺寸/mm		
	d	D	B	r_s min	d_a min	D_a max	r_{as} max
6304	20	52	15	1.1	27	45	1
6305	25	62	17	1.1	32	55	1
6306	30	72	19	1.1	37	65	1
6307	35	80	21	1.5	44	71	1.5
6308	40	90	23	1.5	49	81	1.5
6309	45	100	25	1.5	54	91	1.5
6310	50	110	27	2	60	100	2
6311	55	120	29	2	65	110	2
6312	60	130	31	2.1	72	118	2.1
6313	65	140	33	2.1	77	128	2.1
6314	70	150	35	2.1	82	138	2.1
6315	75	160	37	2.1	87	148	2.1
6316	80	170	39	2.1	92	158	2.1
6317	85	180	41	3	99	166	2.5
6318	90	190	43	3	104	176	2.5
6319	95	200	45	3	109	186	2.5
6320	100	215	47	3	114	201	2.5
(0)4 尺寸系列							
6403	17	62	17	1.1	24	55	1
6404	20	72	19	1.1	27	65	1
6405	25	80	21	1.5	34	71	1.5
6406	30	90	23	1.5	39	81	1.5
6407	35	100	25	1.5	44	91	1.5
6408	40	110	27	2	50	100	2
6409	45	120	29	2	55	110	2
6410	50	130	31	2.1	62	118	2.1
6411	55	140	33	2.1	67	128	2.1
6412	60	150	35	2.1	72	138	2.1
6413	65	160	37	2.1	77	148	2.1
6414	70	180	42	3	84	166	2.5
6415	75	190	45	3	89	176	2.5
6416	80	200	48	3	94	186	2.5
6417	85	210	52	4	103	192	3
6418	90	225	54	4	108	207	3
6420	100	250	58	4	118	232	3

注：1. r_{smin} 为 r 的单向最小倒角尺寸；2. r_{asmax} 为 r_{as} 的单向最大倒角尺寸。

2. 圆锥滚子轴承（GB/T 297-2015）

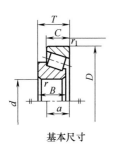

基本尺寸

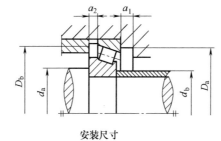

安装尺寸

标记示例

内径 $d = 20$mm，尺寸系列代号为 02 的圆锥滚子轴承：

滚动轴承　30204 GB/T 297-2015

常用圆锥滚子轴承规格及尺寸　　　　　附表 24

轴承代号	基本尺寸/mm								安装尺寸/mm								
	d	D	T	B	C	r_s min	r_{1s} min	a ≈	d_a min	d_b max	D_a min	D_a max	D_b min	a_1 min	a_2 min	r_{as} max	r_{bs} max
02 尺寸系列																	
30203	17	40	13.25	12	11	1	1	9.9	23	23	34	34	37	2	2.5	1	1
30204	20	47	15.25	14	12	1	1	11.2	26	27	40	41	43	2	3.5	1	1
30205	25	52	16.25	15	13	1	1	12.5	31	31	44	46	48	2	3.5	1	1
30206	30	62	17.25	16	14	1	1	13.8	36	37	53	56	58	2	3.5	1	1
30207	35	72	18.25	17	15	1.5	1.5	15.3	42	44	62	65	67	3	3.5	1.5	1.5
30208	40	80	19.75	18	16	1.5	1.5	16.9	47	49	69	73	75	3	4	1.5	1.5
30209	45	85	20.75	19	16	1.5	1.5	18.6	52	53	74	78	80	3	5	1.5	1.5
30210	50	90	21.75	20	17	1.5	1.5	20	57	58	79	83	86	3	5	1.5	1.5
30211	55	100	22.75	21	18	2	1.5	21	64	64	88	91	95	4	5	2	1.5
30212	60	110	23.75	22	19	2	1.5	22.3	69	69	96	101	103	4	5	2	1.5
30213	65	120	24.75	23	20	2	1.5	23.8	74	77	106	111	114	4	5	2	1.5
30214	70	125	26.25	24	21	2	1.5	25.8	79	81	110	116	119	4	5.5	2	1.5
30215	75	130	27.25	25	22	2	1.5	27.4	84	85	115	121	125	4	5.5	2	1.5
30216	80	140	28.25	26	22	2.5	2	28.1	90	90	124	130	133	4	6	2.1	2
30217	85	150	30.5	28	24	2.5	2	30.3	95	96	132	140	142	5	6.5	2.1	2
30218	90	160	32.5	30	26	2.5	2	32.3	100	102	140	150	151	5	6.5	2.1	2
30219	95	170	34.5	32	27	3	2.5	34.2	107	108	149	158	160	5	7.5	2.5	2.1
30220	100	180	37	34	29	3	2.5	36.4	112	114	157	168	169	5	8	2.5	2.1
03 尺寸系列																	
30302	15	42	14.25	13	11	1	1	9.6	21	22	36	36	38	2	3.5	1	1
30303	17	47	15.25	14	12	1	1	10.4	23	25	40	41	43	3	3.5	1	1
30304	20	52	16.25	15	13	1.5	1.5	11.1	27	28	44	45	48	3	3.5	1.5	1.5
30305	25	62	18.25	17	15	1.5	1.5	13	32	34	54	55	58	3	3.5	1.5	1.5
30306	30	72	20.75	19	16	1.5	1.5	15.3	37	40	62	65	66	3	5	1.5	1.5
30307	35	80	22.75	21	18	2	1.5	16.8	44	45	70	71	74	3	5	2	1.5
30308	40	90	25.25	23	20	2	1.5	19.5	49	52	77	81	84	3	5.5	2	1.5
30309	45	100	27.25	25	22	2	1.5	21.3	54	59	86	91	94	3	5.5	2	1.5
30310	50	110	29.25	27	23	2.5	2	23	60	65	95	100	103	4	6.5	2	2
30311	55	120	31.5	29	25	2.5	2	24.9	65	70	104	110	112	4	6.5	2.5	2
30212	60	130	33.5	31	26	3	2.5	26.6	72	76	112	118	121	5	7.5	2.5	2.1
30313	65	140	36	33	28	3	2.5	28.7	77	83	122	128	131	5	8	2.5	2.1
30314	70	150	38	35	30	3	2.5	30.7	82	89	130	138	141	5	8	2.5	2.1

续表

轴承代号	基本尺寸/mm								安装尺寸/mm								
	d	D	T	B	C	r_s min	r_{1s} min	a ≈	d_a min	d_b max	D_a min	D_a max	D_b min	a_1 min	a_2 min	r_{as} max	r_{bs} max
30315	75	160	40	37	31	3	2.5	32	87	95	139	148	150	5	9	2.5	2.1
30316	80	170	42.5	39	33	3	2.5	34.4	92	102	148	158	160	5	9.5	2.5	2.1
30317	85	180	44.5	41	34	4	3	35.9	99	107	156	166	168	6	10.5	3	2.5
30318	90	190	46.5	43	36	4	3	37.5	104	113	165	176	178	6	10.5	3	2.5
30319	95	200	49.5	45	38	4	3	40.1	109	118	172	186	185	6	11.5	3	2.5
30320	100	215	51.5	47	39	4	3	42.2	114	127	184	201	199	6	12.5	3	2.5
22 尺寸系列																	
32206	30	62	21.25	20	17	1	1	15.6	36	36	52	56	58	3	4.5	1	1
32207	35	72	24.25	23	19	1.5	1.5	17.9	42	42	61	65	68	3	5.5	1.5	1.5
32208	40	80	24.75	23	19	1.5	1.5	18.9	47	48	68	73	75	3	6	1.5	1.5
32209	45	85	24.75	23	19	1.5	1.5	20.1	52	53	73	78	81	3	6	1.5	1.5
32210	50	90	24.75	23	19	1.5	1.5	21	57	57	78	83	86	3	6	1.5	1.5
32211	55	100	26.75	25	21	2	1.5	22.8	64	62	87	91	96	4	6	2	1.5
32212	60	110	29.75	28	24	2	1.5	25	69	68	95	101	105	4	6	2	1.5
32213	65	120	32.75	31	27	2	1.5	27.3	74	75	104	111	115	4	6	2	1.5
32214	70	125	33.25	31	27	2	1.5	28.8	79	79	108	116	120	4	6.5	2	1.5
32215	75	130	33.25	31	27	2	1.5	30	84	84	115	121	126	4	6.5	2	1.5
32216	80	140	35.25	33	28	2.5	2	31.4	90	89	122	130	135	5	7.5	2.1	2
32217	85	150	38.5	36	30	2.5	2	33.9	95	95	130	140	143	5	8.5	2.1	2
32218	90	160	42.5	40	34	2.5	2	36.8	100	101	138	150	153	5	8.5	2.1	2
32219	95	170	45.5	43	37	3	2.5	39.2	107	106	145	158	163	5	8.5	2.5	2.1
32220	100	180	49	46	39	3	2.5	41.9	112	113	154	168	172	5	10	2.5	2.1
23 尺寸系列																	
32303	17	47	20.25	19	16	1	1	12.3	23	24	39	41	43	3	4.5	1	1
32304	20	52	22.25	21	18	1.5	1.5	13.6	27	26	43	45	48	3	4.5	1.5	1.5
32305	25	62	25.25	24	20	1.5	1.5	15.9	32	32	52	55	58	3	5.5	1.5	1.5
32306	30	72	28.75	27	23	1.5	1.5	18.9	37	38	59	65	66	4	6	1.5	1.5
32307	35	80	32.75	31	25	2	1.5	20.4	44	43	66	71	74	4	8.5	2	1.5
32308	40	90	35.25	33	27	2	1.5	23.3	49	49	73	81	83	4	8.5	2	1.5
32309	45	100	38.25	36	30	2	1.5	25.6	54	56	82	91	93	4	8.5	2	1.5
32310	50	110	42.25	40	33	2.5	2	28.2	60	61	90	100	102	5	9.5	2	2
32311	55	120	45.5	43	35	2.5	2	30.4	65	66	99	110	111	5	10	2.5	2
32312	60	130	48.5	46	37	3	2.5	32	72	72	107	118	122	6	11.5	2.5	2.1
32313	65	140	51	48	39	3	2.5	34.3	77	79	117	128	131	6	12	2.5	2.1
32314	70	150	54	51	42	3	2.5	36.5	82	84	125	138	141	6	12	2.5	2.1
32315	75	160	58	55	45	3	2.5	39.4	87	91	133	148	150	7	13	2.5	2.1
32316	80	170	61.5	58	48	3	2.5	42.1	92	97	142	158	160	7	13.5	2.5	2.1
32317	85	180	63.5	60	49	4	3	43.5	99	102	150	166	168	8	14.5	3	2.5
32318	90	190	67.5	64	53	4	3	46.2	104	107	157	176	178	8	14.5	3	2.5
32319	95	200	71.5	67	55	4	3	49	109	114	166	186	187	8	16.5	3	2.5
32320	100	215	77.5	73	60	4	3	52.9	114	122	177	201	201	8	17.5	3	2.5

注：1. r_{smin} 为 r_s 的单向最小倒角尺寸；2. r_{asmax} 为 r_{as} 的单向最大倒角尺寸。

3. 推力球轴承（GB/T 301-2015）

51000型

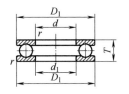

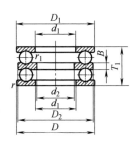

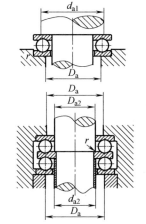

标记示例

内径 $d=20$mm 的 51000 型推力球轴承，12 尺寸系列：

滚动轴承 51204　GB/T 301-2015

常用推力球轴承规格及尺寸　　　　　　　　　　　附表 25

轴承代号		基本尺寸/mm										安装尺寸/mm					
		d	d_2	D	T	T_1	d_1 min	D_1 max	D_2 max	B	r_s min	r_{1s} min	d_a min	D_a max	D_b min	d_b min	r_{as} max	r_{1as} max
12(51000 型)、22(52000 型)尺寸系列																	
51200	—	10	—	26	11	—	12	26	—	—	0.6	—	20	16		—	0.6	—
51201	—	12	—	28	11	—	14	28	—	—	0.6	—	22	18		—	0.6	—
51202	52202	15	10	32	12	22	17	32	32	5	0.6	0.3	25	22		15	0.6	0.3
51203	—	17	—	35	12	—	19	35	—	—	0.6	—	28	24		—	0.6	—
51204	52204	20	15	40	14	26	22	40	40	6	0.6	0.3	32	28		20	0.6	0.3
51205	52205	25	20	47	15	28	27	47	47	7	0.6	0.3	38	34		25	0.6	0.3
51206	52206	30	25	52	16	29	32	52	52	7	0.6	0.3	43	39		30	0.6	0.3
51207	52207	35	30	62	18	34	37	62	62	8	1	0.3	51	46		35	1	0.3
51208	52208	40	30	68	19	36	42	68	68	9	1	0.6	57	51		40	1	0.6
51209	52209	45	35	73	20	37	47	73	73	9	1	0.6	62	56		45	1	0.6
51210	52210	50	40	78	22	39	52	78	78	9	1	0.6	67	61		50	1	0.6
51211	52211	55	45	90	25	45	57	90	90	10	1	0.6	76	69		55	1	0.6
51212	52212	60	50	95	26	46	62	95	95	10	1	0.6	81	74		60	1	0.6
51213	52213	65	55	100	27	47	67	100		10	1	0.6	86	79	79	65	1	0.6
51214	52214	70	55	105	27	47	72	105		10	1	1	91	84	84	70	1	1
51215	52215	75	60	110	27	47	77	110		10	1	1	96	89	89	75	1	1
51216	52216	80	65	115	28	48	82	115		10	1	1	101	94	94	80	1	1
51217	52217	85	70	125	31	55	88	125		12	1	1	109	101	109	85	1	1
51218	52218	90	75	135	35	62	93	135		14	1.1	1	117	108	108	90	1	1
51220	52220	100	85	150	38	67	103	150		15	1.1	1	130	120	120	10	1	1

轴承代号		基本尺寸/mm											安装尺寸/mm					
		d	d_2	D	T	T_1	d_1 min	D_1 max	D_2 max	B	r_s min	r_{1s} min	d_a min	D_a max	D_b min	d_b min	r_{as} max	r_{1as} max
13(51000 型)、23(52000 型)尺寸系列																		
51304	—	20	—	47	18	—	22	47		—	1	—	36	31	—	—	1	—
51305	52305	25	20	52	18	34	27	52		8	1	0.3	41	36	36	25	1	0.3
51306	52306	30	25	60	21	38	32	60		9	1	0.3	48	42	42	30	1	0.3
51307	52307	35	30	68	24	44	37	68		10	1	0.3	55	48	48	35	1	0.3
51308	52308	40	30	78	26	49	42	78		12	1	0.6	63	55	55	40	1	0.6
51309	52309	45	35	85	28	52	47	85		12	1	0.6	69	61	61	45	1	0.6
51310	52310	50	40	95	31	58	52	95		14	1.1	0.6	77	68	68	50	1	0.6
51311	52311	55	45	105	35	64	57	105		15	1.1	0.6	85	75	75	55	1	0.6
51312	52312	60	50	110	35	64	62	110		15	1.1	0.6	90	80	80	60	1	0.6
51313	52313	65	55	115	36	65	67	115		15	1.1	0.6	95	85	85	65	1	0.6
51314	52314	70	55	125	40	72	72	125		16	1.1	1	103	92	92	70	1	1
51315	52315	75	60	135	44	79	77	135		18	1.5	1	111	99	99	75	1.5	1
51316	52316	80	65	140	44	79	82	140		18	1.5	1	116	104	104	80	1.5	1
51317	52317	85	70	150	49	87	88	150		19	1.5	1	124	111	111	85	1.5	1
51318	52318	90	75	155	50	88	93	155		19	1.5	1	129	116	116	90	1.5	1
51320	52320	100	85	170	55	97	103	170		21	1.5	1	142	128	128	100	1.5	1
14(51000 型)、24(52000 型)尺寸系列																		
51405	52405	25	15	60	24	45	27	60		11	1	0.6	46	39		25	1	0.6
51406	52406	30	20	70	28	52	32	70		12	1	0.6	54	46		30	1	0.6
51407	52407	35	25	80	32	59	37	80		14	1.1	0.6	62	53		35	1	0.6
51408	52408	40	30	90	36	65	42	90		15	1.1	0.6	70	60		40	1	0.6
51409	52409	45	35	100	39	72	47	100		17	1.1	0.6	78	67		45	1	0.6
51410	52410	50	40	110	43	78	52	110		18	1.5	0.6	86	74		50	1.5	0.6
51411	52411	55	45	120	48	87	57	120		20	1.5	0.6	94	81		55	1.5	0.6
51412	52412	60	50	130	51	93	62	130		21	1.5	0.6	102	88		60	1.5	0.6
51413	52413	65	50	140	56	101	68	140		23	2	1	110	95		65	2.0	1
51414	52414	70	55	150	60	107	73	150		24	2	1	118	102		70	2.0	1
51415	52415	75	60	160	65	115	78	160	160	26	2	1	125	110		75	2.0	1
51416	52416	80	65	170	68	120	83	170	170	27	2.1	1	133	117		80	2.1	1
51417	52417	85	65	180	72	128	88	177	179.5	29	2.1	1.1	141	124		85	2.1	1
51418	52418	90	70	190	77	135	93	187	189.5	30	2.1	1.1	149	131		90	2.1	1
51420	52420	100	80	210	85	150	103	205	209.5	33	3	1.1	165	145		100	2.5	1

四、极限与配合

1. 基本尺寸至 500mm 的轴、孔公差带（摘自 GB/T 18000. 2-2020）

轴、孔公差带（基本尺寸至 500mm）　　　　　　　附表 26

基本尺寸至 500mm 的轴公差带规定如下，选择时，应优先选用圆圈中的公差带，其次选用方框中的公差带，最后选用其他中的公差带。

a	b	c	d	e	f	g	h	j	js	k	m	n	p	r	s	t	u	v	x	y	z
							h1		js1												
							h2		js2												
							h3		js3												
						g4	h4		js4	k4	m4	n4	s4	s4	s4						
					f5	g5	h5	j5	js5	k5	m5	n5	p5	r5	s5	t5	u5	v5	x5		
				e6	f6	g6	h6	j6	js6	k6	m6	n6	p6	r6	s6	t6	u6	v6	x6	y6	z6
			d7	e7	f7	g7	h7	j7	js7	l7	m7	n7	p7	r7	s7	t7	u7	v7	x7	y7	z7
		c8	d8	e8	f8	g8	h8	j8	js8	k8	m8	n8	p8	r8	s8	t8	u8	v8	x8	y8	z8
a9	b9	c9	d9	e9	f9		h9		js9												
a10	b10	c10	d10	e10			h10		js10												
a11	b11	c11	d11				h11		js11												
a12	b12	c12					h12		js12												
a13	a13						h13		js3												

基本尺寸至 500mm 的孔公差带规定如下，选择时，应优先选用圆圈中的公差带，其次选用方框中的公差带，最后选用其他中的公差带。

A	B	C	D	E	F	G	H	J	JS	K	M	N	P	R	S	T	U	V	X	Y	Z
							H1		JS1												
							H2		JS2												
							H3		JS3												
							H4		JS4	K4	M4										
						G5	H5		JS5	K5	M5	N5	P5	R5	S5						
					F6	G6	H6	J6	JS6	K6	M6	N6	P6	R6	S6	T6	U6	V6	X6	Y6	Z6
			D7	E7	F7	G7	H7	J7	JSs7	K7	M7	N7	P7	R7	S7	T7	U7	V7	X7	Y7	Z7
		C8	D8	E8	F8	G8	H8	J8	JS8	K8	M8	N8	P8	R8	S8	T8	U8	V8	X8	Y8	Z8
A9	B9	C9	D9	E9	F9		H9		JS9			N9	P9								
A10	B10	C10	D10	E10			H10		JS10												
A11	B11	C11	D11				H11		JS11												
A12	B12	C12					H12		JS12												
							H13		JS3												

2. 优先选用及其次选用（常用）公差带极限偏差数值表（摘自 GB/T 1800.2-2020）

常用及优先轴公差带的极限偏差　　　　　　　　　　　　附表 27

基本尺寸/mm		常用及优先公差带												
		a	b		c			d				e		
大于	至	11	11	12	9	10	⑪	8	⑨	10	11	7	8	9
—	3	−270/−330	−140/−200	−140/−240	−60/−85	−60/−100	−60/−120	−20/−34	−20/−45	−20/−60	−20/−80	−14/−24	−14/−28	−14/−39
3	6	−270/−345	−140/−215	−140/−260	−70/−100	−70/−118	−70/−145	−30/−48	−30/−60	−30/−78	−30/−105	−20/−32	−20/−38	−20/−50
6	10	−280/−370	−150/−240	−150/−300	−80/−116	−80/−138	−80/−170	−40/−62	−40/−76	−40/−98	−40/−130	−25/−40	−25/−47	−25/−61
10	14	−290/−400	−150/−260	−150/−330	−95/−138	−95/−165	−95/−205	−50/−77	−50/−93	−50/−120	−50/−160	−32/−50	−32/−59	−32/−75
14	18													
18	24	−300/−430	−160/−290	−160/−370	−110/−162	−110/−194	−110/−240	−65/−98	−65/−117	−65/−149	−65/−195	−40/−61	−40/−73	−40/−92
24	30													
30	40	−310/−470	−170/−330	−170/−420	−120/−182	−120/−220	−120/−280	−80/−119	−80/−142	−80/−180	−80/−240	−50/−75	−50/−89	50/−112
40	50	−320/−480	−180/−340	−180/−430	−130/−192	−130/−230	−130/−290							
50	65	−340/−530	−190/−380	−190/−490	−140/−214	−140/−260	−140/−330	−100/−146	−100/−174	−100/−220	−100/−290	−60/−90	−60/−106	−60/−134
65	80	−360/−550	−200/−390	−200/−500	−150/−224	−150/−270	−150/−340							
80	100	−380/−600	−220/−440	−220/−570	−170/−257	−170/−310	−170/−390	−120/−174	−120/−207	−120/−260	−120/−340	−72/−107	−72/−126	−72/−159
100	120	−410/−630	−240/−460	−240/−590	−180/−267	−180/−320	−180/−400							
120	140	−460/−710	−260/−510	−260/−660	−200/−300	−200/−360	−200/−450	145/−208	−145/−245	−145/−305	−145/−395	−85/−125	−85/−148	−85/−185
140	160	−520/−770	−280/−530	−280/−680	−210/−310	−210/−370	−210/−460							
160	180	−580/−830	−310/−560	−310/−710	−230/−330	−230/−390	−230/−480							
180	200	−660/−950	−340/−630	−340/−800	−240/−355	−240/−425	−240/−530	−170/−242	−170/−285	−170/−355	−170/−460	−100/−146	−100/−172	−100/−215
200	225	−740/−1030	−380/−670	−380/−840	−260/−375	−260/−445	−260/−550							
225	250	−820/−1110	−420/−710	−420/−880	−280/−395	−280/−465	−280/−570							
250	280	−920/−1240	−480/−800	−480/−1000	−300/−430	−300/−510	−300/−620	−190/−271	−190/−320	−190/−400	−190/−510	−110/−162	−110/−191	−110/−240
280	315	−1050/−1370	−540/−860	−540/−1060	−330/−460	−330/−540	−330/−650							
315	355	−1200/−1560	−600/−960	−600/−1170	−360/−500	−360/−590	−360/−750	−210/−299	−210/−350	−210/−440	−210/−570	−125/−182	125/214	125/265
355	400	−1350/−1710	−680/−1040	−680/−1250	−400/−540	−400/−630	−400/−760							
400	450	−1500/−1900	−760/−1160	−760/−1390	−440/−595	−440/−690	−440/−840	−230/−327	−230/−385	−230/−480	−230/−630	−135/−198	135/232	135/290
450	500	−1650/−2050	−840/−1240	−840/−1470	−480/−635	−480/−730	−480/−880							

注：基本尺寸小于 1mm 时，各级的 A 和 B 均不采用。

轴公差带极限偏差 μm　　　　附表 28

（带圈者为优先公差带）

f 5	f 6	f ⑦	f 8	f 9	g 5	g ⑥	g 7	h 5	h ⑥	h 7	h 8	h ⑨	h ⑩	h ⑪	h ⑫
−6 −10	−6 −12	−6 −16	−6 −20	−6 −31	−2 −6	−2 −8	−2 −12	0 −4	0 −6	0 −10	0 −14	0 −25	0 −40	0 −60	0 −100
−10 −15	−10 −18	−10 −22	−10 −28	−10 −40	−4 −9	−4 −12	−4 −16	0 −5	0 −8	0 −12	0 −18	0 −30	0 −48	0 −75	0 −120
−13 −19	−13 −22	−13 −28	−13 −35	−13 −49	−5 −11	−5 −14	−5 −20	0 −6	0 −9	0 −15	0 −22	0 −36	0 −58	0 −90	0 −150
−16 −24	−16 −27	−16 −34	−16 −43	−16 −59	−6 −14	−6 −17	−6 −24	0 −8	0 −11	0 −18	0 −27	0 −43	0 −70	0 −110	0 −180
−20 −29	−20 −33	−20 −41	−20 −53	−20 −72	−7 −16	−7 −20	−7 −28	0 −9	0 −13	0 −21	0 −33	0 −52	0 −84	0 −130	0 −210
−25 −36	−25 −41	−25 −50	−25 −64	−25 −87	−9 −20	−9 −25	−9 −34	0 −11	0 −16	0 −25	0 −39	0 −62	0 −100	0 −160	0 −250
−30 −43	−30 −49	−30 −60	−30 −76	−30 −104	−10 −23	−10 −29	−10 −40	0 −13	0 −19	0 −30	0 −46	0 −74	0 −120	0 −190	0 −300
−36 −51	−36 −58	−36 −71	−36 −90	−36 −123	−12 −27	−12 −34	−12 −47	0 −15	0 −22	0 −35	0 −54	0 −87	0 −140	0 −220	0 −350
−43 −61	−43 −68	−43 −83	−43 −106	−43 −143	−14 −32	−14 −39	−14 −54	0 −18	0 −25	0 −40	0 −63	0 −100	0 −160	0 −250	0 −400
−50 −70	−50 −79	−50 −96	−50 −122	−50 −165	−15 −35	−15 −44	−15 −61	0 −20	0 −29	0 −46	0 −72	0 −115	0 −185	0 −290	0 −460
−56 −79	−56 −88	−56 −108	−56 −137	−56 −186	−17 −40	−17 −49	−17 −69	0 −23	0 −32	0 −52	0 −81	0 −130	0 −210	0 −320	0 −520
−62 −87	−62 −98	−62 −119	−62 −151	−62 −202	−18 43	−18 −54	−18 −75	0 −25	0 −36	0 −57	0 −89	0 −140	0 −230	0 −360	0 −570
−68 −95	−68 −108	−68 −131	−68 −165	−68 −223	−20 −47	−20 −60	−20 −83	0 −27	0 −40	0 −63	0 −97	0 −155	0 −250	0 −400	0 −630

基本尺寸 /mm		常用及优先公差带														
		js 5	js 6	js 7	k 5	k ⑥	k 7	m 5	m 6	m 7	n 5	n ⑥	n 7	p 5	p 6	p 7
大于	至															
—	3	±2	±3	±5	+4 0	+6 0	+10 0	+6 +2	+8 +2	+12 +2	+8 +4	+10 +4	+14 +4	+10 +6	+12 +6	+16 +6
3	6	±2.5	±4	±6	+6 +1	+9 +1	+13 +1	+9 +4	+12 +4	+16 +4	+13 +8	+16 +8	+20 +8	+17 +12	+20 +12	+24 +12
6	10	±3	±4.5	±7	+7 +1	+10 +1	+16 +1	+12 +6	+15 +6	+21 +6	+16 +10	+19 +10	+25 +10	+21 +15	+24 +15	+30 +15
10	14	±4	±5.5	±9	+9 +1	+12 +1	+19 +1	+15 +7	+18 +7	+25 +7	+20 +12	+23 +12	+30 +12	+26 +18	+29 +18	+36 +18
14	18															
18	24	±4.5	±6.5	±10	+11 +2	+15 +2	+23 +2	+17 +8	+21 +8	+29 +8	+24 +15	+28 +15	+36 +15	+31 +22	+35 +22	+43 +22
24	30															
30	40	±5.5	±8	±12	+13 +2	+18 +2	+27 +2	+20 +9	+25 +9	+34 +9	+28 +17	+33 +17	+42 +17	+37 +26	+42 +26	+51 +26
40	50															
50	65	±6.5	±9.5	±15	+15 +2	+21 +2	+32 +2	+24 +11	+30 +11	+41 +11	+33 +20	+39 +20	+50 +20	+45 +32	+51 +32	+62 +32
65	80															

续表

基本尺寸 /mm		js			k			m			n			p		
大于	至	5	6	7	5	⑥	7	5	6	7	5	⑥	7	5	6	7
80	100	±7.5	±11	±17	+18/+3	+25/+3	+38/+3	+28/+13	+35/+13	+48/+13	+38/+23	+45/+23	+58/+23	+52/+37	+59/+37	+72/+37
100	120	±7.5	±11	±17	+18/+3	+25/+3	+38/+3	+28/+13	+35/+13	+48/+13	+38/+23	+45/+23	+58/+23	+52/+37	+59/+37	+72/+37
120	140	±9	±12.5	±20	+21/+3	+28/+3	+43/+3	+33/+15	+40/+15	+55/+15	+45/+27	+52/+27	+67/+27	+61/+43	+68/+43	+83/+43
140	160	±9	±12.5	±20	+21/+3	+28/+3	+43/+3	+33/+15	+40/+15	+55/+15	+45/+27	+52/+27	+67/+27	+61/+43	+68/+43	+83/+43
160	180	±9	±12.5	±20	+21/+3	+28/+3	+43/+3	+33/+15	+40/+15	+55/+15	+45/+27	+52/+27	+67/+27	+61/+43	+68/+43	+83/+43
180	200	±10	±14.5	±23	+24/+4	+33/+4	+50/+4	+37/+17	+46/+17	+63/+17	+54/+31	+60/+31	+77/+31	+70/+50	+79/+50	+96/+50
200	225	±10	±14.5	±23	+24/+4	+33/+4	+50/+4	+37/+17	+46/+17	+63/+17	+54/+31	+60/+31	+77/+31	+70/+50	+79/+50	+96/+50
25	250	±10	±14.5	±23	+24/+4	+33/+4	+50/+4	+37/+17	+46/+17	+63/+17	+54/+31	+60/+31	+77/+31	+70/+50	+79/+50	+96/+50
250	280	±11.5	±16	±26	+27/+4	+36/+4	+56/+4	+43/+20	+52/+20	+72/+20	+57/+34	+66/+34	+86/+34	+79/+56	+88/+56	+108/+56
280	315	±11.5	±16	±26	+27/+4	+36/+4	+56/+4	+43/+20	+52/+20	+72/+20	+57/+34	+66/+34	+86/+34	+79/+56	+88/+56	+108/+56
315	355	±12.5	±18	±28	+29/+4	+40/+4	+61/+4	+46/+21	+57/+21	+78/+21	+62/+37	+73/+37	+94/+37	+87/+62	+98/+62	+119/+62
355	400	±12.5	±18	±28	+29/+4	+40/+4	+61/+4	+46/+21	+57/+21	+78/+21	+62/+37	+73/+37	+94/+37	+87/+62	+98/+62	+119/+62
400	450	±13.5	±20	±31	+32/+5	+45/+5	+68/+5	+50/+23	+63/+23	+86/+23	+67/+40	+80/+40	+103/+40	+95/+68	+108/+68	+131/+68
450	500	±13.5	±20	±31	+32/+5	+45/+5	+68/+5	+50/+23	+63/+23	+86/+23	+67/+40	+80/+40	+103/+40	+95/+68	+108/+68	+131/+68

r			s			t			u		v	x	y	z
5	6	7	5	⑥	7	5	6	7	⑥	7	6	6	6	6
+14/+10	+16/+10	+20/+10	+18/+14	+20/+14	+24/+14	—	—	—	+24/+18	+28/+18	—	+26/+20	—	+32/+26
+20/+15	+23/+15	+27/+15	+24/+19	+27/+19	+31/+19	—	—	—	+31/+23	+35/+23	—	+36/+28	—	+43/+35
+25/+19	+28/+19	+34/+19	+29/+23	+32/+23	+38/+23	—	—	—	+37/+28	+43/+28	—	+43/+34	—	+51/+42
+31/+23	+34/+23	+41/+23	+36/+28	+39/+28	+46/+28	—	—	—	+44/+33	+51/+33	—	+51/+40	—	+61/+50
											+50/+39	+56/+45	—	+71/+60
+37/+28	+41/+28	+49/+28	+44/+35	+48/+35	+56/+35	—	—	—	+54/+41	+62/+41	+60/+47	+67/+54	+76/+63	+86/+73
						+50/+41	+54/+41	+62/+41	+61/+48	+69/+48	+68/+55	+77/+64	+88/+75	+101/+88
+45/+34	+50/+34	+59/+34	+54/+43	+59/+43	+68/+43	+59/+48	+64/+48	+73/+48	+76/+60	+85/+60	+84/+68	+96/+80	+110/+94	+128/+112
						+65/+54	+70/+54	+79/+54	+86/+70	+95/+70	+97/+81	+113/+97	+130/+114	+152/+136

r			s			t			u		v	x	y	z
5	6	7	5	⑥	7	5	6	7	⑥	7	6	6	6	6
+54 +41	+60 +41	+71 +41	+66 +53	+72 +53	+83 +53	+79 +66	+85 +66	+96 +66	+106 +87	+117 +87	+121 +102	+141 +122	+163 +144	+191 +172
+56 +43	+62 +43	+73 +43	+72 +59	+78 +59	+89 +59	+88 +75	+94 +75	+105 +75	+121 +102	+132 +102	+139 +120	+165 +146	+193 +174	+229 +210
+66 +51	+73 +51	+86 +51	+86 +71	+93 +71	+106 +71	+106 +91	+113 +91	+126 +91	+146 +124	+159 +124	+168 +146	+200 +178	+236 +214	+280 +258
+69 +54	+76 +54	+89 +54	+94 +79	+101 +79	+114 +79	+110 +104	+126 +104	+139 +104	+166 +144	+179 +144	+194 +172	+232 +210	+276 +254	+332 +310
+81 +63	+88 +63	+103 +63	+110 +92	+117 +92	+132 +92	+140 +122	+147 +122	+162 +122	+195 +170	+210 +170	+227 +202	+273 +248	+325 +300	+390 +365
+83 +65	+90 +65	+105 +65	+118 +100	+125 +100	+140 +100	+152 +134	+159 +134	+174 +134	+215 +190	+230 +190	+253 +228	+305 +280	+365 +340	+440 +415
+86 +68	+93 +68	+108 +68	+126 +108	+133 +108	+148 +108	+164 +146	+171 +146	+186 +146	+235 +210	+250 +210	+277 +252	+335 +310	+405 +380	+490 +465
+97 +77	+106 +77	+123 +77	+142 +122	+151 +122	+168 +122	+186 +166	+195 +166	+212 +166	+265 +236	+282 +236	+313 +284	+379 +350	+454 +425	+549 +520
+100 +80	+109 +80	+126 +80	+150 +130	+159 +130	+176 +130	+200 +180	+209 +180	+226 +180	+287 +258	+304 +258	+339 +310	+414 +385	+499 +470	+604 +575
+104 +84	+113 +84	+130 +84	+160 +140	+169 +140	+186 +140	+216 +196	+225 +196	+242 +196	+313 +284	+330 +284	+369 +340	+454 +425	+549 +520	+669 +640
+117 +94	+126 +94	+146 +94	+181 +158	+190 +158	+210 +158	+241 +218	+250 +218	+270 +218	+347 +315	+367 +315	+417 +385	+507 +475	+612 +580	+742 +710
+121 +98	+130 +98	+150 +98	+193 +170	+202 +170	+222 +170	+263 +240	+272 +240	+292 +240	+382 +350	+402 +350	+457 +425	+557 +525	+682 +650	+822 +790
+133 +108	+144 +108	+165 +108	+215 +190	+226 +190	+247 +190	+293 +268	+304 +268	+325 +268	+426 +390	+447 +390	+511 +475	+626 +590	+766 +730	+936 +900
+139 +114	+150 +114	+171 +114	+233 +208	+244 +208	+265 +208	+319 +294	+330 +294	+351 +294	+471 +435	+492 +435	+566 +530	+696 +660	+856 +820	+1036 +1000
+153 +126	+166 +126	+189 +126	+259 +232	+272 +232	+295 +232	+357 +330	+370 +330	+393 +330	+530 +490	+553 +490	+635 +595	+780 +740	+960 +920	+1140 +1100
+159 +132	+172 +132	+195 +132	+279 +252	+292 +252	+315 +252	+387 +360	+400 +360	+423 +360	+580 +540	+603 +540	+700 +660	+860 +820	+1040 +1000	+1290 +1250

常用及优先孔公差带的

常用及优先公差带（带圈者为

基本尺寸/mm 大于	至	A 11	B 11	B 12	C ⑪	D 8	D ⑨	D 10	D 11	E 8	E 9	F 6	F 7	F ⑧	F 9
—	3	+330 +270	+200 +140	+240 +140	+120 +60	+34 +20	+45 +20	+60 +20	+80 +20	+28 +14	+39 +14	+12 +6	+16 +6	+20 +6	+31 +6
3	6	+345 +270	+215 +140	+260 +140	+145 +70	+48 +30	+60 +30	+78 +30	+105 +30	+38 +20	+50 +20	+18 +10	+22 +10	+28 +10	+40 +10
6	10	+370 +280	+240 +150	+300 +150	+170 +80	+62 +40	+76 +40	+98 +40	+130 +40	+47 +25	+61 +25	+22 +13	+28 +13	+35 +13	+49 +13
10	14	+400 +290	+260 +150	+330 +150	+205 +95	+77 +50	+93 +50	+120 +50	+160 +50	+59 +32	+75 +32	+27 +16	+34 +16	+43 +16	+59 +16
14	18														
18	24	+430 +300	+290 +160	+370 +160	+240 +110	+98 +65	+117 +65	+149 +65	+195 +65	+73 +40	+92 +40	+33 +20	+41 +20	+53 +20	+72 +20
24	30														
30	40	+470 +310	+330 +170	+420 +170	+280 +120	+119 +80	+142 +80	+180 +80	+240 +80	+89 +50	+112 +50	+41 +25	+50 +25	+64 +25	+87 +25
40	50	+480 +320	+340 +180	+430 +180	+290 +130										
50	65	+530 +340	+380 +190	+490 +190	+330 +140	+146 +100	+170 +100	+220 +100	+290 +100	+106 +60	+134 +60	+49 +30	+60 +30	+76 +30	+104 +30
65	80	+550 +360	+390 +200	+500 +200	+340 +150										
80	100	+600 +380	+440 +220	+570 +220	+390 +170	+174 +120	+207 +120	+260 +120	+340 +120	+126 +72	+159 +72	+58 +36	+71 +36	+90 +36	+123 +36
100	120	+630 +410	+460 +240	+590 +240	+400 +180										
120	140	+710 +460	+510 +260	+660 +260	+450 +200	+208 +145	+245 +145	+305 +145	+395 +145	+148 +85	+185 +85	+68 +43	+83 +43	+106 +43	+143 +43
140	160	+770 +520	+530 +280	+680 +280	+460 +210										
160	180	+830 +580	+560 +310	+710 +310	+480 +230										
180	200	+950 +660	+630 +340	+800 +340	+530 +240	+242 +170	+285 +170	+355 +170	+460 +170	+172 +100	+215 +100	+79 +50	+96 +50	+122 +50	+165 +50
200	225	+1030 +740	+670 +380	+840 +380	+550 +260										
225	250	+1110 +820	+710 +420	+880 +420	+570 +280										
250	280	+1240 +920	+800 +480	+1000 +480	+620 +300	+271 +190	+320 +190	+400 +190	+510 +190	+191 +110	+240 +110	+88 +56	+108 +56	+137 +56	+186 +56
280	315	+1370 +1050	+860 +540	+1060 +540	+650 +330										
315	355	+1560 +1200	+960 +600	+1170 +600	+720 +360	+299 +210	+350 +210	+440 +210	+570 +210	+214 +125	+265 +125	+98 +62	+119 +62	+151 +62	+202 +62
355	400	+1710 +1350	+1040 +680	+1250 +680	+760 +400										
400	450	+1900 +1500	+1160 +760	+1390 +760	+840 +440	+327 +230	+385 +230	+480 +230	+630 +230	+232 +135	+290 +135	+108 +68	+131 +68	+165 +68	+223 +68
450	500	+2050 +1650	+1240 +840	+1470 +840	+880 +480										

极限偏差 μm   附表 29

（优先公差带）

G		H							JS			K			M		
6	⑦	6	⑦	⑧	⑨	10	⑪	12	6	7	8	6	⑦	8	6	7	8
+8 +2	+12 +2	+6 0	+10 0	+14 0	+25 0	+40 0	+60 0	+100 0	±3	±5	±7	0 −6	0 −10	0 −14	−2 −8	−2 −12	−2 −16
+12 +4	+16 +4	+8 0	+12 0	+18 0	+30 0	+48 0	+75 0	+120 0	±4	±6	±9	+2 −6	+3 −9	+5 −13	−1 −9	0 −12	+2 −16
+14 +5	+20 +5	+9 0	+15 0	+22 0	+36 0	+58 0	+90 0	+150 0	±4.5	±7	±11	+2 −7	+5 −10	+6 −16	−3 −12	0 −15	+1 −21
+17 +6	+24 +6	+11 0	+18 0	+27 0	+43 0	+70 0	+110 0	+180 0	±5.5	±9	±13	+2 −9	+6 −12	+8 −19	−4 −15	0 −18	+2 −25
+20 +7	+28 +7	+13 0	+21 0	+33 0	+52 0	+84 0	+130 0	+210 0	±6.5	±10	±16	+2 −11	+6 −15	+10 −23	−4 −17	0 −21	+4 −29
+25 +9	+34 +9	+16 0	+25 0	+39 0	+62 0	+100 0	+160 0	+250 0	±8	±12	±19	+3 −13	+7 −18	+12 −27	−4 −20	0 −25	+5 −34
+29 +10	+40 +10	+19 0	30 0	+46 0	+74 0	+120 0	+190 0	+300 0	±9.5	±15	±23	+4 −15	+9 −21	+14 −32	−5 −24	0 −30	+5 −41
+34 +12	+47 +12	+22 0	+35 0	+54 0	+87 0	+140 0	+220 0	+350 0	±11	±17	±27	+4 −18	+10 −25	+16 −38	−6 −28	0 −35	+6 −48
+39 +14	+54 +14	+25 0	+40 0	+63 0	+100 0	+160 0	+250 0	+400 0	±12.5	±20	±31	+4 −21	+12 −28	+20 −43	−8 −33	0 −40	+8 −55
+44 +15	+61 +15	+29 0	+46 0	+72 0	115 0	+185 0	+290 0	+460 0	±14.5	±23	±36	+5 −24	+13 −33	+22 −50	−8 −37	0 −46	+9 −63
+49 +17	+69 +17	+32 0	+52 0	+81 0	+130 0	+210 0	+320 0	+520 0	±16	±26	±40	+5 −27	+16 −36	+25 −56	−9 −41	0 −52	+9 −72
+54 +18	+75 +18	+36 0	+57 0	+89 0	+140 0	+230 0	+360 0	+570 0	±18	±28	±44	+7 −29	+17 −40	+28 −61	−10 −46	0 −57	+11 −78
+60 +20	+83 +20	+40 0	+63 0	+97 0	+155 0	+250 0	+400 0	+630 0	±20	±31	±48	+8 −32	+18 −45	+29 −68	−10 −50	0 −63	+11 −86

续表

基本尺寸 mm		常用及优先公差带（带圈者为优先公差带）											
		N			P		R		S		T		U
大于	至	6	⑦	8	6	⑦	6	7	6	⑦	6	7	⑦
—	3	−4 −10	−4 −14	−4 −18	−6 −12	−6 −16	−10 −16	−10 −20	−14 −20	−14 −24	—	—	−18 −28
3	6	−5 −13	−4 −16	−2 −20	−9 −17	−8 −20	−12 −20	−11 −23	−16 −24	−15 −27	—	—	−19 −31
6	10	−7 −16	−4 −19	−3 −25	−12 −21	−9 −24	−16 −25	−13 −28	−20 −29	−17 −32			−22 −37
10	14	−9 −20	−5 −23	−3 −30	−15 −26	−11 −29	−20 −31	−16 −34	−25 −36	−21 −39	—	—	−26 −44
14	18												−26 −44
18	24	−11 −24	−7 −28	−3 −36	−18 −31	−14 −35	−24 −37	−20 −41	−31 −44	−27 −48	—	—	−33 −54
24	30										−37 −50	−33 −54	−40 −61
30	40	−12 −28	−8 −33	−3 −42	−21 −37	−17 −42	−29 −45	−25 −50	−38 −54	−34 −59	−43 −59	−39 −64	−51 −76
40	50										−49 −65	−45 −70	−61 −86
50	65	−14 −33	−9 −39	−4 −50	−26 −45	−21 −51	−35 −54	−30 −60	−47 −66	−42 −72	−60 −79	−55 −85	−76 −106
65	80						−37 −56	−32 −62	−53 −72	−48 −78	−69 −88	−64 −94	−91 −121
80	100	−16 −38	−10 −45	−4 −58	−30 −52	−24 −59	−44 −66	−38 −73	−64 −86	−58 −93	−84 −106	−78 −113	−111 −146
100	120						−47 −69	−41 −76	−72 −94	−66 −101	−97 −119	−91 −126	−131 −166
120	140	−20 −45	−12 −52	−4 −67	−36 −61	−28 −68	−56 −81	−48 −88	−85 −110	−77 −117	−115 −140	−107 −147	−155 −195
140	160						−58 −83	−50 −90	−93 −118	−85 −125	−127 −152	−119 −159	−175 −215
160	180						−61 −86	−53 −93	−101 −126	−93 −133	−139 −164	−131 −171	−195 −235
180	200	−22 −51	−14 −60	−5 −77	−41 −70	−33 −79	−68 −97	−60 −106	−113 −142	−105 −151	−157 −186	−149 −195	−219 −265
200	225						−71 −100	−63 −109	−121 −150	−113 −159	−171 −200	−163 −209	−241 −287
225	250						−75 −104	−67 −113	−131 −160	−123 −169	−187 −216	−179 −225	−267 −313
250	280	−25 −57	−14 −66	−5 −86	−47 −79	−36 −88	−85 −117	−74 −126	−149 −181	−138 −190	−209 −241	−198 −250	−295 −347
280	315						−89 −121	−78 −130	−161 −193	−150 −202	−231 −263	−220 −272	−330 −382
315	355	−26 −62	−16 −73	−5 −94	−51 −87	−41 −98	−97 −133	−87 −144	−179 −215	−169 −226	−257 −293	−247 −304	−369 −426
355	400						−103 −139	−93 −150	−197 −233	−187 −244	−283 −319	−273 −330	−414 −471
400	450	−27 −67	−17 −80	−6 −103	−55 −95	−45 −108	−113 −153	−103 −166	−219 −259	−209 −272	−317 −357	−307 −370	−467 −530
450	500						−119 −159	−109 −172	−239 −279	−229 −292	−347 −387	−337 −400	−517 −580

注：基本尺寸小于1mm时，各级的A和B均不采用。

3. 优先和常用配合（摘自 GB/T 18000.1-2020）

1）基本尺寸至 500mm 的基孔优先和常用配合

基孔制优先及常用配合　　　　　　　　　　　　附表 30

基准孔	轴																				
	a	b	c	d	e	f	g	h	js	k	m	n	p	r	s	t	u	v	x	y	z
	间隙配合								过渡配合			过盈配合									
H6						$\frac{H6}{f5}$	$\frac{H6}{g5}$	$\frac{H6}{h5}$	$\frac{H6}{js5}$	$\frac{H6}{k5}$	$\frac{H6}{m5}$	$\frac{H6}{n5}$	$\frac{H6}{p5}$	$\frac{H6}{r5}$	$\frac{H6}{s5}$	$\frac{H6}{t5}$					
H7						$\frac{H7}{f6}$	$\frac{H7}{g6}$	$\frac{H7}{h6}$	$\frac{H7}{js6}$	$\frac{H7}{k6}$	$\frac{H7}{m6}$	$\frac{H7}{n6}$	$\frac{H7}{p6}$	$\frac{H7}{r6}$	$\frac{H7}{s6}$	$\frac{H7}{t6}$	$\frac{H7}{u6}$	$\frac{H7}{v6}$	$\frac{H7}{x6}$	$\frac{H7}{y6}$	$\frac{H7}{z6}$
H8					$\frac{H8}{e7}$	$\frac{H8}{f7}$	$\frac{H8}{g7}$	$\frac{H8}{h7}$	$\frac{H8}{js7}$	$\frac{H8}{k7}$	$\frac{H8}{m7}$	$\frac{H8}{n7}$	$\frac{H8}{p7}$	$\frac{H8}{r7}$	$\frac{H8}{s7}$	$\frac{H8}{t7}$	$\frac{H8}{u7}$				
				$\frac{H8}{d8}$	$\frac{H8}{e8}$	$\frac{H8}{f8}$		$\frac{H8}{h8}$													
H9			$\frac{H9}{c9}$	$\frac{H9}{d9}$	$\frac{H9}{e9}$	$\frac{H9}{f9}$		$\frac{H9}{h9}$													
H10			$\frac{H10}{c10}$	$\frac{H10}{d10}$				$\frac{H10}{h10}$													
H11	$\frac{H11}{a11}$	$\frac{H11}{b11}$	$\frac{H11}{c11}$	$\frac{H11}{d11}$				$\frac{H11}{h11}$													
H12		$\frac{H12}{b12}$						$\frac{H12}{h12}$													

注：1. $\frac{H6}{n5}$、$\frac{H7}{p6}$ 在基本尺寸小于或等于 3mm 和 $\frac{H8}{r7}$ 在基本尺寸小于或等于 100mm 时，为过渡配合。

2. 标注 ◤ 的配合为优先配合。

2）基本尺寸至 500mm 的基轴制优先和常用配合

基轴制优先、常用配合　　　　　　　　　　　　附表 31

基准轴	孔																				
	A	B	C	D	E	F	G	H	JS	K	M	N	P	R	S	T	U	V	X	Y	Z
	间隙配合								过渡配合			过盈配合									
h5						$\frac{F6}{h5}$	$\frac{G6}{h5}$	$\frac{H6}{h5}$	$\frac{JS6}{h5}$	$\frac{K6}{h5}$	$\frac{M6}{h5}$	$\frac{N6}{h5}$	$\frac{P6}{h5}$	$\frac{R6}{h5}$	$\frac{S6}{h5}$	$\frac{T6}{h5}$					
h6						$\frac{F7}{h6}$	$\frac{G7}{h6}$	$\frac{H7}{h6}$	$\frac{JS7}{h6}$	$\frac{K7}{h6}$	$\frac{M7}{h6}$	$\frac{N7}{h6}$	$\frac{P7}{h6}$	$\frac{R7}{h6}$	$\frac{S7}{h6}$	$\frac{T7}{h6}$	$\frac{U7}{h6}$				
h7					$\frac{E8}{h7}$	$\frac{F8}{h7}$		$\frac{H8}{h7}$	$\frac{JS8}{h7}$	$\frac{K8}{h7}$	$\frac{M8}{h7}$	$\frac{N8}{h7}$									
h8				$\frac{D8}{h8}$	$\frac{E8}{h8}$	$\frac{F8}{h8}$		$\frac{H8}{h8}$													
h9				$\frac{D9}{h9}$	$\frac{E9}{h9}$	$\frac{F9}{h9}$		$\frac{H9}{h9}$													
h10				$\frac{D10}{h10}$				$\frac{H10}{h10}$													
h11	$\frac{A11}{h11}$	$\frac{B11}{h11}$	$\frac{C11}{h11}$	$\frac{D11}{h11}$				$\frac{H11}{h11}$													
h12		$\frac{B12}{h12}$						$\frac{H12}{h12}$													

注：标注 ◤ 的配合为优先配合。

公差等级与加工方法的关系　　　　　　　　　　　　附表 32

加工方法	公差等级(IT)																	
	01	0	1	2	3	4	5	6	7	8	9	10	11	12	13	14	15	16
研磨	█	█	█	█	█	█	█											
珩						█	█	█										
圆磨、平磨							█	█	█	█								
金刚石车、金刚石镗							█	█	█									
拉削							█	█	█	█								
绞孔							█	█	█	█	█							
车、镗								█	█	█	█	█	█					
铣										█	█	█	█					
刨、削												█	█					
钻孔												█	█	█	█			
滚压、挤压												█	█					
冲压												█	█	█	█	█		
压铸													█	█	█			
粉末冶金成型								█	█	█								
粉末冶金烧结									█	█	█							
砂型铸造、气割																	█	█
锻造																█	█	█

五、常用材料及热处理

1. 金属材料

1）铸铁

灰铸铁（GB/T 9439-2023）　球墨铸铁（GB/T 1348-2019）　可锻铸铁（GB/T 9440-2010）

铸铁牌号及应用举例　　　　　　　　　　　　附表 33

名称	牌号	应用举例	说明
灰铸铁	HT 100 HT 150	用于低强度铸件，如盖、手轮、支架等。 用于中强度铸件，如底座、刀架、轴承座、胶带轮、端盖等	"HT"表示灰铸铁，后面的数字表示抗拉强度值（N/mm²）
	HT 200 HT 250	用于高强度铸件，如床身、机座、齿轮、凸轮、汽缸泵体、联轴器等	
	HT 300 HT 350	用于高强度耐磨铸件，如齿轮、凸轮、重载荷床身、高压泵、阀壳体、锻模、冷冲压模等	

续表

名称	牌号	应用举例	说明
球墨铸铁	QT 800—2 QT 100—2 QT 1600—2	具有较高强度,但塑性低,用于曲轴、凸轮轴、齿轮、汽缸、缸套、轧辊、水泵轴、活塞环、摩擦片等零件	"QT"表示球墨铸铁,其后第一组数字表示抗拉强度值(N/mm²),第二组数字表示延伸率(%)
	QT 500—5 QT 420—10 QT 400—17	具有较高的塑性和适当的强度,用于承受冲击负荷的零件	
可锻铸铁	KTH 300—06 KTH 330—08* KTH 350—10 KTH 370—12*	黑心可锻铸铁,用于承受冲击振动的零件为汽车、拖拉机、农机铸件	"KT"表示可锻铸铁,"H"表示黑心,"B"表示白心,第一组数字表示抗拉强度值(N/mm²),第二组数字表示延伸率(%) KTH300—06适用于气密性零件 有 * 号者为推荐牌号
	KTB 350—04 KTB 380—12 KTB 400—05 KTB 450—07	白心可锻铸铁,韧性较低,但强度高,耐磨性、加工性好。可代替低、中碳钢及低合金钢的重要零件,如曲轴、连杆、机床附件等	

2)钢

普通碳素结构钢(GB/T 700-2006)　优质碳素结构钢(GB/T 699-2015)

碳素钢牌号及应用举例　　　　　　　附表34

名称	牌号		应用举例	说明
普通碳素结构钢	Q215	A级 B级	金属结构件、拉杆、套圈、铆钉、螺栓、短轴、心轴、凸轮(载荷不大的)、垫圈;渗碳件及焊接件	"Q"为碳素结构钢屈服点"屈"字的汉语拼音首位字母,后面数字表示屈服点数值。如9235表示碳素结构钢屈服点为235N/mm² 新旧牌号对照: Q215···A2(A2F) Q235···A3 Q275···A5
	Q235	A级 B级 C级 D级	金属结构件,心部强度要求不高的渗碳或氰化零件,吊钩、拉杆、套圈、汽缸、齿轮、螺栓、螺母、连杆、轮轴、楔、盖及焊接件	
	Q275		轴、轴销、刹车杆、螺母、螺栓、垫圈、连杆、齿轮以及其他强度较高的零件	
优质碳素结构钢	08F 10 15 20 25 30 35 40 45 50 55 60 65		可塑性要求高的零件,如管子、垫圈、渗碳件、氰化件等 拉杆、卡头、垫圈、焊件 渗碳件、紧固件、冲模锻件、化工贮器 杠杆、轴套、钩、螺钉、渗碳件与氰化件 轴、辊子、连接器、紧固件中的螺栓、螺母; 曲轴、转轴、轴销、连杆、横梁、星轮; 曲轴、摇杆、拉杆、键、销、螺栓; 齿轮、齿条、链轮、凸轮、轧辊、曲柄轴; 齿轮、轴、联轴器、衬套、活塞销、链轮; 活塞杆、轮轴、齿轮、不重要的弹簧; 齿轮、连杆、扁弹簧、轧辊、偏心轮、轮圈、轮缘; 偏心轮、弹簧圈、垫圈、调整片、偏心轴等; 叶片弹簧、螺旋弹簧	牌号的两位数字表示平均含碳量,称碳的质量分数。45号钢即表示碳的质量分数为0.45%,表示平均含碳量为0.45%; 碳的质量分数≤0.25%的碳钢属低碳钢(渗碳钢); 碳的质量分数在0.25%～0.6%的碳钢中碳钢(调质钢); 碳的质量分数≥0.6%的碳钢属高碳钢; 在牌号后加符号"F"表示沸腾钢

2. 常用热处理工艺

常用热处理工艺代号及应用 附表 35

名词	代号	说明	应用
退火	5111	将钢件加热到临界温度以上(一般是 710～715℃,个别合金钢是 800～900℃)30～50℃,保温一段时间,然后缓慢冷却(一般在炉中冷却)	用来消除铸、锻、焊零件的内应力,降低硬度,便于切削加工,细化金属晶粒,改善组织,增加韧性
正火	5121	将钢件加热到临界温度以上,保温一段时间,然后用空气冷却,冷却速度比退火要快	用来处理低碳和中碳结构钢及渗碳零件,使其组织细化,增加强度与韧性,减少内应力,改善切削性能
淬火	5131	将钢件加热到临界温度以上,保温一段时间,然后在水、盐水或油中(个别材料在空气中)急速冷却,使其得到高硬度	用来提高钢的硬度和强度极限。但淬火会引起内应力使钢变脆,所以淬火后必须回火
淬火和回火	5141	回火是将淬硬的钢件加热到临界点以下的温度,保温一段时间,然后在空气中或油中冷却下来	用来消除淬火后的脆性和内应力,提高钢的塑性和冲击韧性
调质	5151	淬火后在 450～650℃进行高温回火,称为调质	用来使钢获得高的韧性和足够的强度。重要的齿轮、轴及丝杆等零件是调质处理的
表面淬火和回火	5210	用火焰或高频电流将零件表面迅速加热至临界温度以上,急速冷却	使零件表面获得高硬度,而心部保持一定的韧性,使零件既耐磨又能承受冲击。表面淬火常用来处理齿轮等
渗碳	5310	在渗碳剂中将钢件加热到 900～950℃,停留一定时间,将碳渗入钢表面,深度约为 0.5～2mm,再淬火后回火	增加钢件的耐磨性能、表面硬度、抗拉强度及疲劳极限 适用于低碳、中碳(C<0.40%)结构钢的中小型零件
渗氮	5330	渗氮是在 500～600℃通入氨的炉子内加热,向钢的表面渗入氮原子的过程。氮化层为 0.025～0.8mm,氮化时间需 40～50h	增加钢件的耐磨性能、表面硬度、疲劳极限和抗蚀能力 适用于合金钢、碳钢、铸铁件,如机床主轴、丝杆以及在潮湿碱水和燃烧气体介质的环境中工作的零件
氰化	Q59(氰化淬火后,回火至 56～62HRC)	在 820～860℃炉内通入碳和氮,保温 1～2h,使钢件的表面同时渗入碳、氮原子,可得到 0.2～0.5mm 的氰化层	增加表面硬度、耐磨性、疲劳强度和耐蚀性 用于要求硬度高、耐磨的中、小型及薄片零件和刀具等
时效	时效处理	低温回火后,精加工之前,加热到 100～160℃,保持 10～40 h。对铸件也可用天然时效(放在露天中 1 年以上)	使工件消除内应力和稳定形状,用于量具、精密丝杆、床身导轨、床身等
发蓝发黑	发蓝或发黑	将金属零件放在很浓的碱和氧化剂溶液中加热氧化,使金属表面形成一层氧化铁所组成的保护性薄膜	防腐蚀、美观 用于一般连接的标准件和其他电子类零件
镀镍	镀镍	用电解方法,在钢件表面镀一层镍	防腐蚀、美化
镀铬	镀铬	用电解方法,在钢件表面镀一层铬	提高表面硬度、耐磨性和耐蚀能力,也用于修复零件上磨损了的表面
硬度	FIB(布氏硬度)	材料抵抗硬的物体压入其表面的能力称"硬度"。根据测定的方法不同,可分布氏硬度、洛氏硬度和维氏硬度 硬度的测定是检验材料经热处理后的机械性能——硬度	用于退火、正火、调质的零件及铸件的硬度检验
	HRC(洛氏硬度)		用于经淬火、回火及表面渗碳、渗氮等处理的零件硬度检验
	HV(维氏硬度)		用于薄层硬化零件的硬度检验

注:热处理工艺代号尚可细分,如空冷淬火代号为 5131a,油冷淬火代号为 5131e,水冷淬火代号为 5131w 等。本附录不再罗列,详细内容可查阅 GB/T 12603-2005。

3. 非金属材料

常用非金属材料牌号及应用举例　　　　　　　　　附表 36

材料名称	牌号	说明	应用举例
耐油石棉橡胶板		有厚度为 0.4～3.0 mm 的 10 种规格	供航空发动机用的煤油、润滑油及冷气系统结合处的密封衬垫材料
耐酸碱橡胶板	2030 2040	较高硬度 中等硬度	具有耐酸碱性能，在温度 －30～＋60℃的 20%浓度的酸碱液体中工作，用作冲制密封性能较好的垫圈
耐油橡胶板	3001 3002	较高硬度	可在一定温度的机油、变压器油、汽油等介质中工作，适用冲制各种形状的垫圈
耐热橡胶板	4001 4002	较高硬度 中等硬度	可在 －30～＋100℃，且压力不大的条件下，于热空气、蒸汽介质中工作，用作冲制各种垫圈和隔热垫板
酚醛层压板	3302-1 3302-2	3302-1 的机械性能比 3302-2 高	用作结构材料及用以制造各种机械零件
聚四氟乙烯树脂	SFL-4～13	耐腐蚀、耐高温（＋250℃），并具有一定的强度，能切削加工成各种零件	用于腐蚀介质中，起密封和减磨作用，用作垫圈等
工业有机玻璃		耐盐酸、硫酸、草酸、烧碱和纯碱等一般酸碱以及二氧化硫、臭氧等气体腐蚀	适用于耐腐蚀和需要透明的零件
油浸石棉盘根	YS450	盘根形状分 F（方形）、Y（圆形）、N（扭制）三种，按需选用	适用于回转轴、往复活塞或阀门杆上作密封材料，介质为蒸汽、空气、工业用水、重质石油产品
橡胶石棉盘根	XS450	该牌号盘根只有 F（方形）	适用于作蒸汽机、往复泵的活塞和阀门杆上作密封材料
工业用平面毛毡	112-44 232-36	厚度为 1～40mm。112－44 表示白色细毛块毡，密度为 0.44g/cm³；232－36 表示灰色粗毛块毡，密度为 0.36g/cm³	用作密封、防漏油、防震、缓冲衬垫等。按需要选用细毛、半粗毛、粗毛
软钢纸板		厚度为 0.5～3.0 mm	用作密封连接处的密封垫片
尼龙	尼龙 6 尼龙 9 尼龙 66 尼龙 610 尼龙 1010	具有优良的机械强度和耐磨性。可以使用成形加工和切削加工制造零件，尼龙粉末还可喷涂于各种零件表面，提高耐磨性和密封性	广泛用作机械、化工及电气零件，例如轴承、齿轮、凸轮、滚子、辊轴、泵叶轮、风扇叶轮、蜗轮、螺钉、螺母、垫圈、高压密封圈、阀座、输油管、储油容器等。尼龙粉末还可喷涂于各种零件表面
MC 尼龙（无填充）		强度特高	适于制造大型齿轮、蜗轮、轴套、大型阀门密封面、导向环、导轨、滚动轴承保持架、船尾轴承、起重汽车吊索绞盘蜗轮、柴油发动机燃料泵齿轮、矿山铲掘机轴承、水压机立柱导套、大型轧钢机辊道轴瓦等
聚甲醛（均聚物）		具有良好的抗摩擦性能和抗磨损性能，尤其是优越的抗摩擦性能	用于制造轴承、齿轮、凸轮、滚轮、辊子、阀门上的阀杆螺母、垫圈、法兰、垫片、泵叶轮、鼓风机叶片、弹簧、管道等
聚碳酸酯		具有高的冲击韧性和优异的尺寸稳定性	用于制造齿轮、蜗轮、蜗杆、齿条、凸轮、心轴、轴承、滑轮、铰链、传动链、螺栓、螺母、垫圈、铆钉、泵叶轮、汽车化油器部件、节流阀、各种外壳等